深海海底资源
勘探开发法研究
（修订版）

张梓太 沈 灏 张闻昭 著

复旦大学出版社

序　言
（修订版）

　　本书第一版是由复旦大学出版社于 2015 年 6 月出版的。彼时,《中华人民共和国深海海底区域资源勘探开发法》(简称《深海法》,由中华人民共和国第十二届全国人民代表大会常务委员会第十九次会议于 2016 年 2 月 26 日通过,自 2016 年 5 月 1 日起施行)尚未出台。撰写本书的初衷是在研究域外深海立法的基础上,对中国的深海立法提供相关建议。修订版仍然本着第一版的研究和写作目的,其中所搜集的立法资料也都是在中国《深海法》颁布之前(2016 年 2 月前)所能获取的。修订版在第一版的基础上增加了比利时和图瓦卢的国内深海立法例研究,附录中也增加了比利时深海法律的中文译文。由于学术界有关深海法治的研究成果不断积累,故修订版中亦于必要之处做了相关文献的补充。

　　自本书第一版面世至今,国际层面和国内层面有关深海资源共享的法律制度有了飞跃性的发展,这些最新的制度发展(尤其是国家管辖范围外生物多样性资源利用与保育的相关法律制度)以及对相关制度的评析将会在《国家管辖范围外深海资源共享机制研究》这本书中具体展开。

　　本书所述的深海海底又称"区域",是指国家管辖范围以外的海床、洋底和底土,约占海洋总面积的 65%、地球表面积的 49%。

"区域"蕴藏着极其丰富的资源,主要有多金属结核、富钴结壳、多金属硫化物、天然气水合物和深海生物基因等。多金属结核的资源总储量达 3 万亿吨,广泛分布在世界各个大洋 4 000—6 000 米深的海底,含有锰、铜、钴、镍、铁等 70 多种元素,具有极高的开发价值。多金属硫化物主要出现在 2 000 多米水深的大洋中脊和断裂活动带上,是一种含有铜、锌、铅、金、银等多种元素的重要矿产资源,具有良好的开发远景。"天然气水合物"又称"可燃冰",资源总量约等于世界煤炭、石油、天然气总储量的两倍,是一种潜力极大的新型清洁能源。"区域"还具有巨大的科研和军事价值,已成为大国争夺的重点海域。

围绕如何有序地利用"区域"矿产资源,国际社会从 20 世纪 60 年代就开始了讨论,联合国大会成员国经过海底管理委员会会议、第三次海洋法会议、联合国秘书长非正式商讨等会议,最终于 1982 年通过《联合国海洋法公约》(以下简称《公约》),随后经过联合国秘书长非正式商讨会议,《关于执行〈联合国海洋法公约〉第十一部分的协定》于 1996 年生效,最终《公约》于同年生效。《公约》规定,"区域"海底资源属于全人类共同继承财产,《公约》设立国际海底管理局,作为负责管制区域资源开发的主要行政机构。该机构通过制定各种标准和规章逐渐建立和完善区域资源勘探和开发的法律制度。

国际海底管理局作为管制区域资源勘探和开采的主要行政机构,陆续出台了勘探规章。国际海底管理局于 2000 年通过《"区域"内多金属结核探矿和勘探规章(2013 年修订)》;2010 年通过《"区域"内多金属硫化物探矿和勘探规章》;2012 年通过《"区域"内富钴铁锰结壳探矿和勘探规章》,这些勘探规章以及将来会陆续出台的勘探和开发规章将构成有关深海海底资源开发利用的"采矿规则"(Mining Code),构成完整的勘探和开发区域资源的国际法律体系。

在国内层面,诸多国家开始着手进行国内的管制立法。事实上,在联合国海洋法会议召开之时,技术先进的发达国家就海底资源的勘探和开发进行了单方面的立法,发达国家之间还签订了互惠协议,在各自的国内立法中通过对互惠国的认定以及对互惠国相互权利和义务的规定,来达到相互承认和相互支持的目的。因此技术发达的国家通过此种国内立法以及国家之间的互惠协议,保护这些国家在海底开发中的投资。在1980年到1985年之间,六个国家通过了有关海底资源开发的国内法,并且它们互相承认各自国家在"区域"对海底资源的勘探和开发权利。其中美国1980年通过了《深海硬矿物资源法》,英国1981年通过了《深海开采法(临时条款)》,法国1981年通过了《深海海底矿物资源勘探和开发法》,当时的联邦德国于1980年通过了《联邦德国深海开采临时管理法》。比利时、法国、联邦德国、意大利、日本、荷兰、英国、美国通过了有关深海资源勘探和开发的谅解协议,该谅解协议以政府间协定的形式,确认了六家西方工业财团就申请采矿区域的重叠达成调整协议。临时谅解规定,各协议国不得对六家国际财团自愿解决冲突的协议所涉及的区域颁发批准书,也不得在该区域从事深海海底作业。此外,1982年,美、德、英、法四国缔结了《关于深海海底多金属结核暂行安排的协定》,该协定的内容限于解决因不同国家的申请人所申请的矿址发生重叠的现象所引起的争端。

《公约》生效之后,有关"区域"资源的勘探开发立法的国际法律体系开始形成和完善,诸多国家亦加快了国内相应立法,如捷克2000年的《关于国家管辖范围外海底矿产资源的探矿、勘探和开

发的第 158/2000 号法令》,德国 2010 年的《海底开采法》,斐济
2013 年的《国际海底矿物管理法》,英国 2014 年的《深海开采法》,
汤加 2014 年的《海底矿产资源法》以及新加坡 2015 年的《深海海
底开采法》。这些国家的立法都是为了配合国际海底管理局管制
"区域"资源勘探和开发活动。同时亦有不少国家出台了管制其管
辖范围以内海底资源勘探和开发的立法,如澳大利亚 1994 年的
《联邦离岸资源法》,新西兰 1964 年的《大陆架法》,1991 年的《皇
室矿产资源法》,俄罗斯 1995 年的《联邦大陆架法》,1998 年的《联
邦专属经济区法》,等等。

截至本书第一版面世时,中国是第一个在两大洋(太平洋、印
度洋)拥有三种资源四个矿区的国家,中国在"区域"的活动受到各
国关注。中国是国际海底管理局理事会的主要成员,在"区域"资
源的勘探和研究开发方面开展了大量的工作,取得了非常显著的
成就。2001 年 5 月,中国大洋矿产资源研究协会(简称中国大洋
协会)与国际海底管理局签订了《勘探合同》,确定了太平洋中部拥
有专属勘探权和优先商业开发权的 7.5 万平方公里多金属结核矿
区。2011 年 7 月 20 日,国际海底管理局理事会审议通过了中国
大洋协会的多金属硫化物勘探区的申请,中国大洋协会在西南印
度洋获得了一块面积约 1 万平方公里的具有专属勘探权和优先开
发权的多金属硫化物勘探区。2012 年 7 月,中国大洋协会又向国
际海底管理局提交了富钴结壳勘探申请,在西太平洋获得了 3 000
平方千米的富钴结壳勘探合同区。2014 年 8 月 8 日,中国五矿集
团公司提交了关于多金属结核的勘探申请,该申请由中国政府担
保,申请区位于太平洋中部克拉里昂-克利伯顿区的保留区。但是
我国专门的区域资源勘探开发国内立法仍然有较大补足空间,这
不利于我国在国际海底区域的勘探开发、新资源的研究和发现等

方面的工作,也不利于我国在有关国际组织中以及在制定相关国际立法中发挥更大的作用。

　　本书追溯了深海海底区域资源勘探和开发制度历史沿革,研究其他国家和地区在深海海底资源勘探和开发方面的国内立法,主要对其国内立法中的相关制度进行研究和比较,并为我国制定专门的区域资源勘探开发法律提出立法建议。

目 录

第一篇 深海海底资源勘探开发 制度历史沿革

第一篇

深海海底资源勘探开发
制度历史沿革

第一章
国际海底制度形成之商讨(一):
1982年《联合国海洋法公约》通过前

第一节 深海海底矿物的发现与人类
共同继承遗产原则的提出

一、问题的提出——深海海底矿物的发现与国际社会的因应

1965年约翰·梅洛(John L. Mero)在著作《海洋的矿产资源》(*The Mineral Resources of the Seas*)[①]中详细介绍了当时科学界对国际海底资源"锰结核"所了解的所有信息,锰结核大部分分布在太平洋以及其他公海海域的海底。早在1873年一艘名叫"挑战者"号的远洋探险号就发现了海底存在锰结核这种矿物,但是一直到第二次世界大战之后,随着科学技术的发展,勘探和商业性开发此种海底资源才在技术上有了一定的可能性。[②]

[①] J. L. Mero, The Mineral Resources of the Seas, Oceanography Series 1, Elsevier, Amsterdam(1965).

[②] The Contemporary Seabed Mining Regime a Critical Analysis of the Mining Regulations Promulgated by the International Seabed Authority, 16 *Colo. J. Int'l Envtl. L. & Pol'y* 30-31,2005.

此种锰结核中存有大量的矿物,包括铜、钴、锰和镍。在《海洋的矿产资源》一书中,梅洛对海底锰结核矿产量以及其中所富含的金属矿物作出了大概的估值,这也促使国际社会认为,一旦在将来可以商业性开发此种资源,如此巨大的矿物含量将具有巨大的经济利益。1965 年 12 月在美国有关国际合作的白宫会议(White House Conference on International Co-operation)上,关于如何处理这些新发现的矿物的问题被提出来。在此次会议中,自然资源和保护委员会(Committee on Conservation and Development of Natural Resources)收到的一份报告中提到可能对海底资源进行商业性开发的初步设想:此种资源是位于国家管辖范围以外的公海部分,因此对此种资源的开发将会涉及两个问题:(1)高效有序地开发此种资源;(2)开发权利的分配和共享。从事开发活动的作业者必须对其开发区域有专属开发权利,并且该开发区域应当足够大,如此作业者不会受到其他作业者的影响,从而从事经济性的开发活动。对这种资源的开发权利进行分配应当是在一个国际法框架下进行,联合国应当设立一个专门的机构对此种开发行为进行有效的管制。1966 年,美国研究和平组织委员会(Commission to Study the Organization of Peace)在其报告中融入了对梅洛书中有关深海海底资源描述的考量,建议联合国大会应当立即宣布公海区域不应当被任何国家所占有,并且为了避免各国在利用公海资源过程中可能产生的诸多争端,这些区域的资源应当通过联合国由国际社会共同享有。该委员会在报告中建议联合国建立一个专门的机构,即联合国海洋资源管理局(United Nations Marine Resources Agency)。该管理局的职能包括:控制和管理国际海洋资源;对这些资源享有所有权;根据经济效率的原则授权、出租和使用这些权利;独立于国际银行运行;但是要根据联合国大会发行的指令分配从开发行为中获得的收益。

　　1966年7月，美国总统约翰逊发表了有关深海海底资源开发的政策宣示："在开发深海海底资源上，我们绝不能允许其成为海洋国家殖民式的竞争。我们必须避免对公海区域资源的瓜分竞赛。我们必须保证深海以及深海海底是全人类共同的遗产。"①

　　深海海底锰结壳资源的发现引起了国际社会的广泛关注，此种资源具有巨大的经济利益，仅太平洋的锰结核矿球就含有430亿吨铝、3 580亿吨锰、79亿吨铜、近10亿吨锆、147亿吨镍、52亿吨钴、7.5亿吨钼、2 070亿吨铁、100亿吨钛、250亿吨镁、13亿吨铅以及8亿吨钒。仅以铜这一种资源为例，陆地上的铜蕴藏量只能供人类使用40年，而深海海底所蕴藏的铜资源可以供人类使用长达4 000年，②从以上的数据可以看出深海资源勘探和开发可以给开发国家带来巨大的经济利益。但是各个国家的科技发展水平不同，技术发达的国家较有能力从事深海的勘探和开发活动，相比之下，发展中国家以及其他技术落后的国家明显处于不利地位。此种海底资源又都是位于公海区域，在公海自由原则这一古老的国际海洋原则大行其道的情形下，如何保障技术不发达的国家之海洋权益，采取何种国际法原则，建立何种管制机构，采纳何种管制框架是国际社会所要思考的问题。

---

① [U]nder no circumstances, we believe, must we ever allow the prospects of rich harvest and mineral wealth to create a new form of colonial competition among the maritime nations. We must be careful to avoid a race to grab and to hold the lands under the high seas. We must ensure that the deep seas and the oceans bottoms are, and remain, the legacy of all human beings.

② 项克涵：《国际海底矿藏开发问题上的斗争》，载《武汉大学学报(社会科学版)》1982年第4期。

二、人类共同继承财产原则之提出

（一）1967 年第 22 届联合国大会第一委员会有关海底资源之讨论

根据国家对其权利主张的强弱来划分,国际法上对资源的利用采取了四种原则,包括国家对管辖范围内资源的永久主权,少数国家共享自然资源,各国都可以参与利用的共同财产以及保留给全人类的共同遗产[①]。这四种原则的主要意旨也不一样。例如,共享自然资源原则主要在于解决少数资源竞用国家间的衡平处理,而共同财产与共同遗产原则则较为强调大家都有权开发,其中共同遗产原则更强调令未去开发利用的国家仍保有分享权,且采用更强的国际管制规范。[②]

在 1967 年第 22 届联合国大会上,马耳他声称,考虑到科学技术的发展,公海区域的资源将会被越来越多的国家使用,这种大规模资源的使用将会导致海底对全人类都有益的资源的减少甚至枯竭,因此马耳他认为应当把海底资源作为人类共同继承财产,并且应当立即采取措施,制定相关国际条约,构建专门国际管制机构作为替全人类管理海底资源的托管人,管制、监督和控制在海底从事的深海活动,以确保在深海从事的活动遵守相关原则以及条约中内容。在第 22 届大会上,马耳他提出对一个附加事项的讨论:有关以和平目的并为人类利益使用国家管辖

[①] 在适用上,一般而言前三种原则既适用于生物资源亦适用于非生物资源,而第四种原则一般仅仅适用于非生物资源,但是有扩大适用范围的可能。《联合国海洋法公约》规定,“区域”部分资源使用适用的是人类共同继承财产原则,即使技术不发达国家没有去开发区域部分的资源,其对技术发达国家从开发行为中获得的收益仍然有分享权。

[②] 叶俊荣:《全球环境议题——台湾观点》,中国台湾巨流图书公司 1999 年版,第 172—176 页。

以外海底资源之特殊保留的宣言和条约(Declaration and treaty concerning the reservation exclusively for peaceful purposes of the seabed and of the ocean floor, underlying the seas beyond the limits of present national jurisdiction, and the use of their resources in the interests of mankind)。

考虑到此议题对国际政治和国际安全方面的影响,马耳他向联合国大会提议此议题应当在联合国大会第一委员会[1]下进行讨论。美国支持马耳他的提议,因为随着科学技术的发展,海底资源必将对全人类带来巨大的经济利益,各国应当在合作的基础上开发和利用海底资源,避免在资源利用过程中的争端。虽然议题的其他方面也在第六委员会[2]和第二委员会[3]的讨论中涉及,拉丁美洲部分国家提出对海底资源利用的议题主要还是涉及国际海底法律制度的构建,但是马耳他提出了有关对军事力量(armament)管制的问题,并将之前提出的题目做了修改,去掉了"宣言"和"条约",强调该议题是审议各国现有管辖范围外公海之海洋底床与下层土壤专供和平用途,及其资源用于谋求人类福利之问题(Examination of the question of the reservation exclusively for peaceful purposes of the seabed and the ocean floor, and the subsoil thereof, underlying the high seas beyond the limits of present national jurisdiction, and the use of their resources in the interests of mankind)。联合国大会最终采纳了

---

[1] First Committee, the Political Committee of General Assembly. 第一委员会处理裁军、威胁和平的国际挑战等国际安全事务,并应对国际安全制度中的挑战。第一委员会在《联合国宪章》以及联合国相关机构的授权范围内处理裁军和国际安全事务,遵循维护国际和平与安全的合作原则、管理裁军问题和军备管制的原则,并提倡通过减少军备促进和平稳定的合作方式。
[2] 第六委员会主要涉及法律问题的讨论。
[3] 第二委员会主要讨论有关自然资源的事项。

马耳他的意见，在大会第一委员会加入了对该问题的讨论。

在第一委员会大会中，马耳他的大使阿维德·帕尔多（Arvid Pardo）描述了相关地理、经济和技术方面的事项。他强调随着以上各种因素的发展和变动，位于各国管辖区以外的国际海底区域可能面临被军事化的危险（the danger of militarization），技术发达的国家依靠其技术上的优势优先占有海底区域，唯有建立有效的国际管制机制才有可能避免上述争端情形的发生，只有在这种情况下，对海底资源的开发和利用才能对全人类有益。但是出于实际操作层面的考虑，Arvid Pardo 认为联合国不是一个合理的管制机构，应当成立一个新的国际机构为了全人类的利益管制国际海底区域及其资源，该管制机构将作为受托人（trustee）而不是主权人（sovereign），将有比较广泛的权力监管和控制各国在公海以及公海海底进行的活动。Arvid Pardo 大使督促联合国大会通过决议承认公海海底区域的资源属于人类共同继承财产，应当为全人类利益以和平方式开发利用，制定国际条约并成立相关国际机构保证在深海区域从事的活动符合条约的原则和内容。

最终，联合国大会第一委员会一致通过 A/RES/22/2340 决议①。在该决议中，大会承认了人类对公海海底资源具有共同的利益，对海洋海底与下层土壤之探测与利用，应当遵照联合国宪章的原则使用，以维持国际和平与安全，并谋求全人类之福利。决议决定设立研究各国现有管辖以外公海之海洋海底专供和平用途特

---

① 该决议于 1967 年 12 月 18 日通过：Resolution 2340（XXII）. Examination of the question of the reservation exclusively for peaceful purposes of the sea-bed and the ocean floor, and the subsoil thereof, underlying the high seas beyond the limits of present national jurisdiction, and the use of their resources in the interest of mankind, http://www.un-documents.net/a22r2340.htm.

设委员会(Ad Hoc Committee to Study the Peaceful Uses of the Sea-Bed and the Ocean Floor beyond the Limits of National Jurisdiction),特设委员会与秘书长合作,编制研究报告,以供第23届大会审议,报告内容包括:(1)联合国、各专门机关、国际原子能总署及其他政府间机构关于海洋海底的过去及现有活动,以及关于此种地区的现行国际协定的调查;(2)关于本项目科学、技术、经济、法律及其他方面的报告;(3)计及各会员国于第22届会审议本项目时所表示之意见及提出的建议,指明在探测、保全及使用本项目标题所称海洋海底与下层土壤及其资源方面推进国际合作之实际方法。

(二)1968年特设委员会会议

联合国大会成立的研究各国现有管辖以外公海之海洋海底专供和平用途特设委员会(专业委员会)于1968年举行了三次大会:分别于3月18—27日和6月17日—7月7日在纽约,以及8月19—30日在里约热内卢举行。

第一次会议中,特设委员会设立了两个工作小组,分别负责海底议题经济技术层面的问题和法律层面的问题之讨论。

负责法律问题讨论的工作小组涉及人类共同继承财产原则,其中主要讨论了国际海底以及下层土壤的法律地位(legal status),对国际海底以及下层土壤的保留和供和平用途使用,为人类利益使用国际海底以及下层土壤资源,科学研究以及勘探国际海底和下层土壤的自由,对其他国家在公海自由活动的利益的保障,以及海洋污染问题。工作小组还对其他问题做了讨论,包括国家管辖区域以外的深海海底这一概念的定义,各国对其管辖区域以外的深海区域的国家权利享有的限制和禁止,以及联合国大会以宣言的形式载明海底活动之国际法原则。秘书处为法律工作小组准备了两份报告分别是《各国现有管辖范围外公海之海洋底床与下层土壤专供和平用途,及其资源用于谋求人类福利之问题的法律问题研究》(Legal Aspects of the Question of the Reservation Exclusively for Peaceful Purposes of the Sea-bed and the Ocean Floor and the Subsoil thereof, Underlying the High Seas beyond the Limits of Present National Jurisdiction, and the Use of Their Resources in the Interests of Mankind)以及《有关各国现有管辖范围外公海之海洋底床与下层土壤的各国国内立法研究》(Survey of National Legislation Concerning the Seabed and Ocean Floor, and the Subsoil thereof, Underlying the High Seas beyond the Limits of Present National Jurisdiction)。此外,成员国和相关代表团也向法律工作小组和特设委员会提交了意见、决议和修正案。综合考量各份报告和建议,特设委员会采纳并向联合国大会提交了两份报告:一般原则宣言的草案和协定原则的声明。这两份报告中都提到了人类共同继承财产原则。

(三) 1968 年第 23 届联合国大会

1968 年第 23 届联合国大会的第一委员会在其数次会议中考量了特设委员会提交的报告,数份有关设立常设委员会(standing committee)决议草案和修正案。其中 56 个国家发表了它们对人类共同继承财产原则的看法和观点,秘书处将这些观点制作成工作报告。成员国普遍认为深海海底资源的开发应当遵循人类共同继承财产原则,成员国也认为应当成立常设委员会从事相关原则的研究,为将来实现海底资源为人类共享的具体制度安排和协议打下基础。深海海底勘探和开发的法律原则应当是:要在平等的基础之上促进国际合作,同时保障各国的合法权益并应当考虑到发展中国家的特殊需求。

在大会上,成员国提出,国际社会要承认以下几点认识并承认其重要性: (1)海底资源是人类共同继承财产; (2)应当为全人类的利益从事海底资源的勘探、使用和开发等活动; (3)应当尽快制定有关勘探和开发国际海底资源的管制措施。成员国向大会提交了五份有关管制利用各国管辖范围外公海之海洋底床与下层土壤之活动的草案决议。

经过第23届联合国大会第一委员会的讨论后,联合国大会于1968年12月21日通过决议2467 A (XXIII)①,决议决定成立各国管辖范围以外海底和平使用委员会(Committee on the Peaceful Uses of the Seabed and the Ocean Floor beyond the Limits of National Jurisdiction),简称海底委员会(Seabed Committee),由42个成员国组成。

该决议的第2段指出: (1)海底委员会应当研究如何详细拟定法律原则和标准,以促进各国在探测和利用各国管制范围以外的海洋海底与下层土壤方面的国际合作,确保此种地区资源之开发,用以谋取人类共同利益,以及此种制度满足全人类利益起见所应具备的经济及其他条件; (2)研究促进开发并利用此种地区资源以及为此目的进行国际合作的方法,顾及可预测的技术发展及该项开发工作所涉及经济问题,并注意该项开发工作应造福全体人类; (3)审查有关海底勘探的研究,加强国际合作、鼓励各方交流、扩大相关科学知识的广泛传播; (4)审查各方所提的合作措施,以防止在勘探和开发过程中所造成的海洋环境污染。

---

① 该决议112票通过,7票弃权,0票反对。http: //daccess-dds-ny. un. org/doc/ RESOLUTION/GEN/NR0/244/27/IMG/NR024427.pdf? OpenElement.

在联合国大会通过的 2467 C（XXIII）决议①中，联合国大会要求联合国秘书长研究于适当时机成立适当国际机构，以促进此种地区资源的探测与开发，不论各国的地理位置何在，利用此等资源以为全人类谋取利益，同时应当特别考虑发展中国家的利益与需要，并就此事项向各国管辖范围以外海底和平使用委员会（即海底委员会）提交报告，供该委员会在 1969 年的任何一届会议审议。

第二节　海底委员会的谈判
（1969—1973 年）

海底委员会于 1969 年到 1973 年召开了数次会议，由来自斯里兰卡的汉密尔顿·阿梅拉辛格（Hamilton Shirley Amerasinghe）作为大会主席。起初，海底委员会的下设子委员会包括法律子委员会，主要负责决议的第 2(a) 段的讨论，经济和技术子委员会主要负责决议中第 2(b) 段的相关问题的讨论。

一、1969 年海底委员会会议和第 24 届联合国大会

在 1969 年，海底委员会在联合国总部召开了 3 次会议。在这几次会议中，有关人类共同继承财产的问题的讨论主要是在法律子委员会下进行的，主要涉及以下议题：(1) 国际海底的法律地位；(2) 国际法（包括联合国宪章）的适用；(3) 该区域为和平使用而特地保留出来；(4) 为全人类共同利益使用该区域的资源，无论各国的地理位置如何，并且应当考虑到发展中国家的特别利益和

---

① 决议原文参见：http://daccess-dds-ny.un.org/doc/RESOLUTION/GEN/NR0/244/27/IMG/NR024427.pdf? OpenElement.

需求;(5)从事科学和勘探的自由;(6)对其他国家在公海上自由活动的保障;(7)有关勘探和开发过程中的海洋污染问题以及从事深海活动的国家在勘探和开发过程中应当承担的义务。

在委员会的会议过程中,诸多国家引用了成员国向第23届联合国大会第一委员会以及特设委员会提交的决议和修正案。在谈判过程中,诸多代表团表示无主物(res nullius)和共有物(res communis)这两个概念都不能作为对海底资源法律地位的定义;甚至有成员国表示人类共同继承财产原则同现存的国际法原则和规则相违背,而且该原则缺乏法律意义上的内涵和外延。

在1969年的第24届联合国大会上,海底委员会提交了一份报告,其中包括5份决议草案(其中的4份包含有修正案)。最终,联合国大会在2574 A(XXIV)[①]决议中采纳了马耳他提交的决议草案。同时大会也通过了2574 B(XXIV),2574 C(XXIV)和2574 D(XXIV)这三份决议。2574 C(XXIV)决议要求联合国秘书长草拟一份关于各种国际机构的研究报告,尤其深入探讨对各国管辖范围以外海洋海底及其下层土壤之和平使用具有管辖之国际机构的地位、结构和职权,包括为人类的福利,不论各国地理位置如何,并应当考虑到陆锁国或者沿海发展中国家的特殊利益和需求,而对勘探和开发海底资源的一切活动加以调节、协调、监督和管制的权力;决议还要求联合国秘书长将有关此问题的研究报告提交给海底委员会,供其在1970年召开的任何一次会议上审查。

大会通过的2574 D(XXIV)决议被称作"禁止决议"(Moratorium Resolution),决议声称:在应对深海海底资源开发的国际制度尚未

[①] 该决议65票支持,12票反对,30票弃权。决议原文参见:http://daccess-dds-ny.un.org/doc/RESOLUTION/GEN/NR0/257/08/IMG/NR025708.pdf? OpenElement.

建成之时：(1) 所有的国家和个人，无论是自然人还是法人，均不得对各国管辖范围以外之海洋海底与下层土壤资源作任何开发行为；(2) 对此地区任何部分或资源的请求(claims)都不予承认。

这一决议遭到了包括美国在内的诸多发达国家的反对。美国认为，深海海底资源的勘探和开发是公海合理使用的一种方式，在国际法下是允许从事的活动。

二、1970 年海底委员会会议和第 25 届联合国大会

1970 年海底委员会分别在联合国总部和日内瓦召开了两次组织会议。在第 24 届联合国大会上通过的 2574 B（XXIV）决议的第 4 段要求，海底委员会加快准备完善和权衡的深海活动原则，并在第 25 届联合国大会上提交原则宣言的草案。在 1970 年海底委员会召开的第 17 次会议上，成员国同意，法律子委员会将全力以赴制定包含不同原则的不同版本的原则宣言，并研究这些版本的差异。但是经过激烈的讨论以及各种非正式商讨会之后，海底委员会 1970 年的各次会议在海底活动适用原则上并没有达成一致意见，也未形成原则宣言。

第 25 届联合国大会第一委员会审查了海底委员会 1970 年会议所形成的报告。虽然海底委员会在 1970 年的数届会议上没有形成最终的原则宣言，但是委员会主席同成员国进行了非正式商讨，以期形成原则宣言的草案，并获得成员国的普遍同意。海底委员会主席于 1970 年 11 月 24 日在给联合国大会第一委员会主席的信件中，指出在 1970 年海底委员会举行的数次非正式商讨之后，形成了有关原则的草案，该草案反映了成员国之间所能达成的最高程度的意见一致，虽然并不能表示所有的成员国都对此原则宣言草案持肯定意见。这封信连同原则宣言的草案在第一委员会

会议上作为一个文档被审查。1970年12月2日,海底委员会主席提交的原则宣言草案被作为大会决议提交上去,其中45个国家支持该原则草案;12月15日联合国大会第一委员会优先对此原则宣言进行投票,其中90票赞成,0票反对,11票弃权。随后在1970年12月17日,大会通过了2749(**XXV**)决议①——《关于各国管辖范围以外海洋底床与下层土壤之原则宣言》。

原则宣言肯定了人类共同继承财产原则,并郑重宣告:

(1)各国管辖范围以外海洋底床与下层土壤(以下简称该地域),以及该地域之资源,为全人类共同之遗产;

(2)国家或个人,不论自然人还是法人,均不得以任何方式将该地域据为己有,任何国家不得对该地域任何部分主张或行使主权或主权权利;

(3)任何国家和个人,不论自然人还是法人,均不得对该地域或其资源主张、行使或取得与行将建立之国际制度及本宣言各项原则抵触之权利;

(4)所有关于探测和开发该地域资源之活动以及其他有关活动,均应受到将建立之国际制度的管制;

(5)该地域应予以开放,由所有国家,不论沿海或陆锁国,无所歧视,依据行将建立的国际制度,专为和平用途而使用;

(6)各国在该地域之活动,应当遵照适用国际法原则及规则,包括联合国宪章以及1970年10月24日大会所通过关于各国依照联合国宪章建立友好关系及合作之国际法原则宣言,以期维持国际和平与安全,并增进国际合作与相互了解;

(7)该地域之勘探及其资源的开发,应以人类之福利为前提,

---

① 该决议108票支持,0票反对,14票弃权。决议原文参见：http://daccess-dds-ny.un.org/doc/RESOLUTION/GEN/NR0/350/14/IMG/NR035014.pdf? OpenElement.

不论国家之地理位置为陆锁国还是沿海国,同时应该特别考虑发展中国家的特殊要求和利益;

(8) 该地域应保留专供和平用途,但不妨碍国际裁军谈判已经或可能协议采取而且可能对更广泛范围适用之任何措施。现应尽快制定一项或多项国际协定,以期有效实施本原则,同时作为不使海洋底床和下层土壤发生军备竞赛的一个措施;

(9) 依据本宣言的各项原则,应即以世界性国际条约建立适用该地域及其资源的国际制度,包括负责实施其各项规定的国际机构。此项制度除其他事项外,应规定该地域及其资源的循序安全发展与合理管理,及扩大其使用机会,并应确保各国公允分享由此而带来的各种利益,同时特别顾及发展中国家的利益与需要,不论是陆锁国或是沿海国;

(10) 各国应该以下列方法促进国际合作,进行专为和平用途的科学研究: ① 参加国际方案,并鼓励各国人员合作从事科学研究; ② 借国际途径切实公布研究方案,并传播研究成果; ③ 合作实行加强发展中国家研究能力的措施,包括由此等国家国民参与研究方案。

(11) 关于该地域的活动,各国依照行将建立的国际制度行动时,应采取适当措施,并应互相合作,以便采取与实施国际规则、标准与程序,除其他目的外,应当: ① 防止污染及沾染以及其他对海洋环境包括海岸在内的危害,防止干涉海洋环境的生态平衡; ② 保护与养护该地域的天然资源,防止对海洋环境中动植物的损害;

(12) 各国在该地域有所活动时,包括与该地域资源相关的活动,应当妥为顾及此种活动所在区域沿海各国以及所有其他可能受此活动影响的国家的权利和合法利益。凡勘探该地域及开发其资源的活动,应与有关沿海国保持会商,以免侵害此种权益。

原则宣言的第14条又规定,每一个国家都有责任确保该地域的活动,包括与资源相关的活动,无论是由政府机关从事,或由其管辖下非政府团体或个人自行或代表国家办理均应依照行将建立的国际制度进行。国际组织及其会员国对于该国际组织所从事或以其名义从事的活动,亦应当负同样责任。对此种活动造成的损害,应负有赔偿责任。

原则宣言中列出的这些要素为将来国际社会建制深海活动法律体系奠定了基础,实际上,以上大部分原则都规定在《联合国海洋法公约》的第十一部分(区域部分),尤其是第136条至149条。

Pardo提出的有关海洋空间使用新秩序的构建原则同以上诸原则差异并不是很大。Pardo设想的构建海洋制度的法律基本原则应当包括：(1)任何国家对该海洋公共区域主张主权;(2)该公共区域应当予以保留并用作和平目的;(3)各国有在公海从事科学研究的自由,研究成果应当对其他国家公开;(4)公共区域的资源的开发和利用应当是为了人类公共利益,尤其应当考虑发展中国家的特别需求和利益;(5)对海洋资源勘探和开发活动应当遵守联合国宪章中的原则和目的,避免造成对海洋环境的损害。

联合国大会第25届大会还通过了2750 C(XXV)决议,决议规定于1973年召开第三次海洋法会议,旨在审议为国家管辖范围以外的海床和洋底及其底土的区域和资源建立一个公平的国际制度,包括构建一个国际机构;审议该地域之精确定义(precise definition),并讨论公海、大陆架、领海(包括其宽度问题及国际海峡问题)及毗邻区等制度、捕鱼及公海生物资源之养护(包括沿海国之优先权利)、海洋环境之保护,以及科学研究等问题。

同时,大会还进一步肯定了海底委员会的授权(mandate),并扩大了委员会的规模,由之前的 44 个成员国扩大到 85 个成员国。为了准备 1973 年召开的第三次国际海洋法会议,新的海底委员会将于 1971 年召开两次会议[1],为海洋法会议编制关于各国管辖范围以外海洋床底与下层土壤地域及其资源的国际制度包括国际机构之条约条款草案。编制过程中应当考虑到各国公平享受由此而生之利益,尤其是注意发展中国家的特殊利益,无论其为沿海国还是陆锁国,同时条约草案的编制也应当以关于各国管辖范围之外海洋床底与下层土壤之原则宣言以及与海洋法相关的各种议题(在第三次海洋法会议上将对这些议题进行讨论,并草拟相关条文)为基础。

三、1971 年海底委员会会议

海底委员会在 1971 年的会议上下设三个子委员会,各委员会各司其职。第一子委员会(Sub-Committee I,后来发展成第三次海洋法会议第一委员会)负责草拟有关海洋法里面国际制度构建之草案,包括各国管辖范围以外海洋床底与下层土壤地域及其资源的国际制度之构建。第一子委员会在 1971 年到 1973 年的工作基础是原则宣言,其早期的讨论事项包括:(1) 行将成立的国际机制的范围以及其本质;(2) 各国管辖范围以外海洋床底与下层土壤地域的准确定性;(3) 行将建制的国际制度和沿海国权利之间的关系;(4) 行将建立的国际制度同公海自由原则以及传统国际法原则之间可能存在的冲突。第一子委员会在会议中还讨论了将要建制的管制国家管辖范围以外的深海区域勘探和开发制度的范围和功能。

---

[1] 2750 C (**XXV**), para. 6.

在会议进行的过程中,可以很明显地看到,由于各国的意识形态不同,它们对宣言原则解释和适用存在着较大的分歧。海底的锰结核资源对发达国家而言意味着铜、镍、钴和锰等重要金属的来源,尤其是美国,一旦可以开发海底的矿产资源,其对进口国外重要金属的依赖性会大大降低,这也给美国带来巨大的经济利益。但是其他国家,如澳大利亚和加拿大,他们作为资源的出口国,其对深海资源勘探和开发的态度跟美国的态度恰恰相反。而发展中国家,以七十七国集团为代表,认为海底资源的利用有助于财富在各国之间的分配,减少发达国家和发展国家之间的差距。

虽然成员国对海底国际机制的概念有了广泛的认同,但是对于该机制的本质和其具体职能各国的意见分歧较大。美国于1979 年向海底委员会提出的联合国国际海底区域公约草案,就主张建立一个弱性的只颁发执照而不直接参与资源开发的国际海底机构,加拿大于 1971 年 8 月也提出了一个草案,主张把拟设立的国际机构的权限保持到最低,鼓励私人和国家在开发中投资,从而使共同继承财产中的收益达到最大限度。加拿大所建议的亦是一种弱性的只颁发执照的国际海底管理机构,此外,苏联的提议同美国的提案有诸多相似之处,它主张成立"海底资源国际代理处",该代理处的部分职能就是颁发执照、监督和协调各国在国际海底区域的活动,提案否认此类国际机构对国际海底矿产资源具有管辖权。美国、加拿大、苏联等提出的这些建议在大会上并没有得到大多数国家的支持。[1]

在此轮海底委员会会议中,成员国提交了数份提议。一方面,在一些发达国家提交的提议中,在作业主体方面,他们认为

---

[1] 肖峰:《〈联合国海洋法公约〉第 11 部分及其修改问题》,载《甘肃政法学院学报》1996 年第 2 期。

本国的企业（无论是私有还是国有）都可以成为独立的深海活动作业者；在作业要求和条件方面，他们采取了一种较为自由的态度，认为应当采取一种能够吸引投资的条件；投资上应当设立担保；从事海底开发的金属的产量应当没有限制①；就国际海底制度中的行政管制机构而言，他们对该行政机构的权限作出限制，认为该机构应当只是一个负责发放许可证的服务机构，具有有限的裁量权，如国际海底制度的决策程序中，发达国家应当具有有效的否决权。

而另一方面，以七十七国为代表的发展中国家对国际海底法律制度的构建有完全不同的构想。他们认为，应当由国际海底管理局（International Seabed Authority）通过企业部（the Enterprise）来从事所有的深海勘探和开发活动；作业主体可以是合资企业（Joint Ventures）；而从事深海活动的条件和要求应当由国际海底管理局确定；在决策程序中，应当是成员国一国一票；区域部分的资源是人类共同的遗产。因此，发展中国家更倾向于一种以强势国际海底管理局为核心的集体管制模式。

发达国家和发展中国家由于科学技术水平及基本国情不同，因此对国际社会行将建制的国际海底资源管制的模式有着很大的不同意见，但是从最终通过的《联合国海洋法公约》第十一部分有关区域的规定以及《关于执行 1982 年 12 月 10 日联合国海洋法公约第十一部分的协定》的规定来看，发展中国家的观点在第三次海洋法会议上得到了支持。

---

① 此部分涉及后来通过的《联合国海洋法公约》中制定的生产政策，也就是从事深海活动所获得的海底金属的生产量是否应当加以限制，过量的海底产量会冲击原产国陆地国家金属的价格，从而影响其国家的利益。但是 1994 年的执行协定大范围地修改了公约中对生产政策的规定。

四、1972年海底委员会会议

1972年的海底管理委员会会议中，第一子委员会主要讨论以下两个事项：

（1）以前文提及的原则宣言为基础而行将建制的国际法律体制(international regime)的地位、范围和基本条款；（2）国际机构(international machinery)的地位、范围和权利，以及和国际机构相关的以下各事宜：① 国际机构的核心组成，包括组成、程序以及争端处理；② 与区域资源勘探和开发活动相关的规则和工作实践，以及与海洋环境保护、海洋科学研究（包括对发展中国家的科学援助）的规则和实践；③ 从区域活动中获得的利益的公平分享，尤其要考虑到发展中国家的特殊利益和需求，无论是陆锁国还是沿海国；④ 对区域资源的开发所可能造成的经济上的影响，包括这些资源的处理和销售；⑤ 考量内陆国家的特殊需求和问题；⑥ 国际机构同联合国体系之间的关系和衔接。

为因应第一个事项，第一子委员会成立了国际法律体制工作小组(Working Group on the International Regime)。工作小组在收到的诸多提议的基础上准备了工作报告，叙述了成员国对事项一问题的意见一致和不一致的地方。有关事项一中国际法律体制和事项二中国际机构之间的关系的议题由工作小组在事项二中进行讨论。

五、1973年海底委员会会议

在1973年的海底委员会会议上，国际法律休制工作小组继续扩充完善成员国有关事项一和事项二之间的意见一致和不一致的工作报告。虽然工作报告对上述事项中各种问题都进行了讨论，但是囿于时间的原因,并没有考虑成员国提出的所有观点,成员国之间对以上诸事项仍然存在着诸多分歧。

但是经过海底委员会从 1969 年到 1973 年的这五年会议讨论,委员会形成了大量的文献和会议报告。① 这些会议报告加上各国提出的意见和文字,将在第三次国际海洋法会议上进行进一步讨论,从这个意义上讲,海底委员会为第三次海洋法会议的召开打下了良好的基础,做好了充分的准备。②

第三节　第三次海洋法会议

第三次海洋法会议的第一委员会(前文已经提到,该委员会是由海底委员会在 1971 年会议中的第一委员会发展而来的)是此次海洋法会议设立的三个主要委员会(three Main Committees)之一。

该委员会的讨论事项涵盖了所有有关海底区域的国际法律体制的问题,其最终会议讨论结果形成了《联合国海洋法公约》第十一部分(区域部分)、附件三(探矿、勘探和开发的基本条件)、附件四(企业部章程)以及决议一《成立有关国际海底局和国际海洋法法庭的预备委员会》(Establishment of the Preparatory Commission for

---

① Reports of the Committee on the Peaceful Uses of the Seabed and the Ocean Floor Beyond the Limits of National Jurisdiction, 28 GAOR, Supp. No. 21 (A/9021), 1973.

② 由于在 1970 年扩充了海底委员会的成员,海底委员会在会议过程中收到的提议和意见数量太多,导致它已经没有能力很好地去处理和分析这些提议,因此最终的报告更多的是在于对这些资料的收集,而其报告也未给第三次海洋法会议就搜集到的提议和意见的取舍提出建设性的意见。See Louis B. Sohn, Managing the Law of the Sea: Ambassador Pardoís Forgotten Second Idea, *Columbia Journal of Transnational Law*, Vol. 36, Nos. 1 & 2 (1998), pp. 285-306.

the International Seabed Authority and for the International Tribunal for the Law of the Sea)和决议二《管制多金属先驱投资活动之准备投资》(Governing Preparatory Investment in Pioneer Activities Relating to Polymetallic Nodules)。这两个决议都作为第三次海洋法会议最终文本的附件。[①]

从 1974 年到 1982 年，大会一共举行了 56 次正式的会议和诸多次非正式的讨论，包括在不同的正式和非正式协商小组以及工作小组中的讨论。海底委员会第二子委员会在大会召开前准备了一系列问题，制作成问题清单，将于第三次海洋法会议上进行讨论，此问题清单构成了第三次海洋法会议的主要议程。大会第一委员会负责清单中以下事项的讨论：

"事项 1：各国管辖区域以外海底和海床之国际法律体系

1.1 该国际法律体系之本质和特点

1.2 国际机构：结构、功能和权力

1.3 对经济的影响

1.4 在考量发展中国家（无论是内陆国家抑或是沿海国）特别利益和需求之基础上从深海活动中获得的利益的平等分配

1.5 区域的定义和限制

1.6 仅为和平目的的使用

事项 23：各国管辖区域以外海底和海床之考古和历史遗产。"

除了大会第一委员会负责以上议题的讨论以外，大会的每个委员会都对下列议题在与其讨论议题相关的范围内进行商讨：

"事项 15：区域分配

事项 20：使用海底资源所造成海洋环境损害之责任和债务

---

① 第三次海洋法会议的大会主席是来自喀麦隆共和国的 Paul Bamela Engo，大会报告的起草人是出席会议的澳大利亚的代表。

(responsibility and liability)

事项 21：争端之解决

事项 22：对海洋空间的和平使用；和平和安全之区域。"

一、第三次海洋法会议 1974 年会议(第二轮会议)

第三次海洋法会议在 1974 年召开的会议中，一共召开了 17 次正式会议和 23 次非正式会议。大会的会议材料主要包括 1970 年 12 月 17 日联合国大会通过的关于各国管辖范围以外海洋底床与下层土壤之原则宣言以及海底委员会第一委员会在其准备会议中准备的大会材料，此外联合国秘书长也准备了一份有关海底区域活动对经济影响的详细报告。在此轮大会的各子会议中，海底国际法律体系和国际机制主要是在第 2 次和第 8 次会议中进行了讨论，而海底资源的勘探和开发活动对经济的影响主要是在第 9、10、12、14 次会议中讨论，区域部分勘探的条件主要是在第 14 次和第 15 次会议中讨论。第 11 次会议以及第 14 次会议的一部分主要是讨论非正式会议所产生的会议报告。第 15 次以及第 17 次会议主要讨论了开放式工作小组(open ended working group，该工作小组是在第一委员会的第 14 次会议根据巴西的提议成立的，同之前的海底委员会第一子委员会成立的工作小组直接相关)所产生的报告，该工作小组的成立主要是为了推动国际法律体制之法律原则以及勘探和开发海底资源条件的相关讨论和协商。工作小组在协商的过程中主要集中在两个事项的审查：(1)海底资源勘探和开发的主体——即何种主体可以从事深海海底勘探和开发活动；(2)海底资源勘探和开发的前提条件。在建制国际海底区域资源勘探和开发的法律体系的过程中，这两个问题是紧密联系、不可分割的两个议题。经过工作小组的讨论，最终形成的会议成果对海底委员会第一子委员会的报告作出了技术性和实质性的修改。

二、第三次海洋法会议 1975 年会议(第三轮会议)

在海洋法会议 1975 年第 3 轮会议的讨论中,大会的第一委员会主要是通过工作小组进行正式讨论。第一委员会讨论了行将成立的海底国际机构的结构、权力和功能,尤其是与国际海底管理局相关的结构和功能以及海底勘探和开发条件之条款的讨论。第一委员会的主席认为,海底国际法律体系和海底国际机构应当平行建制,因为它们将是在海洋法公约项下建立的新的国际体系和秩序的主要组成部分。在本轮会议中,会务方对正式会议以及非正式讨论的数量进行了限制,因此对上述议题的讨论大多都是在小范围的非正式谈判组中进行。因此,工作小组在会议中将具有重要意义的议题分类进行讨论,议题主要分为以下几组。

(1) 有关管理局权力范围的议题(海底作业的阶段、海底活动的法律安排、管理局开放区域以及生产控制之权限)。

(2) 有关同管理局建立海底资源安排(一般以签订合同作为安排之依据)以及该安排之原则等事项(对开发主体的筛选、开发主体在随后运作阶段的参与、资金安排等)。

(3) 争端解决之讨论(担保的提供、执行、不可抗力、同管理局签订的合同之暂停和终止、争端解决机制)。

工作小组主席声称,目前大会的目的是要在公约中加入深海活动的基本条件和基本规则,以为将来成立的国际海底管理局的运作提供一定的指导。这些基本条件和基本规则可以更加清晰地罗列出海底管理局的权力。

工作小组在谈判中首先完成了海底资源勘探和开发前提条件

的报告(Basic conditions of exploration and exploitation)。

在一般委员会(General Committee)的建议和大会的第 55 次全体会议的决议要求下,大会要求各分委员会的主席准备并提交一份有关其在会议期间讨论的事项的报告。在本轮大会的结束之际,第一委员会主席提交了一份非正式单独谈判文本第一部分(Part I of the Informal Single Negotiating Text,ISNT/Part I)。第一委员会主席在该文本的介绍部分指出,该文本为今后的谈判提供程序性的指导,并不影响代表方已经提交的提议的地位,也不影响代表方提交提议的修正案或者新提议的权利。

ISNT/Part I 的附件一主要是关于探矿、勘探和开发深海资源之基本条件,但是发达国家和发展中国家对 ISNT/Part I 的内容都不满意,此文件也加剧了发达国家和发展中国家在国际海底法律体系建制议题上的分歧。

三、第三次海洋法会议 1976 年会议(第四轮会议)

美国等发达国家对第三次海洋法会议第三轮会议所通过的 ISNT/Part I 文件表示不满。在 1976 年第四轮海洋法会议举行之前,美国国务卿基辛格(Henry Kissinger)对海洋法谈判作出一个政策上的申明。南北国家之间的关系一直是全球环境政治中一条重要的主线。基辛格在南北方关系这一大背景下,审查了整个国际海洋法会议的讨论。他申明,美国不能接受由国家海底局完全掌控对区域资源的获取(access)的权力,或者对区域资源的获取进行严格限制,以致成员国的企业都无法自由获取区域的资源。但是美国接受企业部的成立,企业部可以作为国际海底管理局的一部分,并且有权从事深海资源的勘探和开发的活动,其开展这些活动的前提和条件应当同其他企业从事该活动的条件采取同一标准。美国承认世界各国应当公平合理地分享从海底活动中取得的利益，丰富的海底资源不应当只被技术发达的国家所控制、开发和利用。

基辛格继而又提出了一个妥协方案(overall settlement)，并提出了美国所构想的海底资源勘探和开发的框架：海底区域主要的开发场地可以保留给国际海底管理局或者发展中国家用于它们从事开发活动。而其他个人承包者(contractor)从事开发活动时，应当向国际海底管理局提供两块开发区域。管理局可以从中挑选一块区域用于自己开采或者根据自己的判断酌情分发给发展中国家开发，另一块区域则由承包者自身开发。

妥协方案中还包括其他要素，比如应当建立一个以国际海底管理局(管理局由大会、委员会、秘书长和法庭组成)为主导的平等的决策程序；成员国及其国民(包括自然人和法人)在符合条件的情况下非歧视的对区域资源的获取；考虑到海底活动所产出的金属资源对陆源矿产国的经济上的影响，在一定时期内对海底活动所产生的矿产量进行限制，但是此限制只是临时的，合理的时间过后，将取消该限制，海底和陆地相关资源的产量遵循市场规律，由市场进行调节。

第三次海洋法会议的1976年会议中，第一委员会的相关议题的讨论都是在非正式会议和小范围的专家讨论组中进行。经过讨论，第一委员会主席对1975年第三轮大会中产生的ISNT/Part I作出修改，并制作了单独谈判文本修正版第一部分(Part I of the Revised Single Negotiating Text，RSNT/Part I)[1]。这一文本包

---

[1] 该文本原文参见：A/CONF.62/WP.8/Rev.1/Part I (RSNT, 1976) http://legal.un.org/diplomaticconferences/lawofthesea-1982/docs/vol_V/a_conf-62_wp-8_rev-1-part1.pdf.

含三个附件：(1) 探矿、勘探和开发的基本条件；(2) 企业部章程；
(3) 海底争端解决章程。除此之外，还附有一个特殊附件，该附件
是关于管理局资金安排的事项。RSNT/Part I 文本为今后的谈判
提供基础，并不影响代表方已经提交的提议的地位，也不影响代表
方提交其修正案或者新提议的权利。

RSNT 对基辛格所提出的平行开发制度进行了修正。虽然
RSNT 可以被认为是在美国的推动下在海洋法会议中取得的进
步，但是诸如日本、欧洲各国等发达国家对此文本的接受并没有想
象中的热情。同时七十七国集团对该文本也是相当的抵制。七十
七国中诸多国家认为文本对发达国家作出了过多的妥协和让步，
并且它们希望文本应当更多地强调技术的转移，因为如果没有发
达国家对发展中国家的技术转移，发展中国家（新兴发达国家）是
无法克服其在深海勘探和开发中技术上的困难的。

四、第三次海洋法会议 1976 年会议（第五轮会议）

海洋法会议第五轮会议中，第一委员会举行了一系列正式的
会议，但是对大部分事项的讨论都是在非正式会议（或是委员会设
立的专题讨论会，或是专题讨论会的特设小组来对海底区域资源
的国际法律构建进行谈判）中进行。专题讨论会主要是围绕
RSNT/Part I 的第 22 条（该条主要规定了管理局的职能）以及附
件一的第 7 段和第 8 段（附件一是《探矿、勘探和开发的基本条
件》，第 7 段主要是关于申请人的资质的规定，第 8 段是对申请人
的选择作出了规定）进行讨论。

就第 22 条，专题讨论会上，委员会收到了诸多提议作为大会
讨论的基础文件。综合审视这些文件，可以把成员国对从事深海
资源活动的主体的看法分为两类：(1) 主张平行开发制度，即成员

国和管理局下设的企业部都有权利去从事开发活动；（2）主张从事海底资源勘探和开发的主体仅限于企业部。

七十七国集团的建议是采取平行开发制度，企业部需要在一份正式的工作计划之下从事深海活动，而从事深海活动的其他成员国则首先需要同管理局签订一份合同之后才可以从事深海开发活动。工作计划和管理局合同都要根据附件一的指导原则进行拟定，并经过管理局下设的委员会同意。管理局对区域所有活动有全部和有效的管制的权力。

虽然专题讨论会中就讨论议题收到了诸多提议，但是最终各方仍然没有达成一致。尽管这轮专题讨论会没有取得实质性的进展，但是经过这一过程的讨论，缩小了各方意见分歧的范围。

在整个谈判的过程中，第一委员会所需要处理的最重要的问题是关于各成员国企业在深海海底资源勘探过程中的角色。成员国企业从事深海活动的资格是否由海底管理局来确定？此种从事深海活动的权利是持续一段有限的时间的还是永久的？这些问题是建立具体海底资源开发制度所要处理并达成一致的问题。

除了以上的问题，第一委员会还需要处理有关争端解决机制的问题。此外，秘书长也在一份名叫《资助企业部的其他方法》（Alternative means of financing the Enterprise）[①]提出了其他的第一委员会在会议中所需要讨论的事项。

五、第三次海洋法会议 1977 年会议（第六轮会议）

在第三次海洋法会议第五轮和第六轮会议讨论中，各方对平行开发制度作了更加深入的讨论。其中增加了企业部的设立以及

---

① 该报告主要处理企业部如何取得相关的技术从而从事海底生产活动，但是囿于时间的限制，该事项放在了第五轮会议中讨论。

其资金供给,以及在条约生效之前的临时制度的定义和修正。

在海洋法会议第六轮会议中,为了促进委员会的工作,委员会主席提议对平行开发制度的讨论应当包括管理局的资源政策、开发体制、企业部的设立和资金供给(尤其是企业部的设立阶段)等议题的讨论。委员会主席提议会议应当着重对资源开发的问题、体制问题以及争端处理这几个平行开发制度的核心问题进行商讨,同时也要主要商讨从事海底资源开发的条件(此项议题的讨论主要是要确定申请人的条件以及对申请人筛选的方法)以及相关资金机制。

就资金安排事项,委员会主席参考了由联合国大会秘书长准备的一份名为《管理局费用以及通过合约方式为其活动提供资金》(Costs of the Authority and Contractual Means of Financing its Activities)[①]的报告,他在会中也指出:(1)应当发展通过管理局以及其下设相关机构传播相关科学技术的途径;(2)应当继续寻求管理局资金供给方式和保证高效的决策程序的方法;(3)应当考虑建立合资企业的可能性;(4)审查管理局大会的决策程序、权力和职能;(5)考量管理局下设子机构之结构、功能和权力和职能;(6)检查海底资源开发制度的审查条款;(7)有必要审查联合国海洋法法庭管辖下争端解决机制。争端一般分为两种:一种是有关合同和行政管制程序中的争端,此种争端涉及成员国和管理局之间的关系;第二种争端是有关对公约条款的解释。

大会成立了临时工作小组就海底资源的开发体制进行商讨,但是就这些具体问题仍然没有达成协议。除此之外,部分专家组成专家小组就管理局资源政策、合同的财政条款等资金安排事项

---

① A/CONF.62/C.1/L.19 (1977), VII Off. Rec. 54~73 (Secretary-General).

进行谈判。定额分配体制（反垄断条款）以及其他机构安排（Institutional Arrangement）等议题也在会议中有了深入的探讨。就机构安排事项，其中最重要的问题是管理局理事会的组成。

第三次海洋法第六轮会议对以上议题都作出了谈判和商讨，最后大会的第一委员会主席在其报告中提出了委员会应当进一步谈判的事项：(1) 管理局资源政策；(2) 在区域活动的组织事项；(3) 对企业部的资金供给；(4) 管理局机构问题；(5) 争端解决。下几轮的会议也都是围绕这些议题而展开讨论。

六、第三次海洋法会议 1978 年会议（第七轮会议）

同其他两个主要委员会相比，第一委员会在议题商讨的进程上较为缓慢，较多议题的讨论都没有实质性进展。因此在会议中需要增加对会议实质问题有更透彻的了解并且可以找到相关问题解决方案的人员参与到会议议题的讨论中。大会决定将主要委员会讨论的核心议题转由大会全体会议来讨论，并将这些议题分配到七个谈判组中进行商讨，这些谈判组直接对全体大会负责。每个谈判组由几个主要国家组成，但是对议题的讨论是开放式的，各成员国都可以参与其中。其中三个谈判组商谈的事项是原先第一委员会所讨论的议题。第一谈判组负责勘查和勘探体系和管理局资源政策的讨论，第二谈判组负责资金安排事项的讨论（包括管理局资金事项、企业部资金事项以及勘探和开发合同中的财政条款），第三谈判组主要涉及国际海底管理局的组成机构的谈判，包括它们的组成、权力和职能。

各谈判组对其负责的议题进行深入谈判，最终由谈判组主席提交经过妥协的提议，以期为将来谈判对某些议题能够达成一致打下基础。

七、第三次海洋法会议 1979 年会议(第八轮会议)

第三次海洋法会议第八轮会议在第一委员会项下成立了数个新的非正式的谈判组,并且在第一谈判组项下成立了非正式小组就生产政策进行谈判。此外,还成立了法律专家组(Group of Legal Experts)就海洋法公约第十一部分的争端解决机制进行商讨。

大会在七十七国的提议下成立了工作组 21(Working Group of 21,简称 W.G. 21),以解决第一委员会议程中的突出问题,该工作组由之前的谈判组一、二、三的主席共同主持谈判工作。该工作组的成员是以区域代表为基础,因此涵盖了各利益集团的发言人和代表。由于 W.G.21 是由大会一般委员会成立,因此其向全体大会汇报,并且对全体大会负责。

以上设立的各种工作小组、法律小组的工作报告都集中在本轮大会结束后发布的 ICNT/Rev.1[①] 文件中。

在第三次海洋法会议第八轮会议中,W.G.21 在第一委员会主席的主持下进行相关议题的讨论。谈判组一的主席主要负责协调海底资源勘探和开发体系的讨论,谈判组二的主席主要负责协调资金机制的讨论。法律专家组主席举办了单独的会议,就其负责的议题进行谈判,并将形成的报告提交给 W.G. 21。W.G. 21 对其负责的谈判事项以以下顺序进行商讨:首先是管理局大会和理事会事项,理事会的组成、决策程序,大会和理事会之间的关系;其次是资金安排;最后是勘探和开发体系。

---

① A/CONF.62/WP.10/Rev.1(ICNT/Rev.1,1979),详细文本请参见:https://legal. un.org/diplomaticconferences/1973_los/docs/english/vol_8/a_conf62_wp10_rev1. pdf.

八、第三次海洋法会议 1980 年会议(第九轮会议)

第九轮会议中对第一委员会负责的议题的讨论也是主要由 W.G.21 进行。在会议召开过程中,大会主席收到了诸多的有关讨论议题的提议和报告。其中大会主要对以下事项进行了较为深入的谈判:(1)海底资源勘探和开发法律体系和海底管理局的资源政策;(2)生产政策;(3)资金安排事宜,尤其是有关企业部的资金供给,合同中的财政条款以及企业部的章程;(4)管理局大会和理事会的组建,以及两者之间的关系;(5)有关第十一部分的争端解决机制。此外,有关海底管理局席位的问题在第一委员会会议中也被提出来,但是对该事项的讨论将放在后期举行的全体大会中举行。经过第九轮会议的第一期讨论,最终,会议通过 ICNT/Rev.2 文件[①],但是成员国对所讨论议题的分歧仍然较大,大会主席也指出该文件只是一个协议文本,为今后的谈判打下良好的基础。

在日内瓦举办的第九轮会议的第二期会议中,W.G.21 继续开展其对以上议题的讨论。大会谈判的报告主要集中于以下议题:(1)从区域获得的利益的分享;(2)海底资源的生产政策;(3)审查大会(Review Conference);(4)三层决策模式(Three Tier Mechanism for Decision making);(5)技术转移;(6)反垄断条款;(7)合同的财政条款;(8)企业部的章程;(9)在《联合国海洋法公约》和预备委员会(Preparatory Commission)生效之前的临时制度安排。

经过此轮大会对相关议题的讨论,成员国对各个议题的讨论

---

① A/CONF.62/WP.10/Rev.2,详细文本请参见:https://legal.un.org/diplomaticconferences/1973_los/docs/english/vol_8/a_conf62_wp10_rev2.pdf.

有了长足的进展,最终本轮大会通过了名为《海洋法公约草案——非正式文本》(Draft Convention on the Law of the Sea, Informal Text, ICNT/Rev.3)这一文件[①]。

九、第三次海洋法会议 1981 年会议(第十轮会议)

1981 年的第十轮会议之前,美国决定对公约进行详细的审查,并且在审查报告出台前,暂停参加公约的谈判工作。该次审查主要是集中于对公约的第十一部分以及相关的附件进行审查,其中美国对以下事项的讨论较为关注:

(1)目前国际社会对海底的科学研究严重不足,但是随着科学的发展海底资源给全人类带来的经济上的利益将是巨大的,此种情况下如何构建合理的管制结构来应对行将发生的深海海底勘探和开发活动;

(2)对企业部的优惠待遇,包括通过管理局对其提供资金上的资助的条款;

(3)技术发达国家对企业部以及发展中国家强制性的技术转移;

(4)生产政策:为保护陆地锰矿生产者的经济利益而对深海海底资源的产量进行限制;

(5)管理局不能保证美国可以在管理局理事会上有代表;

(6)审查大会:在此大会上通过的有关公约的修正案,即使美国不接受,亦对美国有约束力;

(7)深海海底活动承包者对从海底活动中获得利益的分享之

---

① A/CONF.62/WP.10/Rev.3 (ICNT/Rev.3, 1980),详细文本请参见:https://legal.un.org/diplomaticconferences/1973_los/docs/english/vol_8/a_conf62_wp10_rev3.pdf.

义务；

(8) 海岸线 200 海里以外大陆架上开发碳氢化合物所获得的收益之分享义务；

(9) 缺乏对投资的保护条款。

由于美国在第十轮会议期间转而对公约的条款进行详细的审查,该论会议对公约第十一部分以及附件三相关议题的讨论并没有实质性的进展。

尽管大会中美国缺席,但第一委员会在第十轮会议中仍然开展了四次正式会议,其中两场会议主要是讨论预备委员会事项。有关预备委员会的事项在全体大会上也进行了讨论,但是考虑到该事项同公约第十一部分的关系,因此大会决定第一委员会更加适合组织对此事项的谈判。因此,W.G.21 主要负责了对该事项的讨论,其中主要集中对该委员会的组成、授权、决策机制,以及资金基金进行了讨论。另两场会议主要集中讨论联合国秘书长提交的两份报告。第一份报告是关于公约对成员国将会产生的经济上的影响和冲击,以及成员国对管理局和海洋法法庭(以及其他成立的机构)的财政资助,作为这些机构的行政预算。第二份报告是关于生产限制方案的影响。此外对管理局总部的设立地点,生产政策(尤其是生产限制方案的影响),有关生产、处理、运输和销售来自区域的矿产资源以及此种资源所做成的商品的不公平经济措施(Unfair Economic Practice),管理局委员会的代表(席位)问题。

此外,预备投资保护事项(即在公约生效之前对成员国投资的保护)在此轮会议中也被提及,但是由于时间问题,该议题放到了第十一轮会议中进行商讨。虽然第十轮会议没有完成其讨论的所有议题,但是大会于 1981 年 8 月 28 日发布了公约的草案。

十、第三次海洋法会议 1982 年会议(第十一轮会议)

海洋法会议第十一轮会议中,第一委员会 W.G.21 继续集中负责对预备委员会和预备投资的保护事项进行商讨。其他事项也在同时进行着,包括:(1) 不公平经济措施;(2) 管理局委员会的组成;(3) 生产政策;(4) 审查会议;(5) 管理局主要机构的权力分立;(6) 附件三中所列出的海底资源探矿、勘探和开发的基本条件。

大会中,秘书长提交了有关公约第 151 条(生产政策)对发展中国家①的经济可能造成的影响的报告。第一委员会的第 55 次会议主要就该报告进行了讨论,会议通过了一份关于生产量上限的附件,作为该报告的附件。

在此次会议中,最引人注意的是美国向大会提交的有关公约海底制度的条款的修正案。这份修正案是前文提到的第十轮会议期间,美国对公约进行审查,尤其是对公约海底制度进行审查而制作成的绿皮书。但是七十七国集团对此修正案持反对态度。在此情形下,澳大利亚、加拿大、丹麦、芬兰、冰岛、爱尔兰、新西兰、挪威、瑞典和瑞士这十个国家组成的代表团提出了新的修正案,以期在七十七国集团和美国之间寻找一个平衡点,兼顾两方的利益。新修正案肯定了美国之前提出的大部分修正案,并且要求七十七国集团对以下事项作出妥协:(1) 确保美国在管理局委员会的代表席位;(2) 强制技术转移的事项;(3) 审查会议的问题。经过大会成员国之间的商讨,成员国大多(包括西方国家)认为美国所提交的绿皮书不能作为谈判的基础。

---

① 这里的发展中国家是指从事海底资源开发并出口海底资源的发展中国家。

随后全体大会对海洋法公约的草案进行了商讨。大会就公约的第十一部分，附件三以及附件四的部分条款提出了修正案，并通过了部分的修正。但是美国在大会中一直未接受前述十个国家代表团提出的对绿皮书的修正。最终，1982 年 4 月 30 日，大会进入了对公约草案投票的程序，最终 130 票赞成，4 票（美国、以色列、土耳其和委内瑞拉）反对，17 票弃权。

十一、发达国家有关海底资源勘探和开发的互惠国制度

在联合国海洋法会议召开时，技术先进的发达国家开始就海底资源的勘探和开发进行了单方面的立法，并且发达国家之间签订了互惠协议，在各自的国内立法中通过对互惠国的认定以及对互惠国相互权利和义务的规定，来达到相互承认和相互支持的目的。技术发达的国家通过此种国内立法以及几国之间的互惠协议保护自己已经在海底开发的投资。在 1980 年到 1985 年之间，六个国家通过了有关海底资源开发的国内法，并且它们互相承认各自国家在区域部分对海底资源的勘探和开发权利。① 其中美国通过了《1980 年深海硬矿物资源法》(1980 Deep Seabed Hard Mineral Resources Act)，英国通过了《1981 年深海开采法(临时条款)》[Deep Sea Mining (Temporary Provisions)

---

① The legislation of France, Italy, the Federal Republic of Germany, Japan, the United Kingdom and the United States has been carried in I.L.M. The French legislation appears at 21 I.L.M. 808 (1982); the German at 20 I.L.M. 393 (1981) and 21 I.L.M. 832 (1982); the Japanese at 22 I.L.M. 102 (1983); the British at 20 I.L.M. 1217 (1981) ; and the American at 19 I.L.M. 1003 (1980), 20 I.L.M. 1228 (1981) and 21 I.L.M. 867 (1982). The Provisional Understanding regarding Deep Seabed Mining, entered into by Belgium, France, the Federal Republic of Germany, Italy, Japan, the Netherlands, the United Kingdom and the United States on August 3, 1984, appears at 23 I.L.M. 1354 (1984).

Act 1981],法国通过了《深海海底矿物资源勘探和开发法》(Law on the Exploration and Exploitation of Mineral Resources of the Deep Seabed),联邦德国通过了《1980 年联邦德国深海开采临时管理法》(Federal Republic of Germany's Act on the Interim Regulation of Deep Seabed Mining 1980),比利时、法国、联邦德国、意大利、日本、荷兰、英国、美国通过了有关深海开发之谅解协议(Belgium, France, the Federal Republic of Germany, Italy, Japan, the Netherlands, the United Kingdom and the United States: The Provisional Understanding regarding Deep Seabed Mining)。该谅解协议以政府间协定的形式,确认了六家西方工业财团就申请采矿区域的重叠达成调整协议。临时谅解规定,各协议国不得对六家国际财团自愿解决冲突的协议所涉及的区域颁发批准书,也不得在该区域从事深海海底作业。[①] 此外,1982 年,美、德、英、法四国缔结了《关于深海海底多金属结核暂行安排的协定》,该协定的内容限于解决因不同国家的申请人所申请的矿址发生重叠的现象所引起的争端。

这些国家都声称以上的国内立法和签订的多边协议都是临时的,目的是在《联合国海洋法公约》生效之前对海底活动进行临时管制,并且这些活动是它们根据公海自由这一古老的国际法原则所实施的行为,这些法律的规定都不会涉及对公海区域或者区域中的资源的主权的主张,它们也都承认海洋法公约对这些遗产的定性,即此部分财产是人类共有遗产。

以上法律为这些国家的深海活动的申请人提供了较为宽松的申请勘探、开发的条件,并且通过谅解协议的达成,各国也都承认

---

① 肖峰:《〈联合国海洋法公约〉第十一部分及其修改问题》,载《甘肃政法学院学报》1996 年第 2 期。

其他国家给其本国企业所颁发的执照和证书。同海洋法公约不同的是,这些法律中没有任何关于生产政策以及技术转移的规定,但是法律中对作业者的尽职义务作出了相关的规定,如要求作业人定期为勘探行为作出合理的投资。法律中也有关于税收的规定①,但是明显低于公约中规定的税收比例。

这些发达国家的立法的另一个特点是通过达成多边协议来解决因各国之间深海活动区域可能重叠而导致冲突的问题。

从上述其他国家立法的情况来看,有关海底资源开发的法律体系以两条主线进行着。一方面,海洋法大会第一委员会组织有关深海海底资源开发的各种法律问题的谈判,主要是关于公约第十一部分"区域部分"、附件三《探矿、勘探和开发的基本条件》和附件四《企业部章程》,但是发达国家就其中很多问题存有不同的看法,如强制技术转移条款、生产政策条款。另一方面,技术发达的国家以公海自由为由,已经通过国内立法,并互相签订多边协议以解决它们之间可能存在的冲突。

发达国家的这些立法活动导致七十七国集团更加不接受美国在第三次海洋法会议后阶段所提出绿皮书。而对于公约第十一部分的分歧仍然要通过接下来的预备委员会会议进行商讨,以在发达国家和发展中国家之间寻求平衡和意见的统一。

---

① 如英国1981年《深海开采法(临时条款)》第9条。

第二章
国际海底制度形成之商讨(二):
1982 年《联合国海洋法公约》通过后

第一节 预备委员会(1983—1994 年)

海底管理局的预备委员会是根据联合国海洋法公约最终文本附件的决议一(resolution I)[①]正式设立的。对预备委员会的授权包括:为管理局开始执行其职能准备规则、规定和程序的草案,以及为企业部尽早有效进行运转提出建议。根据决议二(resolution II),预备委员会被授权作为管制先驱投资者的临时机构。

在 1983 年到 1994 年期间,预备委员会一般每两年召开一次会议,制作会议报告,并提交给管理局大会第一次会议。[②] 为解决决议一中的问题,预备委员会分成了四个特别委员会(Special Commissions),每个都有一定的授权范围。根据决议一第五段(i)[③]

[①] Final Act of UNCLOS III 全文参见:http://www.un.org/depts/los/convention_agreements/texts/final_act_eng.pdf.

[②] 管理局大会第一次大会分三次举办,分别是 1994 年 11 月 16 日到 18 日,1995 年 2 月 27 日到 3 月 17 日,1995 年 8 月 7 日到 8 月 18 日。

[③] The commission shall undertake studies on the problems which would be encountered by developing land-based producer States likely to be most seriously affected by the production of minerals derived from the Area with a view (转下页)

和第九段①的规定,第一特别委员会(Special Commission 1) 有权开展研究深海资源开发活动可能对陆源资源生产者所可能造成的经济上的损失(包括成立相关的补偿机制),以期减少深海活动对它们经济上的冲击。

因此,第一特别委员会的任务是研究深海活动对陆源资源产国的经济上的冲击,尤其是对发展中国家的影响。虽然第一特别委员会负责研究成立补偿机制的可能性,以及该补偿机制的可能模式,但是第一特别委员会的研究并不涉及公约第十一部分"区域部分"下行将建立的机构的程序上的准备。

根据决议一的第8段②,第二特别委员会主要是负责采取一切能够保证企业部尽早有效运行的措施。第二特别委员会还负责研究海底开发活动在经济上的可能性。第三特别委员会主要是负责提供管理局开始执行其职能的准备规则、规定和程序的草案,以及起草有关资金机制和管理局内部行政管理的法律法规,③亦即第三特别委员会需要准备在海底区域进行勘探和开发活动的规则、规定以及程序上的法律法规,也就是所谓的《海底开采法典》(Seabed Mining Code)。

在会议中,成员国提交了有关国际海底法庭的实际安排的报

(接上页) to minimizing their difficulties and helping them to make the necessary economic adjustments, including studies on the establishment of a compensation fund, and submit recommendations to the Authority therein.

① The commission shall establish a special commission on the problems which would be encountered by developing land based producer States likely to be most seriously affected by the production of mineral derived from the Area and entrust to it the functions referred to in para.5.

② The Commission shall establish a special commission for the Enterprise and entrust it to the functions referred in para. 12 of resolution II. The commission shall take all measures necessary for early entry into effective operation of the Enterprise.

③ 决议一第5段(i)。

告,而第四特别委员会的任务是负责对这些报告提出建议。这里的实际安排包括可以使国际法庭能够正常运转起来的所有事项的安排,包括有关国际法庭正式结构,司法程序和内部管理规定,特权和豁免,以及内部的行政组织、人员结构、预算、资金安排等事项。

此外,预备委员会的"非正式全体大会"(Informal Plenary)也对管理局的核心组成机关的规则和程序上的规定进行了讨论。预备委员会的一般委员会(General Committee)讨论了决议二的执行,主要是管制开发多金属结核的先驱投资。根据预备委员会的规定,一般委员会有权管理先驱投资的注册和准许。

美国并没有参加预备委员会在1983—1994年举行的任何会议。为了防止发达国家和发展中国家、公约签署国和非签署国之间的观点更加两极化,海洋法秘书处特别代表(Special Representative of the Secretary-General for the Law of the Sea)①采取了相应的措施来缓解发达国家和发展中国家之间的意见冲突。但是最终,有关第十一部分区域制度上的一些根本事项,发达国家和发展中国家之间仍然存在着分歧。然而,预备委员会至少让参与谈判的成员国对大部分都同意的事项进行了积极的讨论,委员会也对为达到公约生效之目的所能讨论的其他事项进行了讨论,并取得了一定的进展。

第二节　联合国秘书长非正式商讨
(1990—1994 年)

由于各国的基本意识形态、政治体系以及经济基础的差异较

---

① 该秘书处负责为预备委员会会议提供相应的服务。

大,因此在《联合国海洋法公约》的谈判中,尤其是有关"区域"部分的谈判,发展中国家和发达国家就诸多事项都无法达成一致,1982年通过的《联合国海洋法公约》迟迟没有生效。但是也正是由于这些因素的发展,加上1990年苏联解体,国际关系发生巨大转变,各种国内因素和国际因素发生变化,为发达国家和发展中国家在海底资源勘探和开发事项上的讨论并就有关事项达成一致意见提供了新的机会。

联合国秘书长在海洋法特别代表的建议下,组织30个公约利益相关国家进行商讨,包括三个公约非签署国:德国、英国和美国。在同德国、英国和美国的商讨中,这些国家仍然提出了对公约第十一部分的不同意见。德国表示可以同秘书长就第十一部分"区域部分"的问题进行谈判,但是美国的态度却没有如此肯定。

秘书长一共组织了三次商讨。第一次商讨在1990年7月举行。此次商讨时间跨度是从1990年到1994年,一共有15轮会议。实际上,此次商讨包括两个阶段:第一阶段是从1990年到1992年,这一阶段的商讨主要涉及30个主要的国家,主要是为了确定各成员国之间意见不一致的原因及主要问题之所在,以期寻求问题可能的解决方案;第二个阶段是从1992年到1994年,此阶段的会议是由所有的成员国代表参加,一共有90个成员国代表参加会议,这一阶段讨论的目的是为了寻求以市场经济为基础执行公约第十一部分"区域部分"的可能路径。

第一阶段是对成员国最关心问题的确定与梳理。会议确定出九个可能导致公约迟迟未生效的事项,这些事项也是美国拒绝加入公约的原因,其中包括:(1)成员国的成本;(2)企业部;(3)决策机制;(4)审查会议;(5)技术转移;(6)生产限制;

（7）补偿基金；（8）合同的财政条款；（9）环境考量。确定并梳理这些事项之后，下一步便是针对这些事项提出相应的解决机制。到1992年，经过以上这些非正式会议的商讨，对成员国的成本、企业部、决策机制、审查大会和技术转移这些事项都基本达成了一致意见。但是有关生产限制、补偿基金以及合同的财政条款等具体事项较难在短时间内达成协议，因此成员国认为在海底资源商业开发即将发生时再进行对这些问题的讨论与细化。但是本轮会议将对这些事宜的一般原则性的安排进行商讨，并为今后对这些议题具体规则的制定范围作出规定。至于环境考量的事项，成员国都认为深海活动中的环境保护是不容置疑的，因此在此事项上各国的意见是统一的。

1992年到1994年的商讨会议是面向各国代表的，大约75—90个代表团参加到议题的讨论中。在1993年1月商讨会议召开的时候，成员国普遍认为应当将会议讨论的成果以文本的形式展示出来以代表成员国对有争议的事项上所取得的意见的统一。但是究竟以何种形式表现出来，成员国意见不一致。由于彼时《公约》尚未生效，若采用修订的模式，恐有违国际条约法的相关规定，因为修订条约应当指的是对生效条约的修订。

1993年4月，会议公布的一份信息通讯（Information Note）提出了四种可能采取的形式：（1）合约文书，比如修改《公约》的议定书的形式（contractual instrument such as a protocol amending the Convention）；（2）对《公约》的解释和运用的解释性协议；（3）关于在临时制度期间建立初始管理局和初始企业部的解释性协议，同时作出程序性安排，以便在深海海底矿物商业生产可行时召开会议，建立最终制度；（4）《公约》以外附加的协议，该协议提供初始阶段到最终确定阶段的过渡，其中管理局将被授权处理影响《公约》生效的一些突出问题。

成员国认为,无论采取上述四种形式中的哪一种形式,都应当是要具有法律拘束性的,并且不允许双重机制的存在,即海底开发活动只能由管理局作为国际上的行政管制机构管理各项深海活动。在1993年8月2日到6日举行的会议中,会议参与方对一份日期为1993年6月4日的信息通讯进行传阅和讨论,该份信息通讯修改了之前4月份发布的信息通讯,增加了之前几轮会议的讨论成果。在此轮讨论中,发达国家和发展中国家成员国代表制作了一份日期为1993年8月3日的报告,该报告即为所谓的Boat Paper,该报告虽然没有反映每个成员国的立场,但是为下面的谈判提供给了较好的谈判基础。

因此在以后几轮会议中,成员国代表一方面对1993年6月4日发布的信息通讯中的具体事项进行讨论;另一方面也参考Boat Paper中的相关内容。Boat Paper由三个部分组成:(1)联合国大会批准的决议草案;(2)有关《公约》第十一部分的执行协定,作为前述决议的附件;(3)两份执行协定的附件,附件一是关于秘书处举行的前述会议的结论,附件二是关于后续调整(Consequential Adjustments)。

在秘书处举办的最后一轮商讨会中(1993年11月8日到11月12日),与会者在会中谈论的材料包括1993年6月4日发布的信息通讯,以及Boat Paper的新版本(新版本将旧版中执行协定中的两个附件合成一份附件)。在此轮商讨会中,与会者完成了对6月4日发布的信息通讯中的所有事项的讨论。随后,各代表方重新开始对"成员国成本以及机构设置安排"的事项进行讨论和审查,但是主要是对Boat Paper中的执行协定进行审查。

在1994年1月31日到2月4日的第一轮讨论中,成员国代表对 1993 年 11 月发布的 Boat Paper 进行了讨论。① 这一轮的讨论主要集中对下列事项的讨论：

（1）决策机制，尤其是关于管理局大会和理事会关系，以及理事会中应当由哪些成员国组成理事会的决策团体；

（2）管理局运行的行政成本应当通过成员国（包括临时成员国）的捐款承担抑或是通过联合国的预算承担；

（3）执行协定的临时执行（provisional application）以及管理局的临时会员资格（provisional membership）。

在此轮讨论中，对后两个事项的讨论取得了明显的进展。

1994 年 2 月 14 日，秘书处对 Boat Paper 内容又进行了修改，并且把名称改为《决议草案和有关联合国海洋法公约第十一部分的草案执行协定》。秘书处在 1994 年举行的第二轮商讨会是从 4 月 4 日到 4 月 8 日，此轮会议正是对上述修改过的 Boat Paper 中的议题进行商讨。与会成员国对执行协定中的法条逐条进行审读和分析，并主要集中对理事会的内部决策机制以及企业部这两项议题进行讨论。这两项议题是此轮商讨的核心，亦是商讨中最难达成一致的议题。会议对 Boat Paper 中诸多事项的规定也作了一定的修订，并于 1994 年 4 月 15 日公布了修订后的决议草案和执行协定草案。

秘书处的最后一次商讨会是在 1994 年 5 月 31 日到 6 月 3 日之间举行的，此轮商讨会议对各种版本的决议草案和执行协定草案语言进行了折中，更兼顾各方的利益。

随后，1994 年 6 月 28 日举行的第 48 届联合国大会以 121 票

---

① 这一版本的 Boat Paper 包含了秘书长在 1993 年十一月举办的非正式讨论会的会议成果。

赞成、0票反对、7票弃权通过了48/263号决议①,《关于执行1982年12月10日联合国海洋法公约第十一部分的协定》(以下简称《执行协定》)作为决议的附件。批准或者正式承认公约的国家同时也将受到《执行协定》的约束;任何国家或实体除非先前已经确立或亦同时确立其同意受公约的约束,否则不可以确立其同意接受本协定的约束。《执行协定》的第4条第3款列出了国家或者实体表明其同意接受执行协定约束的方式:须经过批准或者正式确认的签字,随后加以批准或正式确认或者按照第5条所规定的程序作出的签字。

第5条是有关"简化程序"的规定,主要是规定成员国已经在执行协定通过之日前就以交存批准、正式确认或加入公约的文书等方式加入公约,在何种情况下受到《执行协定》的约束。根据默许原则,第5条规定,通过上述方式已经加入公约的国家或者实体,则确立其同意在本协定通过之日起12个月后接受其约束,除非该国家或实体在该日之前书面通知保管者,表示其不想利用本条所规定的简化程序。

《执行协定》的一个亮点是有关临时适用的规定。其规定的目的不仅在于加快成员国对公约的广泛接受,亦保证在公约生效的形式要件具备前,使成员国先获得管理局的临时成员资格,扩大成员国在管理局中的参与度。《执行协定》第7条中规定,《执行协定》如果到1994年11月16日尚未生效,则在其生效前,对符合条件的国家和实体予以临时适用。此处的规定是为了避免在公约生效时出现的双重制度的结果。根据第6条第1款规定,《执行协定》在已有的40个国家确立其同意接受约束之日后的30天内生

---

① A/RES/48/263;http://www.un.org/documents/ga/res/48/a48r263.htm.

效,但须在这些国家之中包括第三次海洋法会议决议二第1(a)段所述的国家,且其中至少有五个国家是发达国家。

根据第6条第1款的规定,《执行协定》在1996年7月28日生效,同时根据协议的第7条第3款,《执行协定》的临时适用终止。

根据《执行协定》附件的第一节(缔约国的费用和体制安排)12(a)段规定,如果《执行协定》在1996年11月16日前生效,这些国家和实体应有权通过向本协定的保管者作出通知,表示该国或实体有意作为临时成员参加,而继续作为管理局临时成员参加。这种成员资格应于1996年11月16日或在本协定和公约对该成员生效之时(以较早者为准)终止。理事会经有关国家或实体请求,可将这种成员资格在1996年11月16日之后再延期一次或者若干次,总共不得超过两年,前提是理事会确信有关国家或实体一直在作出真诚努力成为本协定和公约的缔约方。

所有成员国的临时成员资格于1998年11月16日终止。

第三章
国际深海海底资源勘探开发法律制度的
最终形成

　　全球环境议题的发展固然包含多重方面,但是若从议题拘束力的变化为主轴,不难看出全球环境议题的发展一般是从单纯的不具有任何规范意义的科学发现,促动人们对某一全球环境议题的关注,逐渐积累共识,并强化相关主体对议题因应方向的相互拘束性,终于发展至具有强制力的规范,这一过程可以称之为规范化。因此,全球环境议题规范化的过程一般包括:科学发现→成为国际性议题→形成国际共识→发表国际宣言→协商制定公约→签署公约与递交批准书→公约生效→签订议定书→议定书生效。[①]

　　对照上述议题规范化的流程,深海海底资源勘探和开发之议题的规范化过程基本符合上述流程。从 1965 年 John L. Mero 在著作 *The Mineral Resources of the Seas* 详细论述科学界对深海海底锰结核认识,到 1967 年第 22 届联合国大会上马耳他代表提出对深海海底资源勘探和开发议题的讨论,利益相关国开始就深海

────────────

① 叶俊荣:《全球环境议题——台湾观点》,中国台湾巨流图书公司 1999 年版,第 44—
　51 页。

海底资源开发利用之议题进行讨论并发表有关利用深海海底资源的原则宣言,到 1982 年《联合国海洋法公约》的出台以及 1994 年《关于执行 1982 年 12 月 10 日联合国海洋法公约第十一部分的协定》的签订,国际海底资源勘探和开发法律制度开始形成并不断完善。《公约》项下成立的国际海底管理局[①]负责制定勘探和开发海底资源的规章,并最终形成《开采法典》(Mining Code)。

第一节 《联合国海洋法公约》
第十一部分区域部分

《联合国海洋法公约》第十一部分"区域部分"由五节组成,有的节还包括下一个层次的分节,共 58 条,其内容涉及区域的法律地位、支配区域的国际法原则、区域内资源的开发制度、管理局的组织结构及功能、争端的解决机制等各方面的问题。

第一节(第 133—135 条)是有关《公约》第十一部分"区域部分"的一般规定。第 133 条规定了有关第十一部分所提及的用语的定义,如对"资源"和"矿物"的定义。第 134 条规定了《公约》第十一部分的规定所适用的范围。第 135 条规定了区域上覆水域和上空的法律地位。

第二节(第 136—149 条)对支配区域活动的原则作出了规定,这些原则实际上大部分也源自之前大会中通过的原则宣言,在必要之处对原则作了更加详细的规定。从这些原则的规定可以看出此种管制国际海底活动的法律体系之本质、可以从事的深海活动的种类、成员国在从事深海活动中的权利和义务。在第三次海洋

----

① 《联合国海洋法公约》第 156 条。

法公约会议的早期谈判中,成员国对这些条文基本达成一致,在会议中,主要是对这些条文的内涵进一步细化。第二节中关于原则的规定实际上也包含了对公约其他事项的规定,如成员国保证遵守公约的义务,对损害责任的承担,沿海国的权利和合法利益,推动海洋科学研究活动,海洋环境保护,人命的保护,区域内活动与海洋环境中的活动相互适应,发展中国家对区域活动的参与以及考古和历史文物的规定。

第三节(第150—155条)对区域内资源的开发活动作出了规定。此部分是整个区域部分唯一规定有关海底资源活动的章节。从第150条的有关区域活动政策的规定中可以看出,区域活动涉及发达国家和发展中国家之间利益之协调和平衡,亦需要对陆地资源生产方的利益进行特殊的考虑,尽量减少它们因为海底资源开发活动而带来的经济上的冲击和影响。

第151条中规定的生产政策是《公约》在协商过程中争议最大、最难达成一致的条款。这也是第一委员会从会议开始到海洋法会议结束一直讨论的议题之一。1994年的《执行协定》对《公约》先前制定的生产政策条款进行了大范围的修改。第155条中规定的审查会议在海洋法会议的谈判过程中也是争议较大的条款,最终也在1994年的《执行协定》中作了大范围的修改。

第四节(第156—185条)主要规定了有关国际海底管理局的机构设置等行政事项的安排。成员国根据《公约》和《执行协定》的规定,通过国际海底管理局组织和管制深海活动。第三次海洋法会议的早期谈判以及海底委员会的讨论都是集中商讨管制海底活动国际法律机构的形态,该法律机构的权力、功能,以及为实施这些权力和达到这些功能所应当具备的内部管理机构。首先,A分节(第156—158条)规定了国际海底管理局的成立、性质和基本原则,B 分节到 D 分节(第 159—169 条)规定了管理局的诸组成机构,包括大会、理事会、秘书处,以及理事会的下设子机构,包括经济规划委员会和法律技术委员会。《公约》对以上每一个机构的组成、权力和功能也都分别作出了详细的规定。E 分节单独对企业部作出了规定。企业部依据第 153 条第 2 款(a)项直接进行"区域"内活动以及从事运输、加工和销售从"区域"回收的矿物。企业部的章程在《公约》的附件三中作了详细的规定。此外,1994 年的《执行协定》的第 2 节包含了关于企业部的新的规定,包括对其初始功能的规定。F 分节(第 171—175 条)主要对管理局的财政安排作出了规定,包括其资金供应、年度预算和行政支出等事项的安排。有关管理局财政安排的规定,1994 年的《执行协定》对其亦作出了相当的修订。G 分节(第 176—183 条)主要规定了管理局的法律地位、管理局以及与管理局相关的人员的特权和豁免权。H 分节(第 184—185 条)主要规定了成员国权利和特权的暂停行使。

第五节是有关海底活动的争端解决和咨询意见的规定,主要规定了国际海洋法法庭海底争端分庭的管辖和功能。国际海洋法法庭海底争端分庭的设立及其行使管辖权的方式按照该节、第 15 部分以及附件六的规定。

《公约》正文部分有关区域的规定主要是由以上五节组成。但是附件三和附件四也是国际海底法律制度规定的重要组成部分。附件三是有关探矿、勘探和开发的基本条件,这也构成可以在区域从事哪些活动的法律依据。1994 年的《执行协定》对该部分作了较大的修改。按照《公约》的计划,国际海底管理局将出台更加详细的实施细则、规定和程序进一步细化附件三中的相关条款。2000 年 6 月管理局通过了第一个有关区域部分多金属结核的勘探和开发的规章。目前管理局已经完成制定《"区域"内多金属结核探矿和勘探规章》和《"区域"内多金属硫化物探矿和勘探规章》[①]，于国际海底局第18届会议审议、通过并核准了《"区域"内富钴铁锰结壳探矿与勘探规章》。

《公约》的附件四是有关企业部章程的规定，包括其企业部的目的，企业部和管理局之间的关系，以及企业部的资金安排及其运作。1994年执行协定中规定了企业部初始阶段运作的相关条款。

有关国际海底法律制度的规定，除了《公约》正文、1994年的《执行协定》、附件三、附件四这几部分，实际上还包括第三次海洋法会议最终会议纪要（Final Act of the Conference）附件一所包含的决议一和决议二中的相关规定。

根据决议一，正式成立了国际海底管理局和国际海洋法法庭的预备委员会。[②] 决议二中规定了管制有关多金属结核开发先驱活动的预备投资的规则。决议二的目的是：一方面保护成员国促进深海活动发展技术、设备和专业知识方面的投资；另一方面保护先驱投资者在研究和识别潜在的深海开发地址而进行的投资。四个已经注册的先驱投资包括印度、法国（IFREMER/AFERNOD）、日本（Deep Ocean Resources Development Co. Ltd）、苏联（现俄罗斯联邦）担保的国企Yuzhmorgeologiya。随后又有新的国家开始从事深海活动，包括由保加利亚、古巴、捷克共和国、斯洛文尼亚、波兰以及俄罗斯联邦担保的共同体（Interoceanmetal Joint

---

① James Harrison, *The International Seabed Authority and the Development of the Legal Regime for Deep Seabed Mining* (May 17, 2010). U. of Edinburgh School of Law Working Paper No. 2010/17.

② Final Act of the Conference, Annex I, Resolution I, para. 1.

Organization,简称 IOM)，由中华人民共和国担保的中国大洋矿产资源研究开发协会(China Ocean Mineral Resources Research and Development Association,简称 COMRA)，以及韩国。

　　1994 年的《执行协定》对原《公约》中构建的国际海底制度进行了大规模的修改，根据《执行协定》的第 2 条规定，协定和第十一部分的规定应当作为单一文书来解释和适用。该协定和第十一部分如果有任何不一致的情况，应当以《执行协定》为准。

第二节　1994 年《执行协定》对
《公约》的主要修改

　　由于发达国家和发展中国家之间意识形态、政治背景、国家结构、经济发展程度各有差异，发达国家与发展中国家对《公约》中的诸多条款意见不一致。1982 年的《公约》虽然有 159 个国家签字，并有 60 个国家递交了批准书，但是批准的大多数是发展中国家，唯一的西方国家是冰岛。美国、英国、德国等发达国家均未签字。如果发达国家及一些大国不批准加入，《公约》的普遍性很难确定，由此其原则得不到普遍确认。[1] 为了缓解发达国家和发展中国家在议题讨论上的冲突和矛盾，在联合国秘书长的主持下，联合国就《联合国海洋法公约》中有关深海采矿的规定所涉及的未解决的问题展开了一系列讨论。这些协商于 1990 年至 1994 年举行，一共召开了 15 次会议，会议的基本过程以及相关会议结果在上文已经有所梳理。经过与会者的共同努力，非正式协商会议于 1994 年 7 月完成修改《公约》第十一部分的文件，最终以《关于执行 1982 年

---

[1] 蒋少华等：《国际海底区域制度的新发展——〈关于执行公约第十一部分的协定〉》，载《政治与法律》1995 年第 6 期。

12月10日联合国海洋法公约第十一部分的协定》(以下简称《执行协定》)的文本形式展示在世人面前。[①]

具体而言,《执行协定》对《公约》的第十一部分的以下几个方面作出了修正。

一、关于缔约国费用承担问题

《执行协定》大大降低了缔约国的财政负担。为尽量减少各缔约国的费用,根据《公约》和《执行协定》设立所有机关和附属机构都应具有成本收益,此外,会议的次数、会议长短和时间安排也应当符合成本收益的原则。考虑到各机关和附属机构在职务上的需要,管理局各机关和附属机关的设立和运作应采取渐进的方式,以便能够在区域内活动的各个发展阶段有效地履行各自的职责。[②]

此外,《执行协定》还规定,《公约》附件四第11条第3款所规定缔约国向企业部一个矿址提供资金的义务不予适用,缔约国无任何义务向企业部或在其联合企业安排下的任何矿址的任何业务提供资金。

二、有关企业部的规定

《公约》规定,企业部的资金从申请费、利润提成和参加《公约》的国家按向联合国缴费的比例向管理局提供。《执行协定》规定,应当暂缓设立企业部,它的职务由秘书处代为履行,直至其开始独

---

① 肖峰:《再论〈联合国海洋法公约〉第十一部分及其修改问题》,载《甘肃政法学院学报》1996年第4期。
② 《关于执行1982年12月10日联合国海洋法公约第十一部分的协定》附件第一节第二、三段。

立于秘书处而运作。管理局秘书长应当从管理局工作人员中任命一名临时总干事来监督秘书处履行这些职务。至于何时设立企业部,理事会应根据协定所规定的客观标准,根据《公约》第 170 条第 2 款[1]的规定作出。企业部初期的海底采矿业务应当以联合企业的方式进行,此外适用于承包者的义务应适用于企业部,如此的规定意味着企业部和其他承包者在深海活动中所承担的义务是相同的,双方是平等竞争的。

企业部的工作计划的核准也应采取由管理局和企业部订立合同的形式。另外,企业部在取得了保留区域的矿址开发权以后,如果有所延误则会丧失这种权利。

三、管理局的决策机制

《公约》规定管理局理事会作为执行机构,其表决程序采取实质性问题的三级表决制,将决策的问题分为程序性问题和实质性问题,分别由半数多数和三分之二多数,四分之三多数,协商一致的表决方式通过,此种决策程序较为复杂。[2]

《执行协定》规定,管理局一般政策应由大会会同理事会制定。作为一般规则,管理局各机关决策应当采取协商一致方式。如果为以协商一致方式作出决定竭尽一切努力仍未果,则大会进行表决时,关于程序问题的决定应以出席并参加表决的成员超过半数作出,关于实质问题的决定按照《公约》第 159 条第 8 款规定,以出席并参加表决的成员三分之二多数作出。

---

[1] 第 170 条第 2 款规定:企业部在管理局国际法律人格的范围内,应有附件四所载章程规定的法律行为能力。企业部应按照本公约、管理局的规则、规章和程序以及大会制订的一般政策行事,并应受理事会的指示和控制。

[2] 蒋少华等:《国际海底区域制度的新发展——〈关于执行公约第十一部分的协定〉》,载《政治与法律》1995 年第 6 期。

四、生产政策

《公约》对深海资源开发活动进行了数额限制,以保护陆地资源生产国的利益,防止海上生产的同类产品冲击市场,导致资源价格的猛跌。《执行协定》附件第六节对《公约》第 151 条的生产政策的规定进行了广泛的修改。根据《执行协定》附件第六节第 7 款的规定,《公约》第 151 条第 1 到第 7 款和第 9 款不再适用。《执行协定》抛开了关于管理局对商品会议和协定的参加、生产许可和生产限额、商业生产开始之前的过渡期间、生产最高限额以及对选择申请者的规定,因此它实际上从根本上取消原来海底资源开发生产不得超过陆地同类资源开采量的 60%的限额,而只规定了生产政策的下列原则:(1) 区域的资源应当按照健全的商业原则进行开发;(2)《关税和贸易总协定》、其有关守则和后续协定或替代协定的规定,应对区域内的活动适用;(3) 除例外情况,区域内活动不应获得补贴;(4) 从区域和从其他来源取得矿物,不应有区别待遇;(5) 管理局核准的每一采矿区域的开发工作计划,应指明预计的生产进程,其中应包括按该工作计划估计每年生产的矿物的最高产量。

五、技术转让

《公约》第 144 条以及附件三《探矿、勘探和开发的基本条件》第 5 条对深海活动中的技术转让事项作出了规定。《执行协定》附件第 5 节技术转让部分新增了技术转让的原则,并指出《公约》附件三第 5 条不再适用。具体分析而言,附件三第 5 条中有关承包者技术转移的规定属于对企业部强制性的技术转移。第 5 条第 3 款中规定了承包者的承诺,如,"经管理局一旦提出要求,即以公平合理的商业条款和条件向企业部提供他根据合同进行区域内活动时所使用而且该承包者在法律上有权转让的技术。这应以承包者与企业部商定并在补充合同的特别协议中订明的特许方式或其他适当安排来履行。"又如，"对于根据合同进行区域内活动所使用，但通常不能在公开市场上获得，而且为前述所不包括的任何技术看，从技术所有人取得书面保证，经管理局一旦提出要求，技术所有人将以特许方式或其他适当安排，并以公平合理的商业条款和条件，在向承包者提供这种技术的同样程度上向企业部提供这种技术。"此类强制技术转移之规定遭到技术发达的国家的强烈反对，也是阻碍美国、德国、英国加入《公约》的原因之一。

《执行协定》取消了强制技术转移，减轻了承包者（包括缔约国或担保国）转让区域活动的技术和科学知识的义务，转而采取一种通过市场或举办联合企业的方式获取先进技术。"规定企业部和希望获得深海海底采矿技术的发展中国家应当设法按公平合理的商业条件，从公开市场或通过联合企业安排获取此种技术。"[①]

六、补偿机制

《公约》第 151 条第 10 款规定：大会应依理事会根据经济规划委员会的意见提出的建议，建立一种补偿制度，或其他经济调整援助措施，包括同各专门机构和其他国际组织进行合作，以协助其出口收益或经济因某一受影响矿物的价格或该矿物的出口量降低而遭受严重不良影响的发展中国家，但以此种降低是由于"区域"内活动造成的为限。

《执行协定》对此补偿机制进行了具体的规制：管理局应从其经费中超出管理局行政开支所需的部分拨款设立一个经济援助基金，向那些出口收益或经济因某一受影响矿物的价格或该矿物出

---

① 《关于执行 1982 年 12 月 10 日联合国海洋法公约第十一部分的协定》附件第五节第一段。

口量降低而遭受严重不良影响(此种不良影响仅限由于"区域"的活动造成的)的发展中国家提供援助。为此目的拨出的款额,应由理事会不时地根据财务委员会的建议订定。只有从承包者(包括企业部)收到的付款和自愿捐款才可以用来设立经济援助基金。

七、合同的财政条款

《执行协定》并没有规定详细的勘探开发合同的财政条款,只是规定了制定有关合同财政条款的规则、规章以及程序时应遵循的原则,向管理局缴费的制度应公平对待承包者和管理局双方,并应提供适当方法来确定承包者是否遵守这一制度;此种制度的缴费率应不超过相同或类似矿物的陆上采矿缴费率的一般范围,避免给深海采矿者人为的竞争优势或使其处于竞争劣势;缴费制度不应过于复杂,不应使管理局或承包者承担庞大的行政费用。应该考虑采用可供承包者选择的特许权使用费制度或特许权使用费与盈利分享相结合的制度;自商业生产之日起缴纳年费,年费数额应由理事会确定。缴费制度可视情况的变化定期加以修订,任何修改应不歧视地适用;当工作计划只限于勘探阶段或开发阶段二者之一时,申请核准的规费应为25万美元。

通过以上对《公约》正文以及附件条文的调整,满足了发达国家的要求,扩大了《公约》的参与度,修改之后,德国等发达国家立即递交了《公约》的批准书。《执行协定》在修改方式上名为执行《公约》实际上是修改《公约》,但是《公约》尚未生效,若对其进行修改则违背条约法的相关规定,因此此处把对《公约》的修改定为执行《公约》恰到好处。①

---

① 蒋少华等:《国际海底区域制度的新发展——〈关于执行公约第十一部分的协定〉》,载《政治与法律》1995年第6期。

第二篇

深海海底资源勘探开发
国际法律制度

　　《联合国海洋法公约》第十一部分"区域部分"、《执行协定》以及管理局制定颁布的区域资源的勘探规章以及将来要出台的开采规章,构建了深海海底资源勘探开发的国际法律制度。深海活动一般包括探矿、勘探和开发三个阶段,目前出台的三个规章分别是:《"区域"内多金属结核探矿和勘探规章》《"区域"内多金属硫化物探矿和勘探规章》《"区域"内富钴铁锰结壳探矿和勘探规章》,随着人类对海洋科研的加深,未来具有经济利益、具备商业开发可能性的资源的种类会不断增加,因此将来国际海底管理局可能会出台探矿和勘探其他种类海底资源的规章。

第四章
探矿与勘探相关的国际法律制度

第一节 探　矿

　　"探矿"（Prospecting）一词见于《联合国海洋法公约》（以下简称《公约》）附件三，但《公约》以及《关于执行〈联合国海洋法公约〉第十一部分协定的决议》（以下简称《执行协定》）对探矿未进行定义。《"区域"内多金属结核探矿和勘探规章》（以下简称《多金属结核规章》）第1条将"探矿"定义为："在'区域'内对多金属结核矿床的搜寻，包括对多金属结核矿床的构成、大小和分布及其经济价值的估计，但不具有专属权。"《"区域"内多金属硫化物探矿和勘探规章》（以下简称《多金属硫化物规章》）和《"区域"内富钴铁锰结壳探矿和勘探规章》（以下简称《富钴铁锰结壳规章》）也沿用了这一定义。根据《公约》和《执行协定》，探矿被视为勘探的预备阶段，与勘探截然分明。探矿没有时间和地域限制，管理局和探矿者之间也不需要签订合同。但另一方面，探矿者不享有专属权利和资源权利，探矿者可回收试验所需的合理数量的矿物，但不得用于商业用途。除此之外，探矿者也不能将争议诉诸海底争端分庭。《公约》《执行协定》和管理局规章对探矿者的权利和义务的规定可以分为以下几方面。

（一）探矿者的权利

《公约》附件三唯一赋予探矿者的权利就是探矿者有权"回收合理数量的矿物供试验之用"。[1] 但是，探矿与《公约》第143条规定的海洋科学研究，以及第256条规定的"区域"内的海洋科学研究之间有密切的联系。大多数在"区域"内的探矿可以在海洋科学研究的基础上进行，而根据《公约》第87条的规定，海洋科学研究是一项《公约》赋予的公海自由。也就是说，探矿者可在海洋科学研究的形式下，在《公约》第六部分大陆架和第十三部分海洋科学研究的限制下行使探矿的权利。

管理局关于探矿者的权利主要规定在三规章[2]第二部分第2条，包括：探矿者可回收试验所需的合理数量的矿物，但不得用于商业用途；探矿没有时间限制，但是探矿者如收到秘书长的书面通知，表示已就某一特定区域核准勘探工作计划，则应停止在该区域的探矿活动；一个以上的探矿者可在同一个或几个区域内同时进行探矿。

（二）探矿者的义务

《公约》规定探矿者的义务是将准备进行探矿的一个或多个区域的大约面积通知管理局，并书面承诺遵守《公约》和管理局关于某些具体事项的规则、规章和程序。[3] 除此之外，附件三第2条明确鼓励探矿。

---

[1]《公约》附件三第2条第2款。
[2]"三规章"是指《多金属结核规章》《多金属硫化物规章》《富钴铁锰结壳规章》。规制三种资源的三个规章有关探矿部分的规定是一致的，除了探矿，三规章其他诸多事项上的规定也是一致的，因此在论述探矿者的权利和义务时书中使用"三规章"这一术语，代表这三个规章对这些事项都是同样的规定。
[3]《公约》附件三第2条第1款。

这样一来,管理局各规章对探矿设定的条件较为宽松。根据三规章的规定,探矿者的义务有以下几点。

1. 在探矿过程中保护和保全海洋环境

三规章的第二部分第 5 条规定:"(1) 各探矿者应采用预防做法和最佳环境做法,在合理的可能范围内采取必要措施,防止、减少和控制探矿活动对海洋环境的污染及其他危害。各探矿者尤应尽量减少或消除:(a) 探矿活动对环境的不良影响;和(b) 对正在进行或计划进行的海洋科学研究活动造成的实际或潜在冲突或干扰,并在这方面依照今后的相关准则行事。(2) 探矿者应同管理局合作,制订并实施方案,监测和评价深海海底矿物的勘探和开发可能对海洋环境造成的影响。(3) 探矿活动引发的任何事故如已经、正在或可能对海洋环境造成严重损害,探矿者应采用最有效的手段,立即以书面形式通知秘书长。接到这一通知后,秘书长即应依照第 35 条的规定行事。"

2. 提交年度报告,说明探矿一般情况

三规章的第二部分第 6 条规定:"(1) 探矿者应在每一日历年结束后 90 天内,向管理局提出有关探矿情况的报告。秘书长应将报告提交法律和技术委员会。每份报告应载列:(a) 关于探矿情况和所获得结果的一般性说明;(b) 关于第 3 条第 4 款(d)项所述承诺遵守情况的资料;和(c) 关于这方面的相关准则的遵守情况的资料。(2) 如果探矿者打算把探矿所涉费用申报为开始商业生产前的部分开发成本,探矿者应就探矿者在进行探矿期间所支付的实际和直接费用,提交符合国际公认会计原则并由合格的公共会计师事务所核证的年度报表。"

3. 程序性要求

探矿者需要履行的程序方面的要求主要规定在三规章第二部

分第 3 条,探矿者应将探矿的意向通知管理局,说明探矿者的基本信息、预定探矿区域、探矿方案,并承诺遵守《公约》和管理局规定、保护海洋环境、接受管理局核查。

4. 如发现考古或历史文物,立即通知秘书长

三规章的第二部分第 8 条规定:"在'区域'内发现任何实际或可能的考古或历史文物,探矿者应立即将该事及发现的地点以书面方式通知秘书长。秘书长应将这些资料转交联合国教育、科学及文化组织总干事。"

5. 禁止性规定

探矿者需要遵守的禁止性规定主要在三规章第二部分第 2 条,包括:实质证据显示可能对海洋环境造成严重损害时,不得进行探矿;不得在一项核准的钴结壳勘探工作计划所包括的区域或在保留区内进行探矿;亦不得在国际海底管理局理事会因有对海洋环境造成严重损害的危险而不核准开发的区域内进行探矿。

第二节　勘　探

如某一国家或实体欲申请在特定区域勘探某种矿产资源,它应当首先向管理局申请核准其勘探工作计划,如果该申请获得理事会核准,则应在管理局和申请者之间签订承包合同,此后承包者方能从事勘探活动。可以向管理局申请核准勘探工作计划的合格主体为管理局企业部、缔约国、国营企业,或具有缔约国国籍或在这些国家或其国民有效控制下并由这些国家担保的自然人或法人,或符合规章规定的上述各方的任何组合。《公约》《执行协定》和管理局规章对承包者的权利、义务和责任有以下规定。

（一）承包者的权利

根据《公约》和附件三，以及管理局各规章对标准合同中承包者权利的相关规定（《多金属结核规章》第 24 条，《多金属硫化物规章》《富钴铁锰结壳规章》第 26 条），承包者享有以下权利。

1. 专属勘探权

《公约》第 153 条第 6 款确立了与管理局的合同在期限内有持续有效的保证。除非按照附件三第 18 条和第 19 条的规定，不得修改、暂停或终止这种合同。作为这一规定的延伸，《公约》附件三第 3 条第 4 款(c)项授予承包者在工作计划所包括的区域内勘探和开发指明类别资源的专属权利。此外，附件三第 16 条确保了没有任何其他实体在同一区域内，以承包者的业务可能有所干扰的方式，就另一类资料进行作业。承包者有权在合同期限内获得持续有效的保证。

管理局规章也因此保证了承包者对工作计划所涉区域享有专属勘探权，管理局应确保其他实体在同一区域就其他资源进行作业的方式不致干扰承包者的作业。①

2. 开发优先权

持有一项已核准的勘探工作计划的承包者，只应在那些就同一区域和资源提出开发工作计划的各申请者中享有优惠和优先。在理事会对承包者发出书面通知，指出承包者未遵循经核准的勘探工作计划的具体要求后，如果承包者未能在通知规定的时限内依照要求行事，理事会可撤销这种优惠或优先。通知内规定的时限应当为合理的时限。在最后决定撤销这种优惠或优先以前，承包者应有合理机会提出意见。理事会应说明建议撤销优惠或优先

---

① 参见《多金属结核规章》第 24 条第 1 款。

的理由,并应考虑承包者的回应。理事会的决定应考虑承包者的回应并应以实质证据为基础。

3. 司法救济权

承包者依据《公约》第十一部分第 5 节享有司法救济权。管理局在行使处罚权之前,除按照第 162 条第 2 款(w)项的规定在遇到紧急情况时发布命令的情形以外,不得对承包者执行处罚,承包者可行使司法救济权。此外,根据《公约》附件三第 13 条第 15 款的规定,如果发生有关第 13 条关于合同的财政条款的解释或适用的争端,承包者可将争端提交商业仲裁解决。

管理局规章也规定在理事会撤销优惠或优先①的决定正式生效以前,承包者应有合理机会用尽《公约》第十一部分第 5 节所规定的司法救济。②

(二)承包者的义务

1. 遵守相关法规和措施的义务

《公约》第 139 条针对两个问题:一是确保"区域"内活动依照第十一部分进行的义务;二是由于没有履行第十一部分规定的义务而造成的损害所负的赔偿责任。本条款是对缔约国课以义务和责任。首先,各缔约国有责任确保承包者在"区域"内活动,一律依照第十一部分的规定进行;其次,如果缔约国已对其担保的承包者"采取了一切必要和适当的措施",以确保其切实遵守规定,但该承包者没有遵守第十一部分的规定而造成损害,缔约国无需对此损害承担赔偿责任。换句话说,承包者的义务就在于遵守第 139 条的规定,以及遵守其国籍国所采取的措施。根据《公约》附件三第

---

① 持有一项已核准的勘探工作计划的承包者,在同一区域和资源提出开发工作计划的各申请者中享有优惠和优先。
② 参见《多金属结核规章》第 24 条第 3 款。

4条第4款的规定,它要求担保国在其法律制度范围内,确保承包者要遵守同管理局签订的合同,以及《公约》所规定的在"区域"内进行活动的义务。根据附件三第4条第4款的规定,如果缔约国已经制定了被"合理地认为"足以确保遵守的法律和规章并采取了行政措施时,则免除其损害赔偿责任。也就是说,第139条通过缔约国施加给承包者的义务就是遵守其国籍国制定的相关法律、规章以及行政措施。

2. 技术转让的义务

《公约》第144条以及附件三第5条都是关于技术转让的条款,《执行协定》附件第5节对技术转让的规则进行了补充(第1款)和废除(第2款)。《公约》第144条载有适用于管理局和缔约国有关"区域"活动的技术和科学知识转让的一般规定。附件三第5条涉及承包者向企业部技术转让的义务,但《执行协定》规定附件三第5条不应适用,这就减轻了承包者(包括缔约国或担保国)转让"区域"内活动的技术和科学知识的义务。同时,为能使主要发达国家参加公约,并增加公约的普遍性,《执行协定》对公约关于转让"区域"内活动技术的条款作了修改。①

修改后的技术转让条款规定,企业部和希望取得深海海底采矿技术的发展中国家应设法"按公平合理的商业条件,从公开市场或通过联合企业安排获取这种技术"。如果无法获取这种技术时,承包者及其担保国则有义务按公平合理的条件,合作提供获得深海海底采矿技术的便利。在履行这一义务的过程中,承包者有权以"与知识产权的有效保护相符"为由,保护自身的相关权利。

---

① 金永明:《国际海底区域的法律地位与资源开发制度研究》,华东政法学院博士学位论文,2005年,第84页。

3. 勘探和开发过程中发现考古和历史文物时的义务

《公约》第 149 条对"区域"内发现的考古和历史文物进行规定,并规定主要受益人是"全人类",但应受来源国,或文化上的发源国,或历史和考古上的来源国的优先权利的限制。然而,第 149条并没有就实施为全人类的利益保护和处置考古和历史文物这一要求给包括管理局在内的任何实体规定责任。① 当承包者在"区域"内发现上述考古和历史文物时,如何为全人类的利益保护或处置此类物品,《公约》和《执行协定》未能给出明确答案。但是,根据管理局的规定,承包者有义务将任何在"区域"内对此类物品的发现及其位置通知管理局秘书长。不仅如此,在发现任何此类物品后,承包者还应采取一切合理措施避免对其侵扰。在勘探区发现这种考古或历史意义的遗骸、文物或遗址后,为了避免扰动此类遗骸、文物或遗址,不得在一个合理范围内继续进行探矿或勘探,直至理事会在考虑联合国教育、科学及文化组织总干事以及任何其他主管国际组织的意见后作出决定。② 需要补充的是,在此方面还可参考《联合国教科文组织保护水下文化遗产公约》的相关规定,我国目前还不是该公约缔约国。③

4. 生产政策下的义务

《执行协定》附件第 6 节对第 151 条生产政策的规定进行了广泛的修改,根据《执行协定》附件第 6 节第 7 款的规定,《公约》第151 条第 1 至第 7 款和第 9 款不应适用。它抛开了关于管理局对

---

① Moritaka Hayashi, Archaeological and Historical Objects under the United Nations Convention on the Law of the Sea, 20 Marine Policy, pp.291-296.

② 《多金属结核规章》第 35 条、《多金属硫化物规章》第 37 条、《富钴铁锰结壳规章》第 37 条。

③ 参见联合国教科文组织官方网站:http://www.unesco.org/eri/la/convention.asp? KO=13520&language=E&order=alpha, 2014-10-17.

商品会议和协定的参加、生产许可和生产限额、商业生产开始之前的过渡期间、生产最高限额以及对选择申请者的规定,^①而代之以面向市场的《关税和贸易总协定》(GATT)以及后续协定(即世贸组织 WTO)中规定的补贴限制。^② 不仅如此,它还规定了"区域"活动的无补贴政策^③以及从"区域"所取得的矿物与从其他来源所取得的矿物间的无歧视政策。^④ 它还维护了关贸总协定和《执行协定》的缔约国所参加的"相关的自由贸易和海关联盟协定"所规定的权利和义务的优先地位。^⑤

同时,《执行协定》也取消了《公约》关于海底生产数量的具体计算规定,管理局可根据形势的发展,确定开发工作计划的生产数量,包括每年生产的矿物最高产量,使管理局的判断更具有伸缩性。

尽管第 151 条的其他部分已根据《执行协定》失去效力,但其第 8 款和第 10 款仍包含适用于"区域"资源生产的政策。第 8 款处理不公平经济措施的问题并规定,依据"相关多边贸易协定"适用的权利和义务同样适用于对产自"区域"的矿物的勘探和开发。作为这种多边贸易协定各方的《公约》的缔约国可以将在勘探和开发"区域"时因经济措施引起的争议诉诸这种多边贸易协定所包含的争端解决程序。第 10 款旨在保护陆上矿物生产者免受"区域"资源开发造成的影响。它要求建立一种"补偿制度"或代之以"经济调整援助措施",以协助其陆上矿物的出口收益遭受"区域"所产

---

① 《执行协定》在对 151 条作出调整的同时,还相应地规定以下相关条款"不应适用":第 162 条第 2 款(q)项、附件三第 6 条第 5 款和第 7 条(处理"生产许可的申请者选择");第 165 条第 2 款(n)项(处理生产最高限额和生产许可)。
② 参见《执行协定》第 6 节第 1 款(b)项。
③ 参见《执行协定》第 6 节第 1 款(c)项。
④ 参见《执行协定》第 6 节第 1 款(d)项。
⑤ 参见《执行协定》第 6 节第 2 款。

的同种矿物的严重不良影响的发展中国家。不过，这些"不良影响"仅限于有关矿物价格或出口量的降低。①

承包者在生产政策下的义务主要有：

（1）应遵守《关税和贸易总协定》、其有关守则和后续协定或替代协定的规定。

（2）应遵守管理局核准的开发工作计划，包括每年生产的矿物最高产量。

（3）不得接受《关税和贸易总协定》等协定许可范围以外的补贴。

5. 勘探和开发中的义务

《公约》第153条是勘探和开发制度的法律基础，它概述了"区域"内的勘探和开发制度，确立了各国及其国民取得海底资源的权利以及管理局在其中所起的作用。此外，《公约》附件以及管理局规章也进一步对勘探和开发制度中的细节作了完善和补充。据此，承包者在勘探开发中的主要义务如下。

（1）按照工作计划进行活动。根据第153条第3款的规定，在"区域"内的活动应按照一项依据附件三所拟定并经理事会于法律和技术委员会审议后核准的"正式书面工作计划"进行。而根据《公约》附件三第3条的规定，承包者可向管理局申请核准在"区域"内的工作计划，包括勘探和开发。② 也就是说，承包者的义务在于按照核准的书面工作计划在"区域"内活动。

（2）与管理局签订合同。第153条第3款还规定，工作计划应按照附件三第3条的规定采取合同的形式。附件三的规定是：

① ［斐济］萨切雅·南丹：《1982年〈联合国海洋法公约〉评注》，毛彬译，海洋出版社2009年版，第244页。
② 参见《公约》附件三第3条第1款。

每项工作计划应采取由管理局和申请者订立合同的形式。因此，承包者有义务就核准的工作计划与管理局订立合同。

（3）按照合同规定时间放弃部分区域。根据合同分配给承包者的区域中，承包者应按合同规定的时间表，放弃所获分配区域的若干部分，将其恢复为"区域"。[①]

（4）制订勘探训练方案。《公约》附件三第 15 条规定，每一项合同都应以附件方式载有承包者与管理局和担保国合作拟订的训练管理局和发展中国家人员的实际方案。训练方案应着重有关进行勘探的训练，由上述人员充分参与合同所涉所有活动。这些训练方案可不时根据需要通过双方协议予以修改和制订。

（5）提交年度报告。承包者应于每一历年结束后 90 天内，按照法律和技术委员会建议的格式，向管理局秘书长提交一份报告，说明其在勘探区域的活动方案，并在适用时提供合同规定的详尽资料。对于在勘探期间取得的矿物样品和岩心，承包者应妥善保存一个具有代表性的部分，直至合同期满为止。管理局可书面请求承包者将任何这种在勘探期间取得的样品和岩心的一部分送交管理局作分析之用。[②]

（6）配合管理局的检查。第 153 条第 3 款确认了管理局有权检查与"区域"内活动有关，而在"区域"内使用的一切设施。上述设施当然是承包者在"区域"内进行活动的设施，承包者因此有配合检查的义务。

（7）提交数据和资料。无论是合同期满或终止，或者合同期

[①] 《多金属结核规章》第 25 条、《多金属硫化物规章》第 27 条、《富钴铁锰结壳规章》第 27 条。

[②] 《多金属结核规章》附件五第 10 节、《多金属硫化物规章》附件四第 10 节、《富钴铁锰结壳规章》附件四第 10 节。

内承包者申请工作计划或放弃区域内的权利,承包者都有向管理局移交管理局对勘探区域有效行使权利和履行职能所必需和相关的一切数据和资料,以及向秘书长提交相关资料的义务。[①]

6. 审查制度下的义务

根据《公约》第 154 条、第 155 条的规定,审查分为定期审查(Periodic Review)和审查会议(The Review Conference)两种。[②]

(1) 定期审查下的义务。《公约》第 154 条规定:从本公约生效时起,大会每五年应对公约设立的"区域"的国际制度的实际实施情况,进行一次全面和系统的审查。此外,《多金属结核规章》第 28 条、《多金属硫化物规章》、《富钴铁锰结壳规章》第 30 条共同规定:"第一,承包者和秘书长应每隔五年共同对勘探工作计划的执行情况进行定期审查。秘书长可请求承包者提交审查可能需要的进一步数据和资料。第二,承包者应根据审查结果说明其下一个五年期的活动方案,对其上一个活动方案作出必要的调整。"因此,定期审查的内容是对现行的适用于国际海底区域的国际制度的实际实施情况进行全面和系统的审查,它是经常性的。审查的目的和任务是:可按公约体系的规定和程序决定采取措施,或建议其他机构采取措施以改进制度实施的情况。在定期审查制度下,承包者有义务就"区域"内开发活动的实施情况接受大会的审查。

(2) 审查会议下的义务。《公约》第 155 条第 1 款规定,从最早进行国际海底区域资源开发的商业生产年的 1 月 1 日起 15 年后,大会应召开一次审查会议。然而,《执行协定》附件第 4 节规

---

① 《多金属结核规章》附件五第 11 节、《多金属硫化物规章》附件四第 11 节、《富钴铁锰结壳规章》附件四第 11 节。

② 金永明:《国际海底区域的法律地位与资源开发制度研究》,华东政法学院博士学位论文,2005 年,第 63—65 页。

定,《公约》第 155 条第 1、3、4 款有关审查会议的规定不应适用。此外,《公约》第 314 条第 2 款规定,大会可根据理事会的建议,随时审查《公约》第 155 条第 1 款所述的事项。这样一来,对《公约》第 155 条第 1 款规定的内容,需根据理事会的建议大会才能进行审查。在这样的审查制度下,承包者在商业生产年的 1 月 1 日起 15 年后应接受大会关于《公约》第 155 条第 1 款所载内容进行审查。需要注意的是,根据《公约》第 155 条第 5 款的规定,审查会议依据本条通过的修正案应不影响按照现有合同取得的权利。

7. 合同财政的义务

《公约》附件三第 13 条关于合同的财政条款的规定,后来也成为西方主要发达国家反对加入《公约》的重大理由之一。[①] 本条是附件三、甚至可能是整个《公约》中最为复杂的一条,同时也是最有争议的条款之一。[②]《执行协定》附件第 8 节对此作了修改,不但规定《公约》第 13 条第 3 至 10 款"不应适用",而且在很大程度上改变了其余各款的效果。据此,承包者关于合同财政的义务主要如下。

(1) 平等的财政待遇和类似的财政义务

附件三第 13 条第 1 款规定了指导管理局制定关于合同的财政条款的规则、规章和程序的目标,并"确保承包者有平等的财政待遇和类似的财政义务"。

(2) 遵守缴费制度的义务

根据《执行协定》附件第 8 节的规定,承包者有遵守缴费制度的义务,缴费制度应公平对待承包者和管理局双方。[③] 管理局三

① 金永明:《国际海底区域的法律地位与资源开发制度研究》,华东政法学院博士学位论文,2005 年,第 87 页。
② [斐济] 萨切雅·南丹:《1982 年〈联合国海洋法公约〉评注》,毛彬译,海洋出版社 2009 年版,第 632 页。
③《执行协定》附件第 8 节第 1 款(a)。

规章的第三部分第 3 节都对承包者请求核准勘探申请的处理费用作出了规定,各项规定之间都有一定的区别。

《多金属结核规章》第 19 条规定:"1. 请求核准多金属结核勘探工作计划的申请书的处理费用为 50 万美元或等值的可自由兑换货币,应在申请者在提交申请书时全额缴付。2. 如果秘书长通知说,收费不足以支付管理局处理申请书的行政费用,理事会应审查本条第 1 款(a)项规定的收费额。3. 如果管理局处理申请书的行政费用低于固定收费额,管理局应将差额退还申请者。"

《多金属硫化物规章》第 21 条规定:"1. 处理勘探多金属硫化物工作计划的收费如下:(a) 一笔 50 万美元或等值的可自由兑换货币的固定收费,由申请者在提交申请书时缴付;或(b) 申请者可以选择在提交申请书时缴付一笔 5 万美元或等值的可自由兑换货币的固定收费,并按第 2 款所列计算方法缴付年费。2. 年费计算方法如下:(一) 合同第一周年期满起缴付 5 美元乘以面积系数;(二) 依照第 27 条第 2 款规定作出第一次放弃时缴付 10 美元乘以面积系数;(三) 依照第 27 条第 3 款规定作出第二次放弃时缴付 20 美元乘以面积系数。3. '面积系数'是指在有关定期支付款项到期日勘探区的平方公里数。4. 如果秘书长通知说,收费不足以支付管理局处理申请书的行政费用,理事会应审查本条第 1 款(a)项规定的收费额。5. 如果管理局处理申请书的行政费用低于固定收费额,管理局就应向申请者退还差额。"

《富钴铁锰结壳规章》第 21 条规定:"1. 请求核准钴结壳勘探工作计划的申请的处理费应为 50 万美元或等值可自由兑换货币的固定规费,在提交申请书时全额缴付。2. 如果管理局处理申请书的行政费用低于上文第 1 款所述固定规费,管理局应将余额退还申请者。如果管理局处理申请书的行政费用高于上文第 1 款所述固定规费,申请者应将差额付给管理局,但申请者缴付的额外规费不应超过第 1 款所述固定规费的 10%。3. 考虑到财务委员会为此制定的标准,秘书长应确定上文第 2 款所述差额,并将此数额通知申请者。通知中应说明管理局的支出。在下文第 25 条所述合同签署后三个月内申请者应支付或管理局应退还所欠数额。4. 理事会应定期审查上文第 1 款所述固定规费,以确保该数额足以支付处理申请书的预期行政费用,并避免申请者必须按照上文第 2 款支付额外规费。"

（3）保存账簿和记录的义务

承包者应按照国际公认会计原则保存完整和正确的账簿、账目和财务记录。保存的账簿、账目和财务记录应包括充分披露实际和直接支出的勘探费用的资料和有助于切实审计这些费用的其他资料。①

（三）承包者权利义务的变动

1. 承包者权利的放弃

承包者向管理局发出通知后,有权放弃其权利和终止合同而不受罚,但承包者仍须对宣布放弃之日以前产生的所有义务和按照规章须在合同终止后履行的义务承担责任。②

2. 承包者权利和义务的转让

合同规定的承包者权利和义务,须经管理局同意,并按照规章的规定,才可全部或部分转让。如果拟议的受让者根据规章的规定是在所有方面都合格的申请者,并且承担承包者的一切义务,在转

---

① 《多金属结核规章》附件五第 9 节、《多金属硫化物规章》附件四第 9 节、《富钴铁锰结壳规章》附件四第 9 节。
② 《多金属结核规章》附件五第 19 节、《多金属硫化物规章》附件四第 19 节、《富钴铁锰结壳规章》附件四第 19 节。

让没有向受让人让与一项《公约》附件三第 6 条第 3 款(c)项规定不得核准的工作计划的情况下,管理局不应不合理地拒绝同意转让。①

3. 不放弃权利的推定

任何一方放弃因他方在履行本合同条款方面的一项违约行为而产生的权利,不应推定为该一方放弃权利,不追究他方随后在履行同一条款或任何其他条款方面的违约行为。②

(四) 承包者的责任

1. 基本责任条款

承包者应对其本身及其雇员、分包者、代理人及他们为根据本合同进行承包者的业务而雇用为他们工作或代他们行事的所有人员的不当作为或不作为所造成的包括对海洋环境的损害在内的任何损害的实际数额负赔偿责任,其中包括为防止或限制对海洋环境造成损害而采取的合理措施的费用。管理局应对在履行其职权和职能时的不当作为,包括违反《公约》第 168 条第 2 款的行为所造成的任何损害的实际数额向承包者负赔偿责任。认定合同某一方赔偿责任时,都应考虑另一方履行合同时的共同作为或不作为。对于第三方因任意一方在履行本合同规定的职权和职能时的任何不当作为或不作为而提出的一切主张和赔偿要求,被主张方应使合同另一方以及管理局和承包者的雇员、分包者、代理人免受损失。承包者应按公认的国际海事惯例向国际公认的保险商适当投保。③

---

① 《多金属结核规章》附件五第 22 节、《多金属硫化物规章》附件四第 22 节、《富钴铁锰结壳规章》附件四第 22 节。

② 《多金属结核规章》附件五第 23 节、《多金属硫化物规章》附件四第 23 节、《富钴铁锰结壳规章》附件四第 23 节。

③ 《多金属结核规章》附件五第 16 节、《多金属硫化物规章》附件四第 16 节、《富钴铁锰结壳规章》附件四第 16 节。

2. 不可抗力

承包者对因不可抗力而无法避免的延误或因而无法履行本合同所规定的任何义务不负赔偿责任。为本合同的目的,不可抗力指无法合理地要求承包者防止或控制的事件或情况;但这种事件或情况不应是疏忽或未遵守采矿业的良好做法所引起的。本合同的履行如果因不可抗力受到延误,经承包者请求,承包者应获准展期,延展期间相当于履行被延误的时间,而本合同的期限也应相应延长。发生不可抗力时,承包者应采取一切合理措施,克服无法履行的情况,尽少延误地遵守本合同的条款和条件。承包者应合理地尽快将发生的不可抗力事件通知管理局,并应同样地将情况恢复正常的消息通知管理局。①

针对不可抗力造成的合同期限延长,《多金属结核规章》未作出规定,而《多金属硫化物规章》《富钴铁锰结壳规章》在其附件四第 21 节第 2 款有以下规定:"由于不可抗力持续两年以上,承包者尽管已采取一切合理措施,克服无法履行的情况,尽少延误地履行和遵守本合同条款和条件,但仍无法履行本合同规定的义务,在这种情况下,理事会在须遵循第 17 节规定的条件下,与承包者协商后,可中止或终止合同,同时不妨害管理局可能具有的任何其他权利。"

---

① 《多金属结核规章》附件五第 17 节、《多金属硫化物规章》附件四第 17 节、《富钴铁锰结壳规章》附件四第 17 节。

第五章
区域活动中作业者的海洋环境保护
义务和安全保障义务

第一节 保护海洋环境的义务

《公约》第 145 条关于海洋环境的保护条款虽是给管理局设置的义务,但其内容是承包者应当遵守的。也就是说承包者在"区域"内的活动应防止、减少和控制对包括海岸在内的海洋环境的污染和其他危害,并防止干扰海洋环境的生态平衡,承包者的钻探、挖泥、挖凿、废物处置等活动,以及建造和操作或维修与这种活动有关的设施、管道和其他装置都不应对海洋环境造成有害的影响。同时,在勘探和开发的活动中应防止对海洋环境中动植物的损害。

管理局三规章的第五部分也是保护和保全海洋环境的规定,主要内容如下。

(1) 采取必要措施防止、减少和控制其"区域"内活动对海洋环境造成的污染和其他危害。《多金属结核规章》第 31 条、《多金属硫化物规章》第 33 条、《富钴铁锰结壳规章》第 33 条规定:"每一承包者应采用预防做法(审慎做法)(precautionary approach)和最佳环境做法,尽量在合理的可能范围内采取必要措施防止、减少和控制其'区域'内活动对海洋环境造成的污染和其他危害。"

（2）制订和执行关于监测和报告对海洋环境的影响的方案。承包者、担保国和其他有关国家或实体应同管理局合作,制定并实施方案,监测和评价深海底采矿对海洋环境的影响。^① 在勘探申请被管理局核准之后、承包者开始勘探活动之前,承包者应向管理局提交:一份关于拟议活动对海洋环境潜在影响的评估书;一份用于确定拟议活动对海洋环境潜在影响的监测方案建议书;可用于制订环境基线,以评估拟议活动影响的数据。

（3）确定环境基线。根据合同要求,承包者应参照法律和技术委员会提出的建议,收集环境基线数据并确定环境基线,供对比评估其勘探工作计划所列的活动方案可能对海洋环境造成的影响,并制定监测和报告这些影响的方案。委员会所提的建议除其他外,可列出据认为不具有对海洋环境造成有害影响的潜在可能的勘探活动。承包者应与管理局和担保国合作制订和执行这种监测方案。承包者应每年以书面方式向秘书长报告该监测方案的执行情况和结果,并应参照委员会提出的建议提交数据和资料。^②

（4）提交应急计划。承包者在按照本合同开始其活动方案之前,应向秘书长提交一份能有效应付因承包者在勘探区域的海上活动而可能对海洋环境造成严重损害或带来严重损害威胁的事故的应急计划。这种应急计划应确定特别程序,并应规定备有足够和适当的设备,以应付此类事故。^③

---

① 《多金属结核规章》第 31 条、《多金属硫化物规章》第 33 条、《富钴铁锰结壳规章》第 33 条。
② 《多金属结核规章》第 32 条、《多金属硫化物规章》第 34 条、《富钴铁锰结壳规章》第 34 条。
③ 《多金属结核规章》附件五第 6 节第 1 款、《多金属硫化物规章》附件四第 6 节第 1 款、《富钴铁锰结壳规章》附件四第 6 节第1 款。

（5）紧急报告

承包者应以最有效的手段,迅速向秘书长书面报告任何已经、正在或可能对海洋环境造成严重损害的活动引发的事故。[1]

（6）采取紧急措施

承包者应遵从理事会和秘书长为了防止、控制、减轻或弥补对海洋环境造成或可能造成严重损害的情况而分别按照相应规章发布的紧急命令和指示立即采取的暂时性措施,包括可能要求承包者立即暂停或调整其在勘探区域内任何活动的命令。[2]

第二节　安置勘探和开发设施时应尽的义务

《公约》第 147 条规定的是"区域"内活动与海洋环境中的活动的相互适应。承包者在"区域"内活动所使用的设施需要进行一定的限制：（1）设施的安装、安置和拆除等环节都需要符合《公约》《执行协定》,以及管理局的规则、规章和程序,并且设施的安装、安置和拆除必须妥为通知,并对其存在必须维持永久性的警告方法；（2）设施不得设在对使用国际航行必经的公认海道可能有干扰的地方,或设在有密集捕捞活动的区域；（3）设施周围应设立安全地带并加适当的标记,以确保航行和设施的安全,但该安全地带的设立不得阻碍船舶合法航行的权利；（4）设施应专用于和平目的。

---

[1]《多金属结核规章》第 33 条、《多金属硫化物规章》第 35 条、《富钴铁锰结壳规章》第 35 条。
[2]《多金属结核规章》附件五第 6 节第 3 款、《多金属硫化物规章》附件四第 6 节第 3 款、《富钴铁锰结壳规章》附件四第 6 节第3款。

第三节 安全保障制度

《公约》第 146 条要求,关于"区域"内的活动,应采取必要措施,以确保切实保护人命。它要求管理局制定规则、规章和程序,以"补充有关条约所体现的现行国际法"。人命保护的范畴非常广泛,包括航行安全、海上生命安全、对"区域"内活动的作业保护措施和维护要求,以及支配"区域"内活动的劳动规章。

需要指出的是,根据第 146 条的措辞,唯一一种需要管理局追加规则、规章和程序的情形是在需要对现行国际法进行"补充"的时候才会出现。这种需要出现的可能性微乎其微,因为条款中提及的"有关条约"涉及面非常广泛,涉及安全、劳动和健康标准的主要是在国际劳工组织主持下制定的相关规则。

筹备委员会第三特别委员会指定的关于探矿、勘探和开发的规章草案包括了非常细致的安全、劳动和健康的标准。[①] 其中就包括保护工人和进行"区域"内活动所使用的设施的安全标准。[②] 在《多金属结核规章》《多金属硫化物规章》和《富钴铁锰结壳规章》中,筹备委员会的各项具体的提案被归纳为一项更为一般的承包者义务而列入规章附件四《勘探合同标准条款》中,[③]该义务要求承包者"遵守通过主管国际组织或一般外交会议制定的关于海上生命安全的一般接受的国际规则和标准"。除此之外,承包者在按照合同进行勘探时,应奉行和遵守管理局可能通

---

① 《第三次联合国海洋法会议文件集》第十五卷,第 161、166 页。
② 同上书,第 211 页。
③ 《多金属结核规章》附件五第 15 节第 1 款、《多金属硫化物规章》附件四第 15 节第 1 款、《富钴铁锰结壳规章》附件四第 15 节第 1 款。

过的关于防止就业歧视、职业安全和健康、劳资关系、社会保障、就业保障和工作场所生活条件的规则、规章和程序。这些规则、规章和程序应考虑到国际劳工组织和其他主管国际组织的公约和建议。[①]

[①] 《多金属结核规章》附件五第 15 节第 2 款、《多金属硫化物规章》附件四第 15 节第 2 款、《富钴铁锰结壳规章》附件四第 15 节第 2 款。

第三篇

域 外 经 验

第六章
国外深海海底资源勘探开发立法

第一节 国外深海海底资源勘探
开发立法梳理

1982年《联合国海洋法公约》通过之前,美国、德国、日本、法国、意大利等发达国家已经率先通过其本国有关海底资源勘探和开发的法律,以宣夺区域部分的资源,引起发展中国家的强烈反对。国际海底制度在《联合国海洋法公约》通过之后逐步确立下来,海洋大国以及其他发达国家积极开始其国内的立法,通过法律制度的构建,以规范其国内企业深海海底活动。

目前所能搜索到的外国国内立法有以下16个国家。

斐济:2013年《国际海底矿物管理法》(International Seabed Mineral Management Decree 2013)

德国:2010年《海底开采法》[Seabed Mining Act of 6 June 1995 (the Act). Amended by article 74 of the Act of 8 December 2010]

捷克:《关于国家管辖范围外海底矿产资源的探矿、勘探和开发的第158/2000号法令》(Act No. 158 of May 18, 2000 on

Prospecting, Exploration for and Exploitation of Mineral Resources from the Seabed beyond the Limits of National Jurisdiction and Amendments to Related Acts)①

英国：2014 年《深海开采法》(Deep Sea Mining Act 2014)

美国：1980 年《深海海底硬矿物资源法》(Deep Seabed Hard Mineral Resources Act 1980)

日本：1982 年《深海海底开采临时措施法案》(Act on Interim Measures for Deep Seabed Mining 1982)

库克群岛：2009 年《海底矿产资源法》(Seabed Minerals Act 2009)②

法国：1981 年《深海海底矿物资源勘探和开发法》(Law on the Exploration and Exploitation of Mineral Resources of the Deep Seabed 1981)

新西兰：1964 年《大陆架法》(Continental Shelf Act 1964)、1991 年《皇室矿产资源法》(Crown Minerals Act 1991)③

俄罗斯：1995 年《联邦大陆架法》(Federal Law on the Continental Shelf of the Russian Federation 1995)、1998 年《联邦专属经济区法》(Federal Act on the exclusive economic zone

---

① 该法令规范居住在捷克共和国的自然人和以捷克共和国领土为所在地的法人实体在该国管辖范围外的海底和洋底及其底土从事矿产资源探矿、勘探和开发的权利和义务以及相关的国家行政管理活动。该法令的宗旨是实施相关的国际法原则和规则，而根据这些原则和规则，该法令第 1 节明列的海底及其底土和矿产资源被视为人类的共同继承财产。
② 该项法律的主要目标是为有效管理库克群岛专属经济区海底矿产建立法律框架。
③ 说明：新西兰《大陆架法》中包含对大陆架上石油和矿物的开采，但是规定都相对简单。《大陆架法》第 4 条规定，对大陆架石油的开采的管理在合理的情况下适用《皇室矿产资源法》中的相关规定。《大陆架法》第 5 条主要规制了对大陆架矿产资源开采的管理，该条没有提到对该种资源的开采也适用《皇室矿产资源法》。据此我们认为，对大陆架矿产资源的开采并不适用《皇室矿产资源法》，但是《皇室矿产资源法》中关于陆地石油以及矿产资源的开采管理规定具有一定的借鉴意义。

of the Russian Federation 1998)①

　　苏联：1982 年《苏联关于调整苏联企业勘探和开发矿物资源的暂行措施的法令》②

　　澳大利亚：1994 年《离岸矿产法》(The Commonwealth Offshore Minerals Act 1994)

　　汤加：2014 年《海底矿产资源法》③(Seabed Minerals Act 2014)

　　图瓦卢：2014 年《海底矿产资源法》(Tuvalu Seabed Minerals Act 2014)④

　　新加坡：2015 年《深海海底开采法》(Deep Seabed Mining Act 2015)

　　比利时：2013 年《对国家管辖范围外的海底和地下层资源进

---

① 俄罗斯《联邦专属经济区法》第 16 条第 3 款规定,专属经济区上的非生物资源(non-living resources)的勘探和开发适用俄罗斯《联邦大陆架法》《俄罗斯矿产资源法》。The conditions and procedure for issuing the said licenses, their content and duration, the rights and duties of license holders, the requirements for the safe conduct of activities, the grounds for revocation of licenses, the anti-monopoly requirements and the conditions for the division of production shall be governed by the Federal Act on the continental shelf of the Russian Federation, the Act of the Russian Federation on mineral resources, the Federal Act on agreements concerning the division of production and the international treaties to which the Russian Federation is a party.

② 苏联虽然已经解体,但是考虑到其计划经济的特点,以及我国目前的经济发展模式,苏联的相关立法对我国可能具有一定的参考意义。

③ 汤加王国的此部法律于 2014 年 8 月 20 日获得皇室御准,正式生效。

④ 值得注意的是,图瓦卢 2014 年的《海底矿产资源法》同汤加的《海底矿产资源法》无论在篇章结构还是具体法律规范方面都几乎是完全一致的。下文将主要以汤加的立法为研究对象。

　　这些国家的深海立法受益于欧盟和太平洋岛国的深海矿产项目(The Deep Sea Minerals Project),该项目旨在正在帮助太平洋岛国根据国际法改善其深海矿产资源的治理和管理,特别关注保护海洋环境和为太平洋岛国及其人民确保公平的财政安排。项目有 15 个太平洋岛国成员：库克群岛、密克罗尼西亚联邦、斐济、基里巴斯、马绍尔群岛、瑙鲁、纽埃、帕劳、巴布亚新几内亚、萨摩亚、所罗门群岛、东帝汶、汤加、图瓦卢和瓦努阿图。参见：https://dsm.gsd.spc.int/。

行探矿、勘探和开发的法律》(Law of 17 August 2013 Concerning the Prospection, Exploration and Exploitation of the Natural Resources of the Seabed and the Subsoil Beyond National Jurisdiction)

纵观上述各国海底资源勘探和开发的立法,可以做以下分类。

(1) 以《联合国海洋法公约》通过前立法还是《联合国海洋法公约》通过后立法来划分:美国、日本、法国、苏联的法律是在《联合国海洋法公约》通过之前制定;捷克、德国、斐济、英国(2014 年修订)、库克群岛、新西兰、俄罗斯、澳大利亚、汤加、图瓦卢、新加坡、比利时等国的法律是在《联合国海洋法公约》通过之后制定的。

(2) 根据立法的管辖范围来划分:捷克、德国、斐济、英国、美国、日本、法国、苏联、新加坡、比利时的立法所管制的是在国家管辖范围以外的深海活动。库克群岛、新西兰、俄罗斯、澳大利亚的立法所管制的是在国家管辖范围以内的深海活动。汤加和图瓦卢的立法包括国家管辖范围以内的海底矿产资源活动,亦包括国家管辖范围以外(区域部分)的海底资源活动。

(3) 以是否涉及国际海底管理局来划分:在第二种分类中,管制国家管辖范围以外深海活动的立法可以进一步进行分类。斐济、捷克、德国、英国、汤加、图瓦卢、新加坡、比利时的立法配合国际海底管理局管制海底活动;美国、日本、法国的立法未提及国际海底管理局。

从上述的分类可以看出,虽然根据目前的检索结果,涉及海底资源勘探和开发的立法的国家有十余个,但是配合国际海底管理局行政管制而立法的国家目前只有斐济、捷克、德国、英国、汤加、图瓦卢、新加坡、比利时。虽然第二类国家的立法主要是针对管制其管辖区域内的海底资源的勘探和开发,不属于《联合国海洋法公约》第十一部分所规定的区域部分,但是这些国家管制其管辖区域海底资源的诸多制度是值得借鉴的,尤其是库克群岛立法中的相关制度,如其立法所详细规定的四种海底活动的许可证制度、海底活动过程中为保护海洋环境而制定的相关制度。

第二节　国外深海海底资源勘探开发立法重点问题研究

以上搜索到的相关立法包括大陆法系也包括英美法系,对相关国家的法律的研习需要从某个视角或者根据某一主线进行。对以上国家的立法,笔者试图从以下 11 个方面展开研究。

(1) 相关国家深海立法中主管深海事务的机构在政府中的层级是怎么样的?

(2) 相关国家深海立法中规范的深海活动有哪些?

(3) 相关国家深海立法中对相关活动的管理方式有哪些?

(4) 如采用许可证制,许可证的种类有哪些? 颁发、变更、撤销许可证的条件是什么? 许可证的期限是多久? 若采取国家担保模式,具体是如何操作的?

(5) 相关国家深海立法中对于从事深海活动的主体有何资质上的要求?

(6) 被许可从事深海活动的主体的权利和义务是什么?

(7) 被许可人权利和义务转让的条件是什么?

(8) 相关国家深海立法中对税费缴纳、保险等是如何规定的?

(9) 相关国家深海立法中对法律责任(罚则)是如何规定的?

(10) 相关国家深海立法中对执法监督方面的规定(管理或执法部门有哪些权限)?

(11) 相关国家深海立法中对环境保护有哪些规定?

笔者实际上是按照各国法律所包含的深海勘探和开发管制中所可能涉及的制度这一主线对其法律进行研究,其中的制度包括行政审查制度、海洋环境保护制度、许可证制度、税费制度、法律责任制度等,这些制度亦是中国深海勘探和开发法律中所应当构建和完善的重点制度。

一、相关国家深海立法中主管深海事务的机构在政府中的层级

(1) 捷克共和国的立法(Act No. 158 of May 18, 2000 on Prospecting, Exploration for and Exploitation of Mineral Resources from the Seabed beyond the Limits of National Jurisdiction and Amendments to Related Acts.):"区域"勘探和开发的监管工作是由"产业和贸易部"(Ministry of Industry and Trade)负责的,该部门给符合资质的国内自然人或者企业发放专业技术证书。(该法案第二章第 3 条)

(2) 德国的立法[Seabed Mining Act of 6 June 1995 (the Act). Amended by article 74 of the Act of 8 December 2010]:对在"区域"进行勘探和开发进行管制的国家行政机关是国家采矿、能源和地理办公室[Landesamt, the Landesamt für Bergbau, Energie und Geologie, LBEG (State Office for Mining, Energy and Geology) in Hanover and Clausthal-Zellerfeld]。[1] 该部门是下萨克森州的有关采矿、能源和地理的办公室,作为从该州借来的联邦机构执行该法,因此会受到联邦的监督。[2]

---

① 德国《海底开采法》第 2 条:定义,第 7 款。
② 德国《海底开采法》第 3 条:执行。

（3）斐济的立法（International Seabed Mineral Management Decree 2013）：根据法案第 6 条的规定成立了斐济国际海底管理局（Fiji International Seabed Authority），该机构是新成立的机构，成员有土地和矿产资源永久秘书长[①]（Permanent Secretary for Lands and Mineral Resources as the Chairperson）、首席司法官（Solicitor General）、矿产资源局局长（Director of the Mineral Resources Department）、渔业局局长（Director of the Department of Fisheries）、政治条约局局长[②]（Directors of the Political Treaties Divisions as the Secretary）。[③] 根据法案第 19 条的规定，成立斐济国际海底资源工作小组，为斐济国际海底局提供技术和政策上的建议，如在核发担保证书时，根据法案第 27 条的规定，双方需要进行商讨。

（4）英国于 2014 年对 1981 年的《深海开采法（临时条款）》[UK Deep Sea Mining（Temporary Provisions）Act 1981]进行了修改，经过下议院二审、下议院委员会辩论、下议院报告阶段、下议院三审、上议院一审、上议院二审、上议院委员会阶段、上议院三审等程序[④]，最终于 2014 年 5 月 14 日通过皇室御准（Royal Assent），至此 2014 年英国《深海开采法》通过，该法于通过之日的两个月后生效。根据 2014 年《深海开采法》的规定，进行深海事务管理的国家机关是国务大臣（Secretary of State），在颁发勘探和开发许可证时，国务大臣需要同财务部（Treasury）进行商议。除了国务大臣有权力颁发该勘探和开发许可证，苏格兰部长

[①] 土地和矿产资源秘书长作为该机构的主席。

[②] 政治条约局局长作为该机构的秘书长。

[③] 斐济《国际海底矿物管理法》第 7 条。

[④] Bill Stages：Deep Sea Mining Act 2014，http://services.parliament.uk/bills/2013-14/deepseamining/stages.html，last visited：2014/8/4.

(Scottish Minister)亦有权力在一定的范围内颁发深海勘探和开发许可证。[①]

(5) 美国于1980年通过了《深海海底硬矿物资源法》,负责管理深海勘探和开发的机构是国家海洋和大气管理局(National Oceanic and Atmospheric Administration,简称 NOAA)。但是管理局在批准申请人提出的有关颁发或转让任何勘探许可证或者商业开发执照的申请以前,以及在颁发或转让这种许可证或执照之前,应当同法定职责内的计划或活动可能会受到颁发或转让许可证或执照的申请中所提出的活动影响的其他联邦机构或部门,进行充分的协商和合作。[②]

(6) 日本向国际海底管理局提交的有关海底资源勘探开发的法案是1982年通过的《深海海底开采临时措施法案》(Act on Interim Measures for Deep Seabed Mining)。该法的第二章第4条规定,经济贸易产业部(Ministry of economy, trade and industry)是主管深海活动的国家部门。

(7) 库克群岛目前有关深海海底资源开发的法律是《海底矿产资源法》(Seabed Minerals Act 2009)。此法案对海底活动的行政管制进行了规定,并建立了完善的行政管制体系。首先法案设立了库克群岛海底矿产资源管理局[③](Cook Islands Seabed Minerals Authority);该管理局任命海底矿产资源委员长[④](Seabed Minerals Commissioner),委员长负责任命海底资源执行官(Seabed

---

① 英国《深海开采法》第2条第3款。
② 美国《深海海底硬矿物资源法》第一章第3条第5款。
③ 库克群岛《海底矿产资源法》第16条,第17条规定了管理局的作用;第18条规定了管理局的一般权力(general power),第19条规定了管制权力(regulatory power)。
④ 库克群岛《海底矿产资源法》第24条、第25条规定了委员长的职能,26条规定了委员长委任权力(Power of appointment)。

Minerals Officers)，该执行官负责海底活动的日常行政管理，包括法案授予的监管、遵守和执行的权力。该法案项下成立的库克群岛海底矿产资源咨询理事会①(Cook Islands Seabed Minerals Advisory Board)为相关社区和管理局就有关海底资源的管理问题进行商讨提供了一个正式的平台。

(8) 法国各部委之间于 2012 年就探矿、勘探和开发海底资源的活动开始了一系列的磋商，但是在法国向国际海底局提起的文件中，法国大使馆指出："目前并没有相关法律的出台，并且考虑到制定相关法律时所需要考虑的诸多因素，海底资源勘探开发法不会于 2013 年通过。"②但是法国作为互惠国之一，于 1981 年通过了《深海海底矿物资源勘探和开发法》(Law on the Exploration and Exploitation of Mineral Resources of the Deep Seabed)。法案的第 4 条规定，有关许可证的发放、延期、转让、撤销等程序要按照法国的国务院(State Council)的相关法规进行。

(9) 新西兰没有专门的海底资源勘探和开发的立法，但是有关于资源勘探和开发的立法，如 1964 年的《大陆架法》和 1991 年的《皇室矿产资源法》。其中《大陆架法》对勘探和开发大陆架上资源作出了规定，法案的第 5 条规定能源部(the Ministry of Energy)作为管理在大陆架上勘探和开发资源等行为的主要行政机构。

(10) 俄罗斯《联邦大陆架法》第 8 条第 1 款规定：从事深海科研、探矿、勘探和开发几种深海活动的许可证都是由经过特别授权的联邦地质和深层土地利用管理局发放的，此行政机关需要同获得

① 库克群岛《海底矿产资源法》第 33 条、第 34 条规定了咨询理事会的职能，35 条是有关咨询理事会组成的规定。

② Note Verbale from the Embassy of France in Jamaica：http：//www.isa.org.jm/files/documents/EN/NatLeg/FR-en.pdf.

授权的联邦国防部、联邦渔业局、联邦环境资源保护局等联邦机构达成一致协议方可以向符合条件的申请人发放相关许可证,并且需要通知联邦前沿服务局(Federal Frontier Service Agency)、联邦科技局、联邦海关总署以及联邦水文和环境监测局等联邦机构。

(11)苏联的立法中没有详细地规定主管机关的名称,只是在第1条中规定:苏联主管机关得向苏联企业颁发勘探和开发大陆架以外海底区域矿物资源的许可证,并得确定颁发这种许可证的海底区域的面积和地理坐标。但是第19条规定:颁发勘探和开发海底区域矿物资源和从事这种工作的许可证的程序,应该由苏联部长会议决定。

(12)澳大利亚的立法中,管理海洋活动的行政机关包括州的行政机关(指派机关,Designated Authorities)以及代表州和联邦共同行政的机关(联合机关,Joint Authorities)。在海洋活动行政许可的过程中会涉及这两个部门。联合机关是许可证制度中最终作出决议的机关,其作出的决议是通过指派机关来执行的。两个机关中,与申请人直接打交道的是指派机关而不是联合机关。

(13)汤加的法律第二部分对其国内管制海底活动的机构作出了详细的规定,根据第9条成立了汤加海底矿产资源管理局。管理局代表皇室履行其职责;为方便执行本法,可以任命首席执行官或者其他职务,该任命应当遵守管理局和内阁所达成一致的有关服务条款和前提;通过部长向议会汇报。①

(14)新加坡立法中没有具体规定管制海底活动的机构,但是规定部长有权颁发许可证和担保证书。

(15)比利时法案的第4条规定,国王授权实施国际海底管理

---

① 汤加《海底矿产资源法》第10条。

局的法规、条例和程序,并且国王根据部长级议会商量的决议,确定履行管理局法规、条例和程序规定的职责所需要的法规和手续。

二、相关国家深海立法中规范的深海活动

(1) 捷克共和国的立法中的深海活动包括探矿(prospecting)和其他活动(activities),法案的第2条中探矿的定义是发现区域中的自然资源,包括对此种资源的价值评估,但是还没有勘探权和采矿权;而其他活动包括勘探、采矿、计划、评估等活动。

(2) 德国的立法中的深海活动包括探矿和其他活动(prospecting and activities),其他活动包括勘探和开发活动。

(3) 斐济的立法中的深海活动包括海洋科研、勘探和开发这几种活动。

(4) 英国的立法中包含勘探和开发这两种深海活动。

(5) 美国立法中包含的深海活动有深海勘探和商业开采以及深海科研[①]。

(6) 日本的立法中包含的深海活动有勘探(explore)和开发(mining)两种。

(7) 库克群岛的立法中包含的深海活动有探矿(prospect)、勘探(exploration)和开发(recovery),以及对那些存在资源但是目前开发不具备经济性的区域的保留(retention of areas of minerals of known commercial value where recovery is not currently economically viable)。

(8) 法国立法中涉及的深海活动包括探矿(prospect)、勘探

---

① 深海科研活动是在美国《深海海底硬矿物资源法》的第一章第9条"环境保护"条款中规定的:局长应进行海洋调研的持续性规划,以支持在本法准许进行勘探和商业开发的整个期间的环境评价(environmental assessment)活动。

(exploration)和开发(recovery),其中法案的第 2 条对这几种活动进行了定义。

(9) 新西兰的法案中涉及的深海活动包括探矿(prospect)和开采(mine)。

(10) 俄罗斯的《联邦大陆架法》中规定的深海活动包括区域地质研究、探矿、勘探以及开发这几项活动。

(11) 苏联的立法中所包含的深海活动有勘探和开发。

(12) 澳大利亚立法所包含的深海活动有深海科研、勘探和开采这三种。

(13) 汤加的立法中包括深海科研、探矿、勘探和开发这四种活动。

(14) 新加坡的立法包括管制勘探、开发两种海底活动。

(15) 比利时立法所规制的深海活动包括探矿、勘探和开发这三种。

三、相关国家深海立法中对相关活动的管理方式

(1) 捷克共和国采取的方式是发放专业技术证书(certificate of expertise),获授权人满足资质后可以申请从事相关深海活动。

(2) 德国立法中,在区域进行勘探只需要向国际海底管理局的秘书处申请登记,然后汇报给州署即可。但是在区域进行其他活动,如勘探和开发,则需要与国际海洋管理局签订合同,并持该合同、计划书以及其他文件向州署申请许可。[①]

(3) 斐济的立法中,申请人需要向斐济国际海底管理局申请担保证书,并需要同公约规定的国际海底局签订有效的合同。

---

① 德国《海底开采法》第 4 条:获取的条件,第 3 款。

（4）英国的 2014 年《深海开采法》中采用的是许可的管理方式，许可证分为勘探许可和开发许可两种。[①]

（5）根据美国《深海海底硬矿物资源法》第一章第 2 条的规定，美国的深海立法中所管制的对象包括勘探和商业开采，采用的方式是国家海洋和大气管理局批准并发放勘探许可证和开采执照。

（6）日本立法中采用的是勘探和开采许可制度，欲从事深海活动的当事人需要向经济贸易产业部提交申请。

（7）库克群岛的法案中采用的是许可制度，并规定了四种证书：① 探矿许可（prospecting permit）；② 勘探执照（exploration license）；③ 开采执照（mining license）；④ 保留租约（retention lease）。

（8）法国的立法中采用许可的方式管理海底活动，包括勘探许可和开发许可。

（9）新西兰的《大陆架法》中采取的是许可、发放证照的管理方式，并且是否分发证照完全是由能源部部长根据各种因素来决定。[②]

（10）俄罗斯《联邦大陆架法》中规定的几种深海活动都是通过许可的方式进行管理的。

（11）苏联对深海活动是通过许可的方式进行管理的。

（12）澳大利亚的立法也是通过颁发许可证的方式管理深海活动的。

（13）汤加对国家管辖范围以内的海底资源勘探和开发采用的是许可证制度，对区域部分的资源的勘探和开发管制采用的是国家担保制度（管理局对申请人的资质进行审查，符合一定标准的将授予其担保证书）。

---

① 英国《深海开采法》第 2 条第 1 款。
② 新西兰《大陆架法》第 5 条第 4 款。

（14）新加坡的立法主要采取发放许可证的制度来管制深海活动,部长有权力向符合一定资质的申请人发放许可证和担保证书。

（15）比利时的立法规定,如果探矿者是比利时籍或受到比利时国家的管控,探矿者在探矿前要书面、通过国际海底管理局向注册部长通报《探矿通知书》。[1] 从事勘探开发活动的申请人若符合比利时籍或受到比利时国家管控的条件,并且遵循程序、符合国际海底管理局法律法规和程序提出的资格条件,即可受到比利时国家的担保。[2]

四、许可证制度

许可证制涉及许可证的种类、颁发、变更、撤销许可证的条件,以及许可证的期限。

（1）捷克。该国立法中涉及两种证书,一种是获授权方的专业技术证书,一种是国家的担保证书。

获得专业技术证书的一方即为被授权人,其可以从事探矿和其他活动,其中从事探矿活动需要向国际海底局发出通知并登记,从事其他活动需要获得国家担保证书并与国际海底管理局签订合同。

专业技术证书申请和获得的条件由法案第 4、5、6 条规定。

法案的第 7 条第 4 款规定:专业技术证书的有效期是 7 年。

（2）德国。申请在区域进行勘探和开采需要满足以下三个条件: ① 与国际海底管理局签有合同; ② 向州署提交申请材料,申请材料包括合同、计划书、联邦海事和水文局（Federal Maritime and Hydrographic Office)对计划书的评论,如对船舶事务以及环

---

[1] 比利时《对国家管辖范围外的海底和地下层资源进行探矿、勘探和开发的法律》第 6 条第 2 款。

[2] 比利时《对国家管辖范围外的海底和地下层资源进行探矿、勘探和开发的法律》第 8 条第 1 款。

境保护事务方面的评论,就环保事务方面,联邦海事和水文局应当与联邦环保局联合提供意见和评论;① ③ 申请人需要保证作业期间的安全以及环境保护,能够提供足够的资金,并保证在区域进行的活动在商业的基础上进行。②

（3）斐济。根据法案的规定,申请人需要申请担保证书,申请证书需要具备诸多条件（规定在法案的第 26 条）。其中包括：① 申请以书面形式提出；② 申请人对所要进行勘探和开发区域的研究报告；③ 开发活动对深海海洋环境可能造成的影响的报告；④ 进行深海活动的员工的名单；⑤ 对深海行为可能造成的损害的保险；⑥ 其他相关证据,如进行深海活动方是一个事实存在的公司个体、保证人保证申请材料中提供的材料是准确无误的、提供资金的方式、证明其应对可能产生的深海环境损害有足够的技术和资金方面的应对、有足够的资金支付法案所要求的费用、为员工提供技术上的培训等这些证明。

证书终止的两种方式：① 申请人至少提前三个月通知斐济国际海底管理局将证书主动上交于管理局③；② 证书的撤销的情形。④

证书的更新,斐济国际海底管理局在内阁同意时更新对从事深海活动行为人的担保,最多不得超过 5 年,但是申请人需要在证书第一期有效期截止至少 9 个月前提出更新申请。⑤

---

① 德国《海底开采法》第 4 条第 4 款。
② 德国《海底开采法》第 4 条第 6 款第 2 项第 a—c 目。
③ 斐济《国际海底矿物管理法》第 40 条。
④ 斐济《国际海底矿物管理法》第 41 条。有以下几种情形,经过双方同意将证书撤销：被担保方在与国际海底管理局签署合同之后 5 年没有从事任何深海活动；被担保方严重违反国际海底管理局的规定或者法案的规定；被担保人提供虚假信息或者销毁、篡改、隐藏国际海底管理局需要的文件；被担保方在接到两份斐济国际海底管理局通知后,超过规定 6 个月截止期限没有支付法案第七部分中规定的费用。
⑤ 斐济《国际海底矿物管理法》第 43 条。

（4）英国：法案的第 2 条第 3 款规定，许可证的颁发由国务大臣同财政部进行商讨或者由苏格兰部长根据其判断颁发许可证。具体而言，许可证的期限以及其中的条款和条件都是由国务大臣（或者苏格兰部长）视具体情况而定。法案第 3A 款具体规定了许可证中可能包含的条款：① 保证参与深海活动的人员的安全和健康；② 有关在许可证项下获得的矿产资源的处理和加工事宜；③ 处理深海活动过程中所产生的废物；④ 向国务大臣（或者苏格兰部长）提供深海活动的具体计划、收益、账务信息；⑤ 向国务大臣（或苏格兰部长）提交从深海活动中开发出的矿产的样本；⑥ 要求从事深海活动的作业者勤勉地从事相关活动；⑦ 要求作业者遵守公约和协议的规定；⑧ 要求作业者遵守管理局采用并发布的规则和程序；⑨ 要求作业者遵守相关的合同中的条款；⑩ 要求作业者遵守工作计划；⑪ 向国务大臣支付一定的费用，费用的确定应当经过财务大臣的同意；⑫ 向苏格兰部长支付相应的费用；⑬ 在国务大臣（或者苏格兰部长）书面同意的情况下，转让其许可证。

法案的第 6 条规定了许可证变动和撤销的具体情况：① 国务大臣认为变动或者撤销许可证有利于保障从事深海活动的人员的安全和健康、有利于保护海洋动植物或者其他生物以及它们的栖息地，或者当许可同英国遵守的国际法上的义务相冲突时，国务大臣亦可以变动或者取消许可证；② 履行第 8 条中的义务；[①] ③ 在被许可人同意的情况下也可以对许可证进行变动或者撤销。

法案第 6 条第 3 款规定，如果许可证是由苏格兰部长颁发，同样的规则也适用此种许可证的变动和撤销。

（5）美国立法中包括勘探许可证和开采执照。许可证和执照

---

① 英国《深海开采法》第 8 条是关于外国的歧视性措施。

的申请、审查和批准规定在法案的第一章第 3 条中。

申请许可证和执照的条件包括：① 按照局长在综合性统一规章中规定的格式和方式写成和提出，并应附有局长为实施本章规定，而以规章规定的必要且适当的有关财务、技术和环境资料；② 申请勘探许可证的申请人应该提交勘探计划，计划中应当包括许可证有效期间拟于开展的活动，说明勘探的区域、载明或附具勘探的预定日程、勘探使用的方法、根据许可证条款进行商业开采所用设施的设计和试验、支出概算清单、环境保护措施、环境效果的检测措施、商业开采的检测系统以及其他适当的情报资料；①③ 申请商业开采执照的申请人应当提供执照的开采计划，计划应当包括执照有效期间拟于开展的活动，载明或附具商业开采的预定日程、环境保护与监测系统、拟于进行商业开采的区域细节、区域资源评价、商业开采使用的方法与技术、开采与加工所产生的废弃物的处理方法以及其他相关适当的资料；②④ 申请人应当选定勘探计划或者开采计划的区域面积和场所。

批准申请颁发或转让勘探许可证或商业开采执照的任何申请条件：① 局长同其他部门进行商议；② 申请人表明其有能力在财务上负责履行勘探许可证或商业执照中要求受证人或执照人承担的一切义务；③ 申请人表明其具有勘探或商业开采的技术能力；④ 申请人合理地履行了根据本法先前向其颁布或转让的许可证或执照中规定的一切义务；⑤ 申请人的拟议勘探计划或开采计划符合本法规定和依本法颁布的规章。③

许可证和执照颁发的条件：① 颁发的前提是按照局长在综合

① 美国《深海海底硬矿物资源法》第一章第 3 条第 1 款第 2 项。
② 美国《深海海底硬矿物资源法》第一章第 3 条第 1 款第 2 项。
③ 美国《深海海底硬矿物资源法》第一章第 3 条第 1 款第 3 项。

性统一规章中规定的格式和方式写成和提出,并应附有局长为实施本章规定,而以规章规定的必要且适当的有关财务、技术和环境资料;①② 同第一章第 3 条第 5 款规定的有关部门和机构进行协商;③ 公众参与,做成评定书;④ 书面形式;⑤ 颁发不会无理妨碍他国行使根据国际法一般原理所公认的公海自由,不会与对美国生效的任何条约或国际公约所规定的美国任何国际义务相抵触,不会产生根据合理推测会导致武装冲突从而破坏国际和平和安全的局面,不会对环境质量产生重大的有害影响,不会过分危害海上生命和财产安全。②

关于许可证和执照的附件条款、条件和限制③:在批准申请颁发许可证或执照申请后的 180 天内,局长应对申请书中提出的勘探或商业开采提出符合本法规定和依本法颁布的规章的条款、条件和限制。这种条款、条件和限制,一般应在规章中连同用于制定许可证或执照的这种条款、条件和限制的总标准和规范一并加以规定,并应在一切许可证和执照中保持一致。

许可证和执照的中止和撤销以及更改许可证和执照项下的具体深海活动:① 被许可人和执照人实质上没有遵守本法各项规定和依本法颁布的各种规章或者许可证和执照的各项条款、条件和限制;② 如果总统认为中止和撤销或者变更具体深海活动是为了避免与对美国生效的任何条约或公约所规定的美国任何国际义务发生任何抵触之必需,为避免根据合理推测会导致武装冲突从而破坏国际和平和安全的局面所必需。④

---

① 美国《深海海底硬矿物资源法》第一章第 3 条第 1 款第 2 项。
② 美国《深海海底硬矿物资源法》第一章第 3 条第 5 款。
③ 美国《深海海底硬矿物资源法》第一章第 5 条第 2 款。
④ 美国《深海海底硬矿物资源法》第一章第 6 条第 1 款第 2 项。

　　许可证和执照的交出和放弃：被许可人或执照人可以在任何时候而不受处罚地向局长交出其许可证或执照，全部或者部分地向局长放弃从事许可证或执照准许的任何勘探或商业开采活动的权利。[①]

　　许可证和执照的有效期：勘探许可证的有效期为 10 年，如果被许可人基本上遵守了许可证和许可证的勘探计划，并已经申请展期许可证，局长应当根据符合本法和依法颁布规章的条款、条件及限制，将许可证展期，但是每次不得超过 5 年。[②] 商业开采执照均 20 年。当每年从执照的开采计划适用区域采出具有商业价值数量的硬矿物资源时，执照得有效 20 年。凡于 10 年结束时未采出具有商业价值的硬矿物资源的执照人，其执照应予以终止，除非局长因妨碍执照人从事年度商业开采活动的不可抗力、不经济状况、不可避免的建设延误、不可预料的船舶重大修理等适当理由，或因执照人无法控制的其他情况而将该 10 年期限延长，但这种期限不得超过执照的最初 20 年期限。[③]

　　(6) 日本立法中，申请海底开采许可证的条件包括：① 按照经济贸易产业部命令提供书面申请书，申请书中包括申请人名称、地址、公司代表处，深海海底开采的期限，勘探和开采的区域大小，还应当包含勘探和开发区域的图片、工作计划以及其他经济贸易产业部命令中所要求的文件；[④] ② 联合申请的情况下，申请人应当指定代表，并通知经济贸易产业部，若没有指定则由经济贸易产业部指定，代表变动应当通知经济贸易产业部。[⑤]

---

① 美国《深海海底硬矿物资源法》第一章第 15 条。
② 美国《深海海底硬矿物资源法》第一章第 7 条第 1 款。
③ 美国《深海海底硬矿物资源法》第一章第 7 条第 2 款。
④ 日本《深海海底开采临时措施法案》第二章第 5 条。
⑤ 日本《深海海底开采临时措施法案》第二章第 6 条。

颁发许可证,申请必须满足以下条件[1]:① 申请的区域不得同已经取得许可证的区域发生重叠;② 勘探和开采的区域面积、深海作业的时间以及开采的起始时间符合经济贸易产业部的命令;③ 资金和技术达到能够合理从事开采作业的程度;④ 理性、顺利地从事深海海底资源的开发和利用。

变更许可证。许可证上记载:① 申请人的深海活动种类;② 发放许可证日期和序列号;③ 申请人的姓名或公司名称地址;④ 深海活动的期限;⑤ 深海活动的地点;⑥ 区域的面积。[2] 申请人变动深海海底活动的期限、地点、区域面积,需要获得经济贸易产业部的批准[3];申请人变动名称,需要及时通知经济贸易产业部[4]。

撤销许可证。法案的第 20 条具体列出了深海海底开采许可证被撤销的情形:① 被许可人的行为符合第 11 条[5]中列出的几种情况之一;② 被许可人不遵守第 17 条[6]中的经济贸易产业部的命令;③ 被许可人的作业行为违反了法案第 22 条的规定;④ 被许可人的开采行为不在第 23 条规定的时间内开始(一般是

---

① 日本《深海海底开采临时措施法案》第 12 条。
② 日本《深海海底开采临时措施法案》第 13 条。
③ 日本《深海海底开采临时措施法案》第 14 条。
④ 日本《深海海底开采临时措施法案》第 15 条。
⑤ 日本《深海海底开采临时措施法案》第 11 条规定了不符合申请条件的申请人:(1) 非日本国籍;(2) 申请人有过犯罪行为,此行为可以是违反本法或者 1949 年的《采矿安全法》的规定,在刑期结束后两年内或者刑罚取消之日起两年内(the day upon which the execution of that sentence was cancelled)不得申请;(3) 持有根据法案第四条第一款中的许可证,但是按照法案第 20 条第 1 款被取消许可证,从取消许可证之日起,两年内不得重新提出申请;(4) 如果申请人是公司,公司的行政主管有前述第二种情况的犯罪行为,该公司亦不得申请勘探和开发许可证。
⑥ 日本《深海海底开采临时措施法案》第 17 条规定:命令式申请开采(order for application for mining)。当可开采区域的矿产资源丰富,结合考虑开采技术以及资源的数量、级别等因素,经济贸易产业部认为开采这部分区域是合理的,该部门可以命令受证人在 3 个月内申请这部分区域的开采的许可。

受证后的 6 个月内必须开始作业）；⑤ 被许可人违反第 24 条有关制定和变动工作计划并通过经济贸易产业部的规定；⑥ 被许可人违反第 25 条的规定①；⑦ 被许可人违反了第 33 条第 1 款的规定②；⑧ 被许可人违反本法案第 34 条中有关沿用《采矿安全法》的规定；⑨ 被许可人通过非法的方式获得许可证。

（7）库克群岛的立法。其法律规定了四种证书：① 探矿许可（prospecting permit）；② 勘探执照（exploration license）；③ 开采执照（mining license）；④ 保留租约（retention lease）。

探矿许可证申请的程序：① 申请书必须是以许可的方式提出（in approved manner）；② 缴纳一定的申请费；③ 指明申请的区域，并包含以下详细信息：申请人将要实施的活动，申请人或者相关活动者的技术上的资质，技术上的咨询意见，资金来源，如果申请人多于一人，申请书上应当注明各方所占的投资比例，申请探矿区域的地图；③ ④ 要约文件的发出，管理局在确定申请人完成环境影响评估以及所有的《环境法》中列出的许可要求之后才可以向申请人发出要约文件；④ ⑤ 申请人收到管理局的要约文件之后，可以在一定期限内要求管理局发放许可证。⑤

---

① 日本《深海海底开采临时措施法案》第 25 条规定：如果部长发现按照原工作计划，无法合理地进行开采活动，部长可以建议受证人变更工作计划，如果受证人自收到部长建议后 60 天内不变更，部长可以命令其变更工作计划。
② 日本《深海海底开采临时措施法案》第 33 条是关于许可证附加的条款的规定。
③ 库克群岛《海底矿产资源法》第 79 条。
④ 库克群岛《海底矿产资源法》第 60 条。
⑤ 申请不同的许可证，期限不同，此期限规定在第 60 条第 4 款。(1) 探矿许可：在申请人收到要约文件之后 30 天之内，或者 30 天之后 60 天以内要求管理局发放许可证；(2) 勘探许可更新证书：是在申请人收到要约文件后的 30 天以内；(3) 勘探许可证和勘探许可的更新证书：均是在申请人收到要约文件后的 30 天以内；(4) 保留租约：在申请人收到要约文件之后 30 天之内；或者 30 天之后 60 天以内要求管理局发放许可证；(5) 保留租约的更新：在申请人收到要约文件之后 30 天之内；(6) 开采许可：在申请人收到要约文件之后 90 天之内，或者 90 天之后 180 天以内要求管理局发放许可证；(7) 开采许可的更新证书：在申请人收到要约文件之后 30 天之内。

探矿许可证和证书续期的期限:从授予许可证之日或者许可证上载明之日算起,有效期两年。[1] 探矿许可证的过期:① 许可证上载明的日期到期;② 持有人提交许可证;③ 同一区域上后来存有勘探许可或者开采许可或者保留租约;④ 许可证被取消。

探矿许可证续期申请:① 申请必须是在过期前 90 天;② 申请材料中需包含以下信息:a 探矿活动的进展,b 探矿活动中的花费,c 在续期之后的期间内申请人所要从事的特殊事项,d 探矿区域的具体坐标和信息。[2]

管理局可以根据其考虑在探矿许可证上添加附件条件:① 提供保险;② 法案所要求持证者所应当承担的义务;③ 安排保安的义务;④ 保持具体作业记录的义务;⑤ 向管理局提供作业记录的义务;⑥ 作业时保护环境的义务,包括保护野生动物和将作业对环境的影响最小化的义务;⑦ 修复作业时对环境造成的损害;⑧ 若持证人不履行以上义务,持证人将受到处罚。

勘探执照申请程序:由管理局发出投标邀请,并规定投标的期限。[3]

勘探执照申请所需提交的信息:① 申请书必须是以许可的方式提出(in approved manner);② 指明申请的区域,并包含以下详细信息:申请人将要实施的活动,申请人在将要实施的作业上的投资,申请人或者相关活动者的技术上的资质是否合格,技术上的咨询意见,资金来源,如果申请人多于一人,申请书上应当注明各方所占的投资比例,提供申请探矿区域的地图,申请人具体指明

---

[1] 库克群岛《海底矿产资源法》第 73 条。同一区域的许可证不得续期两次。
[2] 库克群岛《海底矿产资源法》第 86 条。
[3] 库克群岛《海底矿产资源法》第 100 条。

接受根据本法以及相关规章中所规定的通知的地址。[①]

勘探执照的有效期：从授予许可证之日或者许可证上载明之日算起，有效期是 4 年。[②] 续期之后的有效期为 2 年。

库克群岛的立法中，有关勘探执照的申请一个比较特殊的情况是，开采执照的申请必须通过广告的形式向公众公示出来，[③] 并且此种广告必须包含以下四种信息：① 申请人的姓名和地址；② 申请开采区域的地图和详细描述；③ 管理局的地址；④ 附加申明，说明申请人是申请开采上述之区域，并邀请公众对申请进行评价，并要求将公众的评价在广告刊登之后 30 天以内发给申请人和管理局。

广告必须在申请人提出申请之后尽快登出，并且在申请人在管理局登记后的 14 天内刊登。

关于勘探执照的续期申请，法案的第 112 条和 113 条规定了勘探执照续期申请的时间和申请所需要提交的资料。

勘探执照的延期的申请：如果申请者因为自身因素以外的其他原因导致其不能正常完成原先的作业计划，管理局应当批准延期。[④]

关于勘探执照的过期的相关规定：① 法定过期。法案的第 128 条规定了五种情况下执照的过期：a 执照到期没有及时续期；b 执照持有人放弃执照；c 执照所覆盖的区域上又签订了保留租约；d 执照所覆盖的区域上后期又存在了开采执照；e 执照被取消。② 自动过期[⑤]。若在勘探执照所涉及的勘探区域内，管理局后续又颁发了保留租约或开采执照，则该勘探执照在保留租约或

① 库克群岛《海底矿产资源法》第 102 条。
② 库克群岛《海底矿产资源法》第 96 条。
③ 库克群岛《海底矿产资源法》第 111 条。
④ 库克群岛《海底矿产资源法》第 120 条。
⑤ 库克群岛《海底矿产资源法》第 129 条和第 130 条。

开采执照生效时自动过期。

保留租约的期限①：从租约生效之日或者许可证上载明之日算起，有效期是 3 年，续期后的期限是 2 年。

保留租约申请的条件：① 提交有关今后在申请区域所需要进行的作业计划和相关花费；② 开采租约所覆盖区域目前的商业可行性；③ 对未来开采该区域的商业可行性进行分析。保留租约的申请必须进行广告，告知于公众。

管理局认为申请人具备相关条件即可向其发出要约文件：① 申请人发现并评估了矿藏；② 申请人有其他理由应当被授予要约文件。收到要约文件的申请人收到要约文件之后 30 天之内，或者 30 天之后 60 天以内要求管理局发放许可证。

同时法案第 147 条和第 148 条规定了保留租约续期申请的相关程序，程序同前面两证的申请程序类似。

同样，法案对开采执照的申请、续期、期限、过期等也都作了较为细致的规定，其程序和形式同前述几种证书的情况大致类似，唯有细节上之不同，如期限之长短等。

法案的第四章规定了四种许可证(执照)的变更、取消、附加条件以及权利变动等程序性要件。

许可证(执照)的放弃需要经过管理局的同意，并提出申请②：① 申请必须是书面形式；② 申请人必须已经缴纳所有的费用；③ 申请人完全按照许可证(执照)上载明的条件履行职责；④ 申请人移除了作业时带入作业区域的所有施工设备，并按照管理局的要求妥善安置这些设备；⑤ 申请人按照管理局的标准对作业区域采取环境保护措施。

---

① 库克群岛《海底矿产资源法》第 139 条。
② 库克群岛《海底矿产资源法》第 212 条。

许可证(执照)的暂停[1]：暂停的前提是管理局认为对许可证(执照)采取暂停措施有利于国家利益,管理局可以以书面方式通知证照持有人,将对其证照实施暂停措施,暂停时间可以是一段确定的时间也可以是不确定期限。

关于证照的取消是规定在法案的第 215 条中,管理局有权取消证照持有人的证照,其前提是：① 持有人违反了执照中所载明的附件条件或者违反了本法案以及相关规章的规定;② 管理局需要提前书面通知证照持有人,通知中需要载明取消证照的原因,并要求执照人服从该项决定,在收到通知的 60 天以内做出服从;③ 管理局在作出取消证照的决定时,必须要考量执照人所采取的补救措施;④ 管理局认为不存在其他合理理由支持其不作出取消证照的决定。

(8) 法国立法的第 14 条对证照的撤销作出了规定,在以下几种情况下可以撤销,但是主管单位在之前需要正式通知：① 持照人两年没有履行法案第 12 条中规定的纳税义务;② 转让证照没有经过管理机关的同意;③ 安全、卫生、安保等义务,尤其是海底动植物的保护等义务没有履行者;④ 勘探执照的持有人,持续性不作业或者为与作业要求无关的行为;⑤ 开采执照的持有人,没有生产行为或者持续开采低质量的矿产资源或者在严重影响其经济利益和矿产资源保护和随后的使用的前提下进行开采。

(9) 新西兰立法中,许可证的种类分为探矿许可证和开发许可证。有关在大陆架上开采矿产资源授予执照的条件,《大陆架法》第 5 条第 3 款作出了较为笼统的规定,完全是由能源部部长根据其具体情形作出具体的规定。能源部部长准许颁发执照的前提

---

① 库克群岛《海底矿产资源法》第 214 条。

条件包括但是不限于：① 受证人必须按照执照中载明的相关的安全措施,如能源部部长可以要求申请人必须遵守新西兰 1926 年的《采矿法》(Mining Act 1926)和 1925 年的《煤矿法》中有关采取安全措施的规定,但是能源部部长可以根据实际情况对上述两法的相关规定作出必要的调整；② 根据执照中载明的条款向皇室缴纳一定的税收。①

新西兰的《大陆架法》对申请条件仅作了简单的规定,《大陆架法》中的勘探开发的对象包括大陆架上的石油和矿物。根据法案的第 4 条第 1 款的规定,对石油资源开采的管理适用《皇室矿产资源法》中的相关规定,但是在具体适用时可能需要对《皇室矿产资源法》中的相关条款作出必要的修改。《大陆架法》第 4 条主要是对石油开采作出了规定,第 5 条主要是对开采大陆架矿物作出了规定,但是第 5 条并没有像第 4 条一样作出"适用《皇室矿产资源法》"这样的规定。因此,可以推断"《皇室矿产资源法》的参照适用"条款仅仅适用于对大陆架的石油开采的管制。

《皇室矿产资源法》中对开发矿产资源的管理作出了详细的程序性规定。关于申请的要求：① 申请人提出的申请中必须包含：活动的参加者的姓名和联系方式以及具体作业者的相关信息；② 提交相关的工作计划；③ 如果提出的是对非石油类资源的勘探的申请,申请人在申请时需要提供完成相关勘探工作的大概费用。②

部长根据以下几种因素来裁量是否准予发放许可执照：① 申请人提供的工作计划是否符合本法以及所申请许可的目的,申请人是否有良好的作业措施；② 考量申请人在技术和资金上的资质

---

① 新西兰《大陆架法》第 5 条第 3 款。
② 新西兰《皇室矿产资源法》第 29A 条第 1 款。

以及其他信息,确定申请人是否会遵守其所提出的计划;③ 申请人是否会遵守本法案中规定的信息呈报义务、费用和税收缴纳的义务;④ 申请人是否采取相关保障工作人员健康和安全以及环境保护的措施。①

执照的变更:《皇室矿产资源法》第 36 条第 1 款规定了执照的变更条件。部长对执照进行变更需要满足以下几种条件:① 需要得到持证人的书面同意;② 需要有持证人的书面申请;③ 可以按照证照上载明的方式进行变更。

证照上变更事项:① 证照上载明的条款;② 证照所覆盖的作业区域;③ 变更证照上所载明的矿产资源种类;④ 延长证照的期限。②

(10) 俄罗斯的立法中,许可证分为四种,即海底地质科研许可证、探矿许可证、勘探许可证以及开采许可证。

(11) 根据苏联相关立法的规定,颁发勘探海底矿物资源许可证的条件为:在这种许可证的申请中,应指定两处被认为可能存在矿物资源的区块。区块之一应归获得许可证的企业利用,另一区块应保留给将来的国际海底组织进行可能的勘探和开发。③

(12) 澳大利亚《离岸矿产法》中规定了多种许可证④,主要包括:勘探许可证(此许可证主要是授予被许可人探矿以及获取矿产样本的权利)、保留许可证(此许可证主要是在勘探阶段转向商业开采阶段,申请人为保留其开采权利而申请的证书,持证人在许可证覆盖的区域发现了矿产资源,就目前而言,开采该矿产资源还

---

① 新西兰《皇室矿产资源法》第 29A 条第 2 款。
② 新西兰《皇室矿产资源法》第 36 条第 2 款。
③ 苏联的此种规定符合《联合国海洋法公约》平行开发制。
④ 澳大利亚《离岸矿产法》第 39 条。

不具备经济性或者技术还未成熟,但是今后可能具有较大的可行性①,被许可人有权勘探矿物以及非商业性地获取矿物)、开采许可证(被许可人有权勘探和商业开发矿产资源)、作业许可证(如果某一方已经获得在某一区域进行勘探或者开采的许可证,但是需要在该区域之外从事相关工作,该方需要申请在许可区域以外的地方作业的许可证,此许可证即为作业许可证)以及特殊目的许可(如果一方打算在离岸海洋区域从事科研、侦查,以及搜集少量矿物等行为,该方需要取得特殊目的同意)。

要取得完全生效的证书一般需要经过三个阶段②:① 临时授予证书;② 合理的接受授证③;③ 登记。

临时授予证书之后,申请人需要完成以下行为以构成合理接受授证④:① 向指派机关提供书面方式的接受;② 按照联合机关的要求提供安保;③ 缴纳一定的费用。

许可证的展期也一般需要经过三个阶段⑤:① 临时授予许可证展期;② 合理的接受展期;③ 登记。

临时授予展期之后,申请人需要完成以下行为以构成合理接受展期⑥:① 向指派机关提供书面方式的接受;② 按照联合机关的要求提供安保;③ 缴纳一定的费用。

法案的第 54 条规定了申请勘探许可的方式:① 以允许的格式提出申请;② 以允许的方式提出申请;③ 详细写明将要作业的海洋区域;④ 申请书中包括以下详细信息:申请人将要在申请区

---

① 澳大利亚《离岸矿产法》第 132 条,注释。
② 澳大利亚《离岸矿产法》第 40 条第 1 款。
③ 根据法律的规定,如果没有合理的接受临时授证,授证中所包含的权利将会失效。
④ 澳大利亚《离岸矿产法》第 40 条第 2 款。
⑤ 澳大利亚《离岸矿产法》第 40 条第 3 款。
⑥ 澳大利亚《离岸矿产法》第 40 条第 4 款。

域从事的活动,从事上述活动的花费,申请人以及作业人的相关技术上的资格,申请人可能接受到的技术上的咨询,申请人的资金来源,如果许可证是由一人以上共同持有,则还需载明各自在许可证中的份额;⑤ 提供有关申请区域的地图;⑥ 提供详细地址以接受法案中涉及的各种通知。

申请人应当在申请之时缴纳一定的费用[1],并且申请人需要将其申请通过广告的方式告知公众[2],此种做法同库克群岛立法的做法类似,广告中需要包含申请人的姓名、地址、申请区域的地图等详细信息。

勘探许可的生效日期是自许可登记之日或者许可证中载明的日期。勘探许可证的初始期限是 4 年,自许可证临时授予之日起算。[3]

许可证的延长:如果持证人由于不可抗力等原因导致其无法作业,持证人可以申请许可证期限的延长,申请需要在持证人知道或者应当知道此种不可抗力之时 30 天以内提出,并到指派机关进行登记。[4]

许可证中权利(或者部分权利)的放弃,此内容规定在法案的第 99 条和第 100 条。

许可证展期的申请:该内容规定在法案的第 101—103 条,程序同申请勘探许可的程序类似。

许可证的过期:许可证在以下几种情况下过期:① 许可证期限截止,持证人没有续期;② 持证人放弃了许可证;③ 持有勘探

---

① 澳大利亚《离岸矿产法》第 56 条。
② 澳大利亚《离岸矿产法》第 57 条。
③ 澳大利亚《离岸矿产法》第 88 条。
④ 澳大利亚《离岸矿产法》第 94 条。

许可证的一方又获得了保留许可证,勘探许可证自动过期;④ 持有勘探许可证的一方又获得了开采许可证,勘探许可证自动过期;⑤ 许可证被取消。①

其他三种许可证的申请、展期、续期等管理与勘探许可证的管理规定类似,在此不赘述。保留许可证的首次期限不得超过 5 年。② 开采许可证所覆盖的区域不得超过 20 个区域,并且如果申请人申请的是多块区域,这些区域必须是连在一起的。③ 开采许可证的期限不得超过 21 年,④续期后的期限也不得超过 21 年。⑤ 作业许可证的期限不得超过 5 年,⑥续期后的期限也不得超过 5 年。⑦ 特殊目的许可的申请同前几种许可的申请亦类似,但是由于特殊目的许可是为了在他方获授权的区域进行科研、侦查等活动,因此申请特殊目的许可的前提是获得持有受影响区域勘探证、开采证的主体的同意。⑧ 此种特殊目的许可的期限不得超过 12 个月。⑨ 是否准许此种特殊目的许可完全由联合机关决定。

(13) 汤加法律的第七部分详细规定了国家担保制度,包括担保证书的申请、转让、期限、展期等事项。

担保证书授予前提是被担保方具有以下条件:① 在汤加注册

---

① 澳大利亚《离岸矿产法》126 条。有关许可证被取消规定在法案的第 130 条:如果持证人违反了许可证上载明的某一义务;违反了本法或者相关行政规章中的规定;违反了本法第 356 条第 2 款中规定的义务;或者没有缴纳应当缴纳的费用,这些情况下,联合机关有权取消许可证。

② 澳大利亚《离岸矿产法》第 146 条第 2 款。

③ 澳大利亚《离岸矿产法》第 198 条。

④ 澳大利亚《离岸矿产法》第 209 条第 2 款。

⑤ 澳大利亚《离岸矿产法》第 246 条第 3 款。

⑥ 澳大利亚《离岸矿产法》第 278 条第 2 款。

⑦ 澳大利亚《离岸矿产法》第 296 条第 3 款。

⑧ 澳大利亚《离岸矿产法》第 320 条规定:此协议必须是书面形式。但是如果此种申请的目的是为了科学调查,并且澳大利亚在国际法下有义务允许此种科学调查,则无须此协议。

⑨ 澳大利亚《离岸矿产法》第 325 条第 3 款。

的公司组织；② 在开始将要从事的海底矿产资源活动之时或者之前具有足够的资金和技术资源，以及有足够的能力遵守国际海底管理局的相关规定，合理地从事海底矿产资源活动；③ 支付了本法所规定的所有的相关费用；④ 遵守了规定的申请程序，也达到了规定的资质条件。

汤加的立法规定担保申请应当以书面方式提出，并且担保申请应当包括：[①] ① 担保申请人符合担保资质标准之证明；② 与根据国际海底管理局之规定，向国际海底管理局申请批准工作计划并同其签订合同时所需要提交的材料相同的材料；③ 担保申请人书面保证申请人完全遵守其在国际海底管理局之规章以及本法中的所有义务，保证其担保申请内容之真实和准确，有意向同国际海底管理局签订合同，并在国家担保下从事海底矿产资源活动；④ 担保申请人对承包区块所进行的研究报告之复印件或者总结以及其他相关数据；⑤ 担保申请人对将要进行的海底矿产资源活动可能对海洋环境造成的损害的研究报告之复印件或者总结以及其他相关数据；⑥ 担保申请中还需要包括申请人以下相关信息：担保申请人资助海底矿产资源活动之方式，从事海底矿产资源活动所需要的船只和设备之所有权、租赁情况或者其他安排事项，保险或者风险基金来弥补从事海底矿产资源活动可能造成的损害或者应对可能事故的花费；⑦ 从事海底矿产资源活动员工之名单，并且说明其是否有从王国内雇佣；⑧ 对王国的相关工作人员提供培训之能力建设项目；⑨ 法案所规定的担保申请费用；⑩ 说明是否有合理证据证明被担保方或者其董事以前有违反国际海底管理局之规章中的实质性条款和条件，在从事海底矿产资源活动中或

---

① 汤加《海底矿产资源法》第 79 条。

者在其他海上或者陆上相关活动中的行为被定为有罪或者受到民事罚款,或者因为诈骗或者不诚实被定罪等。

汤加的法律对担保申请人的资质作出了以下的规定:① 担保申请人是在汤加国内登记之法人,申请人在将要从事海底矿产资源活动之时或者之前具有足够的资金和技术资源和能力根据国际海底管理局规章之规定合理地从事海底矿产资源活动,弥补从事海底矿产资源活动可能造成的损害或者应对可能事故的花费,并且其根据本法和相关规章提交了担保申请,包括担保申请费用;② 将要从事的海底矿产资源活动符合国际海底管理局之规章中的环境管制的相关规定;③ 申请人将要从事的海底矿产资源活动符合可适用的国内法和国际法之规定,包括海上安全之规定以及海洋环境之保护和保育;④ 申请人将要从事的海底矿产资源活动不会不适当地影响:其他合法利用海洋资源者的权利,海洋环境的保护和保育,国际和国内和平和安全。

担保证书在以下情况下终止[1]:① 担保证书有固定的期限,并且其到期时未按照本法第87条进行展期;② 被担保方根据本法第89条放弃担保证书;③ 管理局根据本法第88条撤销担保证书,在终止之时,王国授予被担保方的所有权利将停止和终止。

担保证书之展期[2]需要满足以下条件:① 经过部长同意,管理局可以延长担保证书之期限,每次所延长的期限不超过5年,证书展期之前提是管理局在任何前一次证书期限届满至少9个月之前收到被担保方提出的展期之申请;② 管理局在收到被担保方展期申请之后的3个月内将通知被担保方是否授予其证书之展期,在此决定发出之前,担保证书一直被认为有效;③ 如果展期之申

---

① 汤加《海底矿产资源法》第86条。
② 汤加《海底矿产资源法》第87条。

请被拒绝,管理局应当遵守本法第 88 条第 2 款的相关程序的规定。

管理局有权在以下情况下变动、中止或者撤销担保证书[①]:① 被担保方实质性地没有遵守本法第 78 条中规定的前提条件;② 被担保人没有根据本法第 93 条的规定缴纳保证押金;③ 管理局合理认为,担保证书的变动和撤销可以防止对他人的安全、健康和福利以及海洋环境造成损害,或者避免同王国在任何对王国有效的国际协议和法律文件项下的义务相冲突;④ 经过被担保方同意;⑤ 在被担保方破产、资不抵债、破产管理时,或者在被担保方的法人身份停止时;⑥ 若从同国际海底管理局签署合同时起,被担保方超过 5 年没有实质性进行海底矿产资源活动;⑦ 如果被担保方严重地、持久地、故意地违反国际海底管理局之规章、本法之要求或者根据本法制定的规章、根据本法发出的命令,或者适用于被担保方的争议机构作出的争端裁判,并且此种违反无法补救,或者在管理局发出补救通知,但是被担保方没有在合理的时间内采取相关措施;⑧ 根据本法被担保方应当支付相关费用或者押金,但是被担保方在支付到期 6 个月之后,仍然没有支付,并且管理局根据本法向被担保方发出至少两份通知;⑨ 被担保方明知或者因为重大过失向国际海底管理局或者管理局提供虚假信息或者事实性误导的信息,或者没有保存或者故意篡改、隐藏,或者销毁相关国际海底管理局或者管理局要求其提供的文件;⑩ 未经过管理局同意,有转让、抵押、出租担保证书,或者担保证书持有人的组成、所有权、控制等变动行为。

管理局在作出变动、中止或者撤销担保证书决定前需要:

---

① 汤加《海底矿产资源法》第 88 条。

① 提前 30 天以书面形式将管理局欲作出有关决定之意向通知被担保方,说明将要作出的决定之细则以及原因,如果被担保方对此决定有异议,邀请接收到该通知的被担保方通过书面形式提交对该决定之看法;② 同时给管理局认为合适的任何一方一份前款之通知;③ 考量被担保方根据第 1 款中的通知而提交的文件;④ 若管理局决定撤销担保证书,应当至少提前自撤销生效之日起 6 个月通知被担保方。

担保证书之放弃①:被担保方可以在任何时候放弃担保证书而不受到刑事处罚,前提是其应当提前 6 个月以书面形式通知管理局。

(14) 新加坡的立法中的许可证包括勘探许可证和开发许可证。

有关许可证的失效、中止、吊销等事项的规定如下。

证书在以下情况下失效②:① 持证人在被授予证书或者接受证书转让之后的 12 个月(或者部长规定的时间)内没有签署对应 ISA 合同;② ISA 同非持证人签署了合同,授权其在同许可证中记载一致的区域勘探开发与许可证上记载一致的资源;③ 对应 ISA 合同因为任何原因终止;④ 持证人(公司)清盘或者根据任何成文法解散;⑤ 其他规定的事项发生。

部长在以下情况下有权中止或者吊销许可证③:① 持证人违反了本法或者许可证中载明的条款;② 对应 ISA 合同因为任何原因被暂停生效;③ 部长认为持证人一直没有或者将来也不会以合理和其满意的方式从事勘探开发活动;④ 部长认为中止或者吊

---

① 汤加《海底矿产资源法》第 89 条。
② 新加坡《深海海底开采法》第 13 条。
③ 新加坡《深海海底开采法》第 14 条。

销许可证符合新加坡的国家利益。若部长吊销许可证,部长有权收回发放给持证人的任何担保证书。

(15)比利时的立法中对担保证书的转让、期限都没有明确的规定。

五、相关国家深海立法关于从事深海活动的主体有何资质的要求

(1)捷克共和国:产业和贸易部对进行勘探和开发活动的自然人和其他主体的资质进行审查后核发资历证书。法案第 4 条规定了相关条件,如自然人最低年龄是 21 岁,具备完全行为能力,没有犯罪记录,以及法案第 6 条对专业技能的规定。

专业技能包括:① 地理或者采矿专业的大学教育,3 年的采矿或者地理勘探实际经验;② 对公约的第 10、11、12、15 部分的内容、公约附件三和附件六的内容、公约执行协议,以及国际海底管理局的强制性原则、规则、制度、程序有相当的了解;③ 在区域进行探矿或者其他活动有至少一年的经验,其中至少一个月是进行海事活动,但是在国际海洋研究所组织的专项培训中顺利毕业或者受过国际海底管理局的专门培训可以代替此一个月的海事活动经验。

除此之外,获授权人在进行探矿前需通知国际海底管理局,并提供相关材料,并且提供探矿对可能造成的环境破坏的保险证明,获授权人需向产业和贸易部提交此份材料的复印件。

从事探矿活动,只需要通知国际海底管理局,提交相关材料并注册,但是从事深海的其他活动,需要国家提供担保,并与国际海底管理局签订合同,按照合同的内容从事相关深海活动。

(2)德国立法中,申请在区域进行勘探和开采需要满足以下

几个条件：① 同国际海底管理局签有合同；② 向州署提交申请材料，申请材料包括合同、计划书、联邦海事和水文局（Federal maritime and hydrographic office）对计划书的评论，比如对船舶事务以及环境保护事务方面的评论，其中环保事务方面，联邦海事和水文局应当和联邦环保局联合提供意见和评论；[①] ③ 申请人需要保证作业期间的安全以及对环境的保护，能够提供足够的资金，并保证在区域进行的活动在商业基础上（on a commercial basis）进行。[②]

（3）斐济：根据法案的规定，申请人需要申请担保证书。申请证书需要具备诸多条件，规定在法案的第 26 条，其中包括：① 申请以书面形式提出；② 申请人对所要进行勘探和开发区域的研究报告；③ 开发活动对深海海洋环境可能造成的影响的报告；④ 进行深海活动的员工的名单；⑤ 对深海行为可能造成的损害的保险；⑥ 其他相关证据，如进行深海活动方是一个事实存在的公司个体、保证人保证申请材料中提供的材料是准确无误的、提供资金的方式、证明其对可能产生的深海环境损害有相应的技术和充足的资金来应对并且有足够的资金用以支付按照法案所需要支付的费用以及为员工提供技术上的培训。

（4）英国的立法对此并没有明确的规定，在法案第 3 条第 2 款规定了国务大臣（苏格兰部长）可以向满足其他条件并且他认为合适的申请人发放许可。

（5）美国的立法中没有明确的条款规定申请人的资质，但是综观整个法案，可以分析出其中的诸要素，如：① 美国公民；② 具有一定的资金，如法案第一章第 8 条第 2 款中规定的勘探资金；

---

① 德国《海底开采法》第 4 条第 4 款。
② 德国《海底开采法》第 4 条第 6 款 a—c。

③ 满足法案以及根据法案所颁布的规章中的有关条件。

(6) 日本法案的第 11 条规定了不符合申请条件的申请人：① 非日本国籍；② 申请人有过犯罪行为,此行为可以是违反法案或者 1949 年的《采矿安全法》的规定,在刑期结束后两年内或者刑罚取消之日起两年内不得申请；③ 持有根据法案第 4 条第 1 款中的许可证,但是按照法案第 20 条第 1 款①被取消许可证,从取消许可证之日起,两年内不得重新提出申请；④ 如果申请人是公司,公司的行政主管有前述第二种情况的犯罪行为,该公司亦不得申请勘探和开发许可证。

(7) 库克群岛的法案没有明文规定四类证申请人的资质,但是从法条的规定上可以看出,申请人需要具备一定的专业技能和资金上的条件。

(8) 法国的立法对申请人的资质没有作出详细的规定。

(9) 新西兰的立法并没有对申请人的资质作出详细的规定,但是从法条的规定上可以看出申请人需要具备一定的专业技能和资金上的条件。

(10) 俄罗斯《联邦大陆架法》就申请人的国籍有特殊的规定,俄罗斯允许非本国国籍者申请从事深海活动：外国自然人或者法人亦可以申请在其大陆架上从事科研、探矿、勘探和开发等深海活动。②

(11) 苏联法案第 7 条规定：在苏联与有关国家所缔结的条约的基础之上,外国自然人和法人得以参加苏联企业正在从事的海底区域矿物资源的勘探和开发,苏联企业亦得以参加外国自然人

---

① 日本《深海海底开采临时措施法案》第 20 条第 1 款的规定是经济贸易产业部撤回许可证的情形。

② 俄罗斯《联邦大陆架法》第 7 条第 1 款。Blocks of the continental shelf (hereinafter referred to as "blocks") may be allocated to physical and juridical persons of the Russian Federation and to physical and juridical persons of foreign States (hereafter in this chapter referred to as "users").

和法人正在从事的此项工作。

（12）澳大利亚法案没有专门规定申请人的资质，但是纵观整个法案，申请人在资金和技术上应该满足一定的条件。

（13）汤加法案中申请人的资质和条件可以参照担保证书申请的前提条件和程序。

（14）新加坡法案中对申请人的资质规定如下[①]：① 只有新加坡公司有权申请并被授予许可证；② 新加坡公司可以被授予多个许可证；③ 在授予新加坡公司许可证之前，部长需要确认公司满足或者可能满足公约附件三第 4 条规定的资格标准，公司将向 ISA 申请签订对应 ISA 合同，并且授予该公司许可证并为其签订对应 ISA 合同提供国家担保符合新加坡之国家利益。

（15）比利时的立法规定，申请人向比利时国家申请担保时，需要提供财政和技术实力的信息。这些信息必须能帮助审查机构评估申请者是否具备所需的能力，用于开展工作方案里预计的活动，能够立即服从国际海底管理局秘书长的保护措施和管理局理事会的紧急情况指令。这些信息要符合管理局法规、条例和程序提出的资格条件，包括一份按照管理局法律和技术委员会要求制定的、与工作计划预计活动相关的、有深度的环境影响报告。[②]

六、被许可从事深海活动的主体的权利和义务

（1）捷克共和国的法案第三章第 11 条规定了获授权人的权利和义务。义务包括：① 通知义务。获授权人将其探矿请求通知国际海底管理局，需要准备的资料以及申请国家担保的资料发生变

---

① 新加坡《深海海底开采法》第 7 条。
② 比利时《对国家管辖范围外的海底和地下层资源进行探矿、勘探和开发的法律》第 8 条第 2 款。

化时需要及时通知有关部门；② 保险的提供。在区域进行探矿以
及其他活动时需要对可能发生的环境损害进行保险；③ 消除影响。
获授权人有义务消除其在从事深海活动中造成的损害影响，这里的
损害包括死亡、对健康和财产的损害、对区域海洋环境的损害等。

　　法案的第 12 条规定了转让的权利：获授权人可以将其同国
际海底管理局签订的合同以及进行探矿通知的登记中的权利和义
务转让给第三方，此种转让的前提是产业和贸易部同意。

　　(2) 德国立法中关于探矿者和合同签署者的义务主要包括：
① 承担公约、执行协议、国际海底管理局的规则程序、合同、本法
案、根据本法案制定的其他命令以及 Landesamt 作出的行政决定
所包含的义务；② 操作过程中的安全保障义务；③ 对区域环境的
保护义务；[1] ④ 任命主要监管和领导的负责人[2]，但是此任命行为
并不免除其应当承担的相关责任。

　　(3) 斐济：法案的第 4 部分第 32 条规定了从事深海活动的主
体的义务，包括：① 遵守国际海底管理局和法案中的所有规则；
② 为具体从事深海活动的个人和团体提供培训，确保他们遵守开
发规则；③ 保证海底资源活动不会影响到其他合法的海洋使用权
人和国际海洋和平安全；④ 协调配合国际海底局的管理以及斐济
国际海底管理局的监管；⑤ 坚持预防原则，并按照国际标准适用
最先进的环境措施；⑥ 为斐济提供与海底矿产活动相关的培训，
并参加到海底活动中；⑦ 保险措施的采取，为治理海底活动可能
造成的危险提供经费；⑧ 报告义务，在发生紧急事件或者可能出
现紧急事件时需要及时向国际海底管理局和斐济国际海底管理局
报告，并积极采取应对措施，如按照国际海底管理局的决定应对紧

---

[1] 德国《海底开采法》第 5 条。
[2] 德国《海底开采法》第 6 条。

急事件;⑨ 若出现将影响担保申请的条件、被担保方的实施计划以及被担保方遵守国际海底管理局的规则的新信息,应当将此信息提交给国际海底管理局和斐济国际海底管理局;⑩ 确保任何时段从事海底矿产活动之船只、装置和设备处于正常使用状态,并遵守船旗国之法律;以及从事海底矿产活动之工作人员的工作环境达到雇佣法制规定以及卫生和安全标准;⑪ 禁止将船舶中的垃圾排放到海洋中,除非按照国际法和国际海底管理局的规定进行;⑫ 如果国际海底管理局认为继续从事海底活动将会严重影响海洋生态和环境、影响人员的安全健康或者影响海洋科研、航行、海底电缆、渔业等正常使用海洋的行为,被担保人应当立即停止该项目的执行;⑬ 确保提交的数据、报告和其他信息正确、准确、全面。

(4) 英国立法中,申请许可证时,国务大臣会在其中拟订诸多条款,其中包括被申请人的义务。如被申请人应当遵守的义务:① 保证参与深海活动的人员的安全和健康;② 有关在许可证项下获得的矿产资源的处理和加工事宜;③ 处理深海活动过程中所产生的废物;④ 向国务大臣(或者苏格兰部长)提供深海活动的具体计划、收益、账务信息;⑤ 向国务大臣(或苏格兰部长)提交从深海活动中开发出的矿产的样本;⑥ 要求从事深海活动的作业者勤勉地从事相关活动;⑦ 要求作业者遵守公约和协议的规定;⑧ 要求作业者遵守管理局采用并发布的规则和程序;⑨ 要求作业者遵守相关合同中的条款;⑩ 要求作业者遵守工作计划;⑪ 向国务大臣支付一定的费用,费用的确定应当经过财务大臣的同意;⑫ 向苏格兰部长支付相应的费用;⑬ 在国务大臣(或者苏格兰部长)书面同意的情况下,转让其许可证。①

---

① 英国《深海开采法》第 2 条第 3A 款,(a)—(m)。

（5）美国的立法中,受证人和执照人的义务包括：① 勤勉作业的义务,受证人应当勤勉地从事其勘探计划中制定的活动,执照人应勤勉从事执照开采计划中制定的活动[1]；② 受证人应当按照局长在参照许可勘探的计划所适用的深海海底区域面积大小、局长估算在其规定期限内开始硬矿物资源商业开采所需资金后所确定的开支额,对勘探进行定期的合理投资[2]；③ 对于商业开采执照人而言,一旦开始商业开采,执照人有义务持续进行开采,不得无故中止商业开采,除非不可抗力、不利经济状况或者执照人无法控制的其他情况,这几种情况下的中止期限也不得超过一年,除非经局长认定延长中止期限的情况合理；[3] ④ 保护环境和施工人员的健康、安全义务[4]；⑤ 保护自然资源[5]；⑥ 不得无礼妨碍他国在行使根据国际法一般原则公认的公海自由的利益所需且适当的限制；[6] ⑦ 记录、审计和公开披露的义务。[7]

（6）日本：日本立法中规定了受证人的赔偿义务。当受证人的开采中排放的废水、废气对他人或环境造成了损害,受证人应当承担赔偿责任；受证人转让其许可证,受让人同受证人承担连带责任,如果受让人承担了所有的赔偿责任,其有权向之前的受证人追偿；对于联合受证人(联合申请而获得许可证,联合申请人之间的关系是合伙关系),各方承担的责任亦为连带责任；《采矿安全法》的第111、113、116条有关赔偿的规定同样适用本法案中因开采排

---

[1] 美国《深海海底硬矿物资源法》第一章第8条第1款。
[2] 美国《深海海底硬矿物资源法》第一章第8条第2款。
[3] 美国《深海海底硬矿物资源法》第一章第8条第3款。
[4] 美国《深海海底硬矿物资源法》第一章第9条第2款：使用最佳技术,以保障安全、健康和环境。
[5] 美国《深海海底硬矿物资源法》第一章第10条。
[6] 美国《深海海底硬矿物资源法》第一章第11条。
[7] 美国《深海海底硬矿物资源法》第一章第13条。

放废水、废气引起的损害赔偿。[①]

信息汇报之义务：根据法案第35条的规定，经济贸易产业部有权力要求汇报其工作，或者部门工作人员可以进入受证人的具体办公室审查其文档和相关记录。

（7）库克群岛。探矿许可证的权利：持有人对许可证中规定的区域享有非专属（non-exclusive）探矿的权利。

探矿许可证的义务：① 许可证上载明的义务；② 管理局要求其承担的义务；③ 本法以及其他规章所要求的义务。[②]

勘探许可证的权利：① 执照所有人对所获得区域享有排他性的探矿和勘探权利；② 执照所有人有权在所获区域成立搜集矿藏系统，并购买相关设备、设置平台、处理设施和其他勘探运行之必要设备。

勘探执照项下的一般义务[③]：① 执照上载明的条件（管理局附加的条件[④]）；② 管理局在行政管制中所施加的义务；③ 本法以及其他相关规章中指明的义务；④ 作业记录的保持。[⑤]

保留租约项下的权利：① 勘探租约所覆盖区域；② 在评估的基础上（appraisal basis）开发资源，但是不得包含商业开发该区域可能存在的资源；③ 为实施前两种作业所必需的行为。

（8）法国《深海海底矿物资源勘探和开发法》的第5条规定，

---

① 日本《深海海底开采临时措施法案》第27条。
② 库克群岛《海底矿产资源法》第92条。
③ 库克群岛《海底矿产资源法》第123条。
④ 库克群岛《海底矿产资源法》第124条规定，管理局可以根据其判断决定哪些条件合适，比如：（1）提供保险；（2）法案所要求持证者所应当承担的义务；（3）安排保安的义务；（4）保持具体作业记录的义务；（5）向管理局提供作业记录的义务；（6）作业时保护环境的义务，包括保护野生动物和将作业对环境的影响最小化的义务；（7）修复作业时对环境造成的损害；（8）若持证人不履行以上义务，持证人将受到处罚。
⑤ 库克群岛《海底矿产资源法》第127条。

勘探许可证项下所包含的权利是对许可证所覆盖的区域拥有排他的探矿和勘探的权利,而第 6 条规定的勘探许可证项下的主要义务是指其所应当承担的资金方面的最低义务(minimum financial effort which he undertakes to make)。第 7 条规定,开发许可证的持有人对许可证所覆盖的区域享有排他的探矿、勘探和开发的权利,其需要承担的义务是最低的生产计划义务(minimum production programme)。第 9 条规定了其在作业期间应当承担的海洋环境保护的义务,对海底资源沉淀的保护,以及保护作业人员的人身和财产的安全;不得非合理地妨碍公海上其他主体的自由。

第 12 条规定了勘探许可证和开发许可证持有者应当承担缴纳税收的义务,税收金额为开采到的资源价值的 3.75%。

(9) 新西兰《大陆架法》中关于此部分没有相关的规定,但是《皇室矿产资源法》中有关执照持有人所享有的权利和义务可以作为参照。

持证者的权利:① 根据执照从事相关探矿、勘探和开采的活动;[1] ② 执照所有人对开采所得的矿产资源享有所有权;[2] ③ 对后续执照(subsequent permits)申请的权利:持有探矿许可证的作业人向部长证明其之前的探矿活动具有一定意义,并且具备申请勘探执照的正当性,探矿作业人有权申请勘探执照,亦即持有探矿许可的作业人在满足一定条件的情况下可以向部长申请勘探执照,持有勘探许可的作业人在满足一定条件的情况下可以申请开发执照。[3] 但是申请后续执照的申请人必须向部长提交后续执照中所可能包含的作业的相关工作计划,只有在部长同意该工作计

---

[1] 新西兰《皇室矿产资源法》第 30 条。
[2] 新西兰《皇室矿产资源法》第 31 条。
[3] 新西兰《皇室矿产资源法》第 32 条。

划之后方可以准许发放后续执照,并且部长必须在收到工作计划的 6 个月内作出同意或不同意的决定。如果部长作出不同意的决定,申请人可以在合理的时间内修正并提交新的工作计划给部长,部长在收到计划 6 个月内再次作出是否同意的决定。[①]

持证者的义务:[②] ① 持证者必须遵守许可证中载明的各种条件,必须遵守本法以及其他相关行政规章,必须遵守本法以及 1992 年《雇佣健康和安全法案》中的相关规定;② 持证人必须按照良好的行业作业方式(industry practice)从事证照中所载明的各种活动;③ 缴纳税收的义务;④ 保持纪录的义务;⑤ 配合部长、行政主管,以及相关执行官员履行许可证、本法以及其他规章中所规定的义务。

(10) 俄罗斯《联邦大陆架法》规定了持证人以下的义务:① 持证人有义务以保护环境的方式进行相关作业;② 持证人有义务采取措施预防事故的发生,并采取措施消除事故所带来的影响;③ 持证人强制保险的义务;④ 在完成相关作业之后,持证人有义务拆除作业时所建立的设施;⑤ 采取符合国际标准的技术和卫生措施保护海洋环境和海洋生物;⑥ 和俄罗斯联邦海岸管理机构保持联系并向俄罗斯无线气象中心传送其深海观测数据。

外国自然人或者法人在俄罗斯大陆架上从事深海活动时除了需要遵守上述的义务之外,还需要履行以下义务:① 从事深海地质研究、探矿、勘探和开发活动时必须有俄罗斯负责保护大陆架的联邦官员(保护机构官员)在场;② 给前述联邦官员通行权,并给联邦官员提供同本国管理人员同等级别的住宿和衣食等条件;③ 从事深海活动受到俄罗斯相关联邦机构的监督;④ 根据俄罗

---

① 新西兰《皇室矿产资源法》第 43 条。
② 新西兰《皇室矿产资源法》第 33 条。

斯保护机构官员的要求向他们提供必要文件、提供解释,以保证俄罗斯保护机构的行政官员获得足够的信息核查外国自然人或法人是否遵守条款中的义务。①

(11)苏联立法。持证人的权利:法案第5条规定,获得有关许可证的企业,即取得勘探或开发许可证指定区块的海底区域矿物资源的专属权。

持证人的义务:法案第9条规定,苏联企业从事勘探和开发海底区域矿物资源工作,不得无理妨碍海洋自由原则的实现或在世界海洋的合法活动,亦不得违反苏联先已缔结的条约所规定的国际义务;第14条规定,苏联企业在从事勘探和开发海底区域矿物资源工作时,应该采取必要措施,切实保护环境免受从事这种工作所产生的有害影响。

(12)澳大利亚《离岸矿产法》中持证人的权利和义务的相关规定。

持证人的权利:第42条规定,持证人所开发或者搜集到的矿产资源的所有权归持证人享有,但是此条不适用于持有作业许可证的一方。

勘探许可证中所包含的义务主要包括许可证上载明的义务、遵守指派机关所提出的要求而需要履行的义务、本法以及相关规章所规定其应当承担的义务。②

其中联合机关在准许发放许可证或者同意对许可证的展期时,该机关可以在许可证上加上以下义务:① 根据指派机关的要求,持证人强制保险的义务;② 履行指派机关所发出的指令的要

---

① 俄罗斯《联邦大陆架法》第8条第13款"Foreign users of blocks shall also have an obligation to"以下。

② 澳大利亚《离岸矿产法》第117条。

求；③ 要求申请人为完成相关义务而投入一定的资金；④ 按照指派机关的要求，提供安保的义务；⑤ 持证人做记录的义务①；⑥ 持证人环境保护的义务，如保护海洋生物、野生动物，以及将作业对海洋环境的影响降低到最小；⑦ 作业对海洋环境造成了损害，持证人承担对此损害进行修复的义务；⑧ 持证人如果不遵守许可证中载明的义务，则可能面临罚金的处罚。②

法案的第 125 条规定了持证人有协助检查人员进行检查的义务。

其他几个许可中所记载的义务跟勘探许可证中记载的义务类似，在此不赘述。

特殊目的许可中，联合机关可以根据情况要求许可人承担汇报其活动的义务以及其他相关环境保护方面的义务。③

（13）汤加《海底矿产资源法》第 84 条规定了被担保方的义务：① 被担保方将负责在承包区块从事所有海底矿产资源活动，保证这些活动符合国际海底管理局规章的规定，并对未履行这些遵守义务而造成的补偿、损害或者刑罚负全部的责任，对其雇佣人、子承保人以及代理人从事海底矿产资源活动中的过错行为或者过失行为亦承担全部责任。② 如果被担保方是数人，其应当注意和履行的任何义务属于连带义务。③ 被担保方应当在任何时候都保证王国免受可能由第三方发起的同海底矿产资源活动相关的诉讼、程序、花费、费用、请求和要求。

（14）新加坡的法案规定，持证人有权利在证书记载的区域勘探开发证书上记载的资源。持证人需要遵守公约和协定，以及许

---

① 此处的保留记录的义务在法案的第 124 条也有相关规定。
② 澳大利亚《离岸矿产法》第 118 条第 3 款。
③ 澳大利亚《离岸矿产法》第 327 条。

可证中记载的条件以及同 ISA 签订的合同中记载的义务。

（15）比利时法案对承包者的义务作出了较为详细的规定,[①]如承包者对实际损失负责,包括在海域造成的损害、非法行为造成的损失或是因承包者的过失、或是其工人的过失、分包商的过失、代理人的过失或是其他为合约工作、参与合约工程的人员的过失所造成的损失,也包括考虑到国际海底管理局主管的行动或过失,在必要时为预防或限制对海域破坏采取合理措施的费用。

承包者对工程中的非法行为造成的灾害负责,尤其是在完成开采和开发后对海域造成的所有损害负责。赔偿应该符合实际损失。此外,承包者要在国际权威的保险公司认购合适的海洋保险单。

同时,探矿者和承包者有尽快向部长传送相关文件和通报的义务。[②]

七、被许可人权利和义务的转让

（1）捷克的立法:法案的第 12 条规定了转让的权利,获授权人可以将其同国际海底管理局签订的合同以及进行探矿通知的登记中的权利和义务转让给第三方,此种转让的前提是产业和贸易部同意。

（2）德国的立法:不可以转让。[③]

（3）斐济:没有相关规定。

（4）英国在这方面的规定是在法案的第 2 条第 3A 款第 m

---

① 比利时《对国家管辖范围外的海底和地下层资源进行探矿、勘探和开发的法律》第 6 章。
② 比利时《对国家管辖范围外的海底和地下层资源进行探矿、勘探和开发的法律》第 10 条。
③ 德国《海底开采法》第 4 条:获取的条件(conditions for access),第 11 款。

项,其中规定两种情况可以转让勘探或开发许可：① 在具体指明的情况下(in prescribed cases)；② 在国务大臣(或者苏格兰部长)书面同意的情况下(with the written consent of the Secretary of State)。

（5）美国的立法中,勘探许可证以及商业开采执照均可以转让,经受证人和执照人的书面申请,许可证和执照均得由局长转让①：① 转让的前提是按照局长在综合性统一规章中规定的格式和方式写成和提出,并应附有局长为实施本章规定,而以规章规定的必要且适当的有关财务、技术和环境资料；② ② 同第一章第三条第五款规定的有关部门和机构进行协商；③ 公众参与,做成评定书；④ 书面形式；⑤ 转让不会无理妨碍他国行使根据国际法一般原理所公认的公海自由,不会同美国生效的任何条约或国际公约所规定的美国任何国际义务相抵触,不会产生根据合理推测会导致武装冲突从而破坏国际和平和安全局面,不会对环境质量产生重大的有害影响,不会过分危害海上生命和财产安全。③

（6）日本立法中,许可证可以转让,并且受让人与转让人对转让人在作业期间造成的损害承担连带责任,如果受让人承担了所有的赔偿责任,其有权向之前的受证人追偿。具体转让程序法案没有规定。

（7）库克群岛的立法中,权利证书是可以转让的,但是转让必须经过管理局的同意,并将相关转让的法律文件进行登记。④ 转让证照必须以书面形式提出申请获得管理局的同意。

---

① 美国《深海海底硬矿物资源法》第一章第 15 条。
② 美国《深海海底硬矿物资源法》第一章第 3 条第 1 款第 2 项。
③ 美国《深海海底硬矿物资源法》第一章第 3 条第 3 款。
④ 库克群岛《海底矿产资源法》第 230 条。

申请转让证照所需要提交的文件：① 双方（证照持有人和受让人）所签署并执行的转让文件；② 受让人的相关财产和技术上资历等信息。

申请的时间是在双方签署并执行转让后的 90 天以内，或者管理局同意的时间内申请同意。经管理局同意的证照转让，必须还要经过一个登记的过程。只有在管理局同意转让并进行登记后，受让人才真正享有证照项下的权利。[①]

（8）法国立法中，证照可以转让，但是转让需要经过主管机关授权/同意（authorized）。具体转让的程序，该法并没有具体规定。

（9）新西兰立法：《大陆架法》中并没有相关的规定，但是《皇室矿产资源法》的第 41 条对证照的转让作出了规定。

转让的条件是：① 获得部长的同意；② 提出转让证照中权利的申请；③ 此种申请的提出需要满足以下几个条件：a 转让方和受让方一同提出申请；b 申请必须在转让方和受让方达成转让协议之后的 3 个月内提出；c 提供一份含有转让条款的协议；d 转让人需要通知其他证照参与人，并且在申请部长同意转让时需要提供已经尽到通知义务的证据。

此外，部长可以提出额外的要求，如部长可以要求受让人提供资产证明（statement of financial capability），以证明其有相应的资金能力履行证照项下的诸种义务；[②]如果受让人是公司（大部分情况下应该都是公司作为受让人主体），上述资产证明应当由至少两名董事代表其他董事签字，如果公司只有一名董事，资产证明需由该董事签字。[③]

---

① 库克群岛《海底矿产资源法》第 237 条。
② 新西兰《皇室矿产资源法》第 41 条第 4 款。
③ 新西兰《皇室矿产资源法》第 41 条第 5 款。

(10) 俄罗斯《联邦大陆架法》第 8 条第 11 款规定证照的持有人不得转让许可证。[1]

(11) 苏联的立法对此问题没有相关规定。

(12) 澳大利亚法律规定许可证是可以交易的,即可以转让许可证中的权利和义务。[2] 转让的条件是必须经过联合机关的同意,并且要经过指派机关的登记。

(13) 汤加的立法中,担保证书是可以转让的,但是需要满足某些条件,具体规定在《海底矿产资源法》第 104 条。

① 没有事先经过管理局书面同意以及缴纳相关费用,不得分配、转让、出租、转租,或者抵押权利证书。

② 在是否授予此书面同意时,管理局可以要求受让人提供该权利证书申请人(转让人)申请该证书时提交的文件,并要求受让人承诺其将承担转让人所有的义务,管理局亦有权要求受让人遵守申请该权利证书时申请人所要遵守的程序。

③ 权利证书的转让只有在根据《海底矿产资源法》第 34 条规定的权利证书登记处登记,方可生效。

(14) 新加坡法律中对证书转让的规定如下[3]:① 持证人和受让人根据本法提出申请,部长有权批准许可证转让;② 许可证的受让方公司的资质应当同根据本法第 7 条被授予许可证的公司的资质相类似;③ 部长根据本条批准许可证转让,可以附加条件亦可以无需附加条件;④ 许可证的转让在部长批准许可证转让时附加的条件(若有)都被满足时生效或者在部长规定的其他日期生

---

① The right to use blocks may *not* be transferred by the users of blocks to third parties under the procedure for cession of rights provided for in the civil legislation of the Russian Federation.

② 澳大利亚《离岸矿产法》第 338 条。

③ 新加坡《深海海底开采法》第 12 条。

效；⑤部长批准许可证转让后，部长有权决定为新持证人向 ISA 申请对应 ISA 合同提供担保并向其颁发担保证书；⑥许可证转让不影响许可证前持有人的任何刑事和民事责任。

（15）比利时立法对担保证书的转让没有作出规定。

八、相关国家深海立法中对税费缴纳、保险等方面的规定

（1）捷克立法。法案第三章第 11 条规定了获授权人的权利和义务，其中第 2 款规定了获授权人提供保险的义务：在区域进行探矿以及其他活动时需要对可能发生的环境破坏进行保险。

获授权人从事探矿活动时需要通知国际海底局，通知事项中需要附上上述保险证明，在申请担保证书时，申请文件中需要包括保险证明。[1]

法案的第 7 条第 5 款规定：产业和贸易部在核发专业技术证书时可以要求受证人缴纳一定的费用，具体规定于其他法规中。[2]

法案的第 10 条第 6 款规定，申请人申请担保证书时，产业和贸易部有权力根据《行政收费法》(Administrative Charges Act)向其征收一定的费用。第 2 款 h 项规定，提交申请担保国担保证书时的申请材料中需要包含已经缴纳相关费用的证明。

因此在捷克的立法中，申请专业技术证书和担保证书都需要缴纳一定的费用。

（2）德国立法。德国法案第 10 条第 2 款对费用作了相关的规定：联邦经济技术部负责制定具体的行政规章。

---

[1] 斐济《国际海底矿物管理法》第 11 条第 2 款。

[2] Act No. 368/1992 Coll., on Administrative Charges, as amended; item No. 22, clause (a), of the Administrative Charges Tariff.

（3）斐济立法。法案第 45 条第 1 款规定：部长①有权同斐济国际海底管理机构以及工作小组进行商讨并制定有关费用征收的规定，这些费用包括但不限于担保申请费、开采海底资源费用、行政管理费用以及其他需要支付的费用。部长定期审查这些费用的规定。

第 3 款规定：持有担保证书一方需要按照部长的规定每年向斐济国际海底管理局支付一定的行政管理费用，首次支付该管理费用是在核发担保证书的 6 个月内，之后的费用于担保证书核发的日期那天向斐济国际海底管理局支付。

第 4 款规定：从核发担保证书的第 5 年开始到证书到期，斐济国际海底管理局开始每年核查（review）被担保方每年缴纳的行政管理费用。

（4）英国立法：2014 年《深海开采法》中删除了 1981 年立法中的有关深海开采税收（deep sea mining levy）和深海开采基金（deep sea mining fund）的规定。因此关于深海活动费用方面的规定仅限于申请勘探和开发许可证时，申请人应当缴纳一定的费用，具体费用数额由国务大臣或者苏格兰部长规定。②

（5）美国立法：法案的第 1 章第 4 条规定了许可证和执照费，申请颁发后转让勘探许可证或商业开发执照的申请书，非经申请人向局长缴纳合理管理费，不得予以批准。缴纳的管理费，应存入财政部杂项收入。局长向任何申请人征收的管理费数额，应反映出审查和办理申请过程中所支出的合理行政开支。

---

① 根据斐济《国际海底矿物管理法》第 2 条对部长的定义，部长是指负责土地和矿产资源的部长。Minister means the Minister responsible for Lands and Mineral Resources.
② 英国《深海开采法》第 2 条第 3A 款，k 项和 l 项。

（6）日本立法：日本《深海海底开采临时措施法案》第34条对费用作出了规定。申请人需要按照内阁命令（Cabinet Order）支付下列费用：① 申请第4条第1款中的许可的费用（申请勘探和开采许可）；② 第10条第2款和第3款的通知费用（申请人名称变动需要通知经济贸易产业部）；③ 第14条第1款的申请费用（申请关于变动深海活动期限、地点以及活动区域大小）；④ 第18条第1款和第2款的批准费用（持证人转让证书权利需要经过经济贸易产业部批准以及持证人的合并或分立的批准）。

（7）库克群岛立法：库克群岛的立法中比较强调对深海活动保险的规定。四种证书中都可以载明应当要提供深海活动的保险。法案的第91条"探矿许可证附加条件"第3款a项规定，受证人应当按照库克群岛海底资源管理局的规定提供保险；此外法案的第124条"勘探许可证附加条件"、第159条"保留协议之附件条件"、第198条"开采许可证附加条件"都规定了保险的提供。

法案第253条详细规定了保险的具体事项。第1款规定：持证人应当在管理局的指导下为深海活动（包括从事证书项下所载明的深海活动以及清除深海活动造成的污染等活动）提供保险，以应对因深海活动而产生的：① 费用；② 责任；③ 其他具体的可保事项。

法案第313条规定了税收（royalty）：① 持有开采证书的一方，应当根据其开采出的资源经济价值（ad valorem①）缴纳一定的税收；② 此种税收在持证人销售开采出的资源而获得收入（payment）或者对价（consideration）时缴纳；③ 税费的缴纳必须以允许的方式在载明的时间内完成；④ 如果持证人滞纳税费，将

---

① 拉丁文，意思是根据价值，according to value。

在税费缴纳时间结束时,每天缴纳 0.333 333%的滞纳金;⑤ 上述条款对于开采出来用于化验、分析,以及技术检验的资源不适用。

第 315 条规定了年度持证费。登记的持证人应当按照许可证、执照等载明的比例支付年度持证费。

法案第 311 条规定:在持证人缴纳所有费用、税收以及该法案项下的其他费用之前,持证人不得出卖或者处置在许可证、执照以及协议项下所取得的海底资源。

第 312 条规定:登记的证照持有人应当按照证照上所载明的要求支付相关的费用。

第 317 条规定:上述各种费用可以被认为是持证人对管理局的债务,管理局可以向法院起诉,通过司法途径以获得债务的偿还。

(8) 法国立法:法案第 12 条规定了勘探许可证和开发许可证持有者应当承担缴纳税收的义务,税收金额为开发到的资源价值的 3.75%。

(9) 新西兰立法:《大陆架法》第 5 条第 3 款规定了在大陆架上开采矿产资源授予执照的条件,规定较为笼统,完全是由能源部部长根据其具体情形作出具体的规定。能源部部长准许分发执照的前提条件包括但是不限于:① 受证人必须按照执照中载明的相关的安全措施,如能源部部长可以要求申请人必须遵守新西兰1926 年的《采矿法》(Mining Act 1926)和 1925 年的《煤矿法》中有关采取安全措施的规定,但是能源部部长可以根据实际情况对上述两法的相关规定作出必要的调整;② 根据执照中载明的条款向皇室缴纳一定的税收。①

(10) 俄罗斯立法:俄罗斯《大陆架法》第 40 条对相关税费作

---

① 新西兰《大陆架法》第 5 条第 3 款。

出了规定。

第 2 款规定：有关大陆架上资源使用的付费方式规定于本法以及俄罗斯联邦税收法下。

第 3 款规定：对大陆架上的矿产资源和生物资源的使用需要交纳一定的费用。

第 5 款规定：使用矿产资源和生物资源以及向大陆架倾倒废物所需要交纳的费用包括以下几种：① 参加使用矿产资源许可证的竞争式投标以及许可证的发放所需要的费用；② 发放使用生物资源许可证的费用；③ 有关矿产资源的地理信息的费用；④ 使用矿产资源的付款；⑤ 使用生物资源的付款；⑥ 超过使用权限对上述资源使用或者不合理使用上述资源而导致的罚款；⑦ 申请倾倒废水许可证之费用。除此之外，使用者还需要缴纳联邦税费法中所规定的各种税费。

（11）苏联立法：苏联的立法没有专门规定税收或者费用的条款，但是有关财政方面的规定有一条，规定于第 18 条：应按苏联部长会议规定的程序和金额，以苏联企业开发海底区域矿物资源所得的部分资产，设立专门基金。基金中的资产，得以转缴将来的国际海底组织，以履行正在制定的新的海洋法公约对苏联产生的义务。

（12）澳大利亚立法。澳大利亚立法涉及五种证书的申请：勘探许可证、保留许可证、开采许可证、作业许可证和特殊目的许可证。每一种证书的申请（以及证书展期的申请）都需要缴纳一定的申请费用，这分别规定在法案的第 56 条（勘探许可证申请）、第 106 条（勘探许可证展期之申请）、第 139 条（保留许可证申请）、第 163 条（保留许可证展期之申请）、第 199 条（开采许可证申请）、第 240 条（开采许可证展期之申请）、第 272 条（作业许可证申请）、第

292 条(作业许可证展期之申请)、第 319 条(特殊目的许可证之申请)。

以上各种证书申请的交费规定大同小异,仅详细介绍勘探许可证申请之交费。勘探许可证申请费规定于第 56 条:① 申请人必须根据规章缴纳申请费;② 费用在提出申请时缴纳;③ 在合理的情况下,联合机关可能退回上述第 1 款中缴纳的申请费。

(13) 汤加有关费用的规定主要是在法案的第八部分,申请担保证书一方需要缴纳申请费用,且此申请费用不可退回。[①] 除了申请费用,担保证书申请人还需要缴纳担保费用。

担保证书的申请人需要向管理局:① 以年度行政费用的形式向为其在区域部分从事海底矿产资源活动提供担保的王国缴纳一定的费用;② 担保证书涉及有关对区域部分资源的开发,则该费用是以商业开发付款的形式缴纳。缴纳的时间和数量以担保证书或者根据法案制定的担保协议所规定为准。

此外,汤加的法案中还规定了保证押金条款:管理局在授予权利证书之前有权要求申请人提交押金,以保证其将履行权利证书中记载的义务;管理局在确定押金的形式和数量时需要取得内阁之同意;有关押金的相关条款将记载于权利证书中。押金可以被管理局用于采取措施来履行权利证书持有人没有履行的义务,或者弥补因为未履行相关义务所造成的损失,包括清理污染之费用或者对污染或者其他海底矿产资源活动所造成的损害之补偿。[②]

(14) 新加坡的法案中没有相关规定。

(15) 比利时的立法规定,按照本法律及其执行法令的规定,

---

① 汤加《海底矿产资源法》第 91 条。
② 汤加《海底矿产资源法》第 93 条。

申请者或承包者需承担行政手续的费用,并对具体数额作出了较为详细的规定。[1]

九、相关国家深海立法中对法律责任(罚则)方面的规定

(1) 捷克立法:法案的第 18 条对罚则作出了规定,主要是罚款方面的规定。如:① 如果活动主体没有与国际海底管理局签署相关合同(第 9 条第 1 款)而直接从事在区域部分的活动,将对其罚款 1 亿捷克克鲁;② 如果活动主体在没有指定的法定代表人(第 7 条第 1 款,第 22 条第 1 款)的情况下就直接从事探矿活动,将对其罚款 1 000 万捷克克鲁,除非该自然人本身已经被授权从事探矿活动;③ 如果活动主体违反了本法中的相关义务,将对其罚款 100 万捷克克鲁。

法案的第 19 条规定:① 第 18 条中的罚款的缴纳应当在部长知晓该违法行为起 3 年以内缴纳,并且不得晚于违法行为做出后的第 10 年;② 对违法者的罚款数额受到以下几种因素影响:违法行为的严重性、影响和持续时间,违法行为所造成的损害,违法者是否及时有效地采取合作措施;③ 罚款应当由部长征收和管理,罚款的具体数额的确定应当通过另一个法律法规作出规定,[2]所收罚款将作为政府预算的收入。

(2) 德国立法:法案的第 11 条规定了行政处罚。以下 8 种行为构成行政违法:① 违反第 4 条第 1 款前半段的规定,未向国际海底管理局登记就从事探矿活动;② 违反第 4 条第 1 款后半段的规定,未向 Landesamt 及时或者准确的登记;③ 违反第 4 条第 2

---

[1] 比利时《对国家管辖范围外的海底和地下层资源进行探矿、勘探和开发的法律》第 11 条。

[2] Act No. 337/1992 Coll., on Administration of Taxes and Imposts, as amended.

款,未同国际海底管理局签订合同就从事深海活动;④ 违反第4条第9款有关附加条款的规定;⑤ 违反合同中所记载的要求和义务;⑥ 违反第6条第1款第1项中指定负责人的规定,违反第3项中规定的义务①,违反第4项中规定的义务②;⑦ 违反第7条第2款所指定的法律;⑧ 违反第8条第2款规定的义务,从事深海活动者未向Landesamt及时、准确地提供相关信息。

以上行政违法行为中,对②、⑥、⑧三种行为的处罚是罚款,最高达5 000欧元,对①、③、④、⑤、⑦这几种行为的罚款最高不超过5万欧元。

如果国际海底管理局对上述违法行为已经根据公约附件三第18条第2款追究违法者之责任,国内层面对此违法行为将不再追究。③

法案的第12条对刑事责任作出了规定。第1款规定:如果行为人从事了①、③、④、⑤这几种行为,并侵害了他人的生命或者健康权,或者损害了大量海洋生物,或者损害了第三方的财产,则对行为人将予以刑事处罚,最高可判处有期徒刑5年或罚金。第2款规定:任何人如果过失导致某种危险的产生,将对其最多处以有期徒刑2年的刑事处罚。

如果违法行为根据《刑法典》(Criminal Code)第324、326、330或330a的规定将会受到同等的或者更重的刑事处罚,则不适用法

---

① 第3项规定的义务是探矿人和合同人需要以书面形式宣布任命或取消负责人的消息,并载明负责人具体的任务和权限。

② 第4项规定的义务是探矿人和合同人需要向Landesamt提供负责人的名单,说明其职位以及负责人的资质,并且在负责人职位发生变化或者离职之后,需要及时向Landesamt更新负责人的相关信息。

③ 公约附件3第18条第2款规定:在第1款(a)项未予规定的任何违反合同的情形下,或代替第1款(a)项规定的暂停或终止合同,管理局可按照违反情形的严重程度,对承包者课以罚款。

案第 12 条第 1 款和第 2 款的规定,直接适用《刑法典》的相关规定。[①]

(3)斐济立法:法案的第 11 条规定斐济国际海底管理局可以将其权力以书面形式授权给其他自然人、公司、委员会或者工作组,这些获授权方在行使授权时,在第三方要求的情况下,应当出示证明其获得授权的证明,否则将处以 5 000 美元的罚金或者 2 年的有期徒刑,或者两种刑罚同时适用。[②]

法案的第 35 条第 4 款规定:如果被担保方没有按照第 35 条的规定配合斐济国际海底管理局采取管制措施,将对其处以 1 万美元的罚金和 5 年的有期徒刑或者两种刑罚同时适用。

(4)英国立法:根据英国法案的第 12 条第 4 款的规定,凡属法人团体犯法,并经证明系经其董事、经理、秘书、其他类似负责人或声称以任何这种身份行事者的同意或纵容,或经证明系因任何这种人员的任何过失造成,该人员本人和该法人团体均应以违法论,受起诉和给予应有处罚。

第 5 款规定了上述人员的抗辩事由:上述人员可以证明其为遵守该法的规定已经尽到勤勉的注意义务(all due diligence)。

第 13 条规定了关于违反法定职责的民事责任,主要是针对主管机关的责任。第 1 款规定,违反依以上第 10 条[③]制定的规章所赋予某人的职责的行为,而这种规章规定了本款适用于这种违反职责的行为,则应受到起诉,但仅以这种违反职责的行为造成人身伤害为限。这里的人身伤害包括任何疾病、对人的身心状况的任何损害和任何致命伤害。

---

① 德国《海底开采法》第 12 条第 3 款。
② 斐济《国际海底矿物管理法》第 11 条第 4 款。
③ 法案的第 10 条规定了国务大臣和苏格兰部长在管制过程中制定规章的权力。

（5）美国立法：法案的第 3 章第 2 条规定了民事罚款。

第 1 款规定：受第 3 章第 1 条管辖的任何人，凡在通告后和在根据《美国法典》第 5 编第 554 条规定举行听证会之后，被局长裁定犯有第 3 章第 1 条禁止的任何行为者，均应向美国缴纳民事罚款。民事罚款金额，为每一违法行为不超过 25 000 美元。行为人每持续违法一天，构成一个单独的违法行为。这种民事罚款金额，应由局长以书面通告的方式确定。在确定这种罚款时，局长应考虑所犯禁止行为的性质、情节、程度和严重性，以及违法者的任何前科、因违法受传讯后所表现出的力求及时服从的诚意和司法要求的其他事项。

该条的第 2 款规定了民事罚款者在收到罚款通知之日起 30 天内向美国适当地区法院提出申诉通知书，并同时通过核证邮件将这种通知书副本寄送于局长，该法院对这种民事罚款进行审查。

第 3 款规定未按时缴纳罚款者，局长应将事项提交于美国司法部长，由司法部长追偿由美国适当地区法院所判定的民事罚款。

第 3 章第 3 条规定了刑事方面的责任。凡故意犯有第 3 章第 1 条禁止的任何行为者，均应以犯法论。违反第 3 条第 1 项、第 2 项和第 6 项所述的犯罪行为，每天应处以 75 000 美元以下的罚金。违反第 3、4、5、7 项的，处以 75 000 美元以下的罚金或者 6 个月以下的监禁，或二者并处。如果受管辖者在犯法时使用危险武器，从事的行为造成联邦官员或雇员的人身损害，或使任何这种联邦官员或雇员遭到即刻人身伤害的威胁，则处以 10 万美元以下的罚金或 10 年以下的监禁，或两者并处。

（6）日本立法：日本法案的第 6 章规定了刑事责任。

第 44 条规定：如果有下列三种行为中的一种，则对行为人处以不超过 5 年的监禁或者处以不超过 100 万日元的罚金：① 行为人没有根据第 4 条第 1 款的要求获得许可证就开始从事深海活动；② 从事深海活动的行为人违反了第 22 条的规定；③ 行为人通过欺诈或者其他方式获得第 4 条第 1 款以及第 14 条第 1 款中所规定的许可证。第 44 条第 2 款规定,如果行为因为过失而在区域以外的地方从事深海活动的,将对行为人处以不超过 50 万日元的罚金。

第 45 条规定：如果行为人未获得许可证便开始从事深海活动,并运输、储存、以对价或无对价购入,以及处置从中获取的深海资源,将对其处以不超过 5 年的监禁,或者不超过 100 万日元的罚金。

第 46 条规定：行为人如果有以下几种行为之一,将对其处以不超过 1 年的监禁或者不超过 20 万日元的罚金：① 行为人违反第 20 条第 1 款中规定的中止深海活动的命令；② 行为人违反第 24 条第 2 款中的规定①；③ 行为人违反第 25 条第 2 款中的规定②。

第 47 条规定：行为人没有按照第 35 条第 1 款中的规定报告自己的深海活动状况,或者做虚假的报告,或者拒绝、阻碍、躲避该款中规定的主管机关的检查,将对其处以不超过 10 万日元的罚金。

第 48 条规定：如果法人的法定代表人、代理人,或者员工从事了上述第 44 条至第 47 条中的行为,不仅行为人将会依照上述法条给予处罚,对法人亦将以本法中的相应条款予以罚金的处罚。

---

① 日本《深海海底开采临时措施法案》第 24 条第 2 款规定：深海海底采矿获矿许人必须按照依前款规定获得批准的作业方案从事活动。
② 日本《深海海底开采临时措施法案》第 25 条第 1 款规定：若被许可人自收到前款规定的建议之日起 60 天内未更改作业方案,经济贸易产业部部长得命令其更改作业方案。

（7）库克群岛立法。法案的第 10 章详细规定了刑事犯罪行为,包括:① 在没有申请证照的情况下从事勘探、探矿和开采活动(第 47 条);② 干扰其他人的合法活动(第 48 条);③ 违反第 95 条有关在勘探许可证下从事勘探活动而取得的深海资源的规定;④ 违反第 253 条有关保险的规定;⑤ 违反第 254 条有关维护从事深海活动的设备的规定;⑥ 违反第 260 条和第 287 条有关检查员结束检查活动应当返还身份卡的规定;⑦ 违反第 260 条持证人配合检查员的规定;⑧ 违反第 265 条和第 290 条有关遵守管理局提出的要求的规定;⑨ 违反第 278 条有关禁止进入安全区的规定;⑩ 违反第 291 条中的通知义务;⑪ 违反第 291 条的规定提供虚假信息;⑫ 违反第 291 条的规定提供虚假文件;⑬ 违反第 311 条对开发出的深海资源的处置的规定。以上 13 种行为构成该法项下的犯罪行为。

具体而言,库克群岛法案的第 252 条规定了作业要求,其中规定了作业人在作业期间应当遵守的要求,如按照采矿的行业标准从事开采活动,保证作业人员的健康和福利,维护作业设备、移除作业不需要的设备等要求,若行为人没有遵守上述要求,将对个人处以最高不超过 300 惩罚单位①,对单位处以不超过 3 000 惩罚单位。承担该责任适用严格责任原则。

第 253 条第 2 款规定:如果持证人没有按照第 1 款的规定提供保险,将对个人处以最高不超过 300 惩罚单位,对单位处以不超过 3 000 惩罚单位。承担该责任适用严格责任原则。

第 254 条第 2 款规定:持证人如果没有按照第 1 款的要求维护从事深海活动的设备,将对个人处以最高不超过 300 惩罚单位,

---

① 库克群岛《海底矿产资源法》第 319 条规定了惩罚单位:每个惩罚单位是 250 美元的罚金。

对单位处以不超过 3 000 惩罚单位。承担该责任亦适用严格责任原则。

第 254 条第 4 款规定：持证人应当移除在深海活动区域不使用的设备，若违反此规定，将对个人处以最高不超过 300 惩罚单位，对单位处以不超过 3 000 惩罚单位。承担该责任亦适用严格责任原则。

第 322 条对严格责任作出了规定。

第 323 条对不可抗力之免责事由作出了规定。

第 326 条规定了法人犯罪的事项。第 2 款规定，法人亦可能因为犯罪而被处以监禁。① 如果法人的法定代表人、代理人，或者员工在其工作范围内或者具有从事某种行为权力的表象，从事了上述的犯罪行为，此行为亦将被认为是法人所为。

（8）法国立法。法国法案第 15 条规定：如果法国自然人或者法人从事以下深海相关的活动，则对其处以 5 万法郎到 50 万法郎的罚款：① 没有按照第 3 条获得授权就从事勘探和开采的活动；② 不是许可证的持有人而在许可证范围内的区域从事探矿和勘探活动。如果行为人重复实施上述两种行为，则加倍罚款。

探矿和勘探许可证的持有人违反了第 9 条规定的义务以及与执行第 9 条相关的规章，则对其处以 5 万法郎到 50 万法郎的罚款，如果行为人重复实施上述两种行为，则加倍罚款。

（9）新西兰立法。法案第 5 条第 7 款规定，个人从事探矿、勘探和开采活动时做出了违法行为，将在即席判决之后对其处以不超过 100 新西兰镑的罚款。

（10）俄罗斯立法：俄罗斯《大陆架法》第 46 条规定了相关的

---

① A body corporate may be found guilty of any offence, including one punishable by imprisonment.

责任条款。责任条款分为两部分:第一部分是行政机关承担的责任;第二部分是自然人或者法人的责任。

行政机关的责任:联邦政府的行政机关官员以及地方政府官员对下列行为承担责任:① 越权发放许可证(包括探矿、勘探、开发许可,捕获生物资源之许可,建造人工岛之许可,树立装备和建筑之许可,海洋环境科研之许可,在大陆架倾倒污染物之许可);② 随意改变许可证上记载的条件,将在考量违法事项之本质、后果严重性以及所造成的损失等要素的基础上按照联邦法中的相关行政程序予以处置。

自然人或者法人的责任:① 没有许可证即从事大陆架海洋科研活动,或者违反相关规则从事海洋科研活动;② 从事非法的大陆架地理研究,探矿、勘探和开发大陆架资源,捕获生物资源,或者违反俄罗斯联邦法律或者国际法律规定从事上述活动;③ 将矿产资源或生物资源运输到其他国家,或者给该国的自然人和法人,除非许可证允许该行为;④ 违反探矿、勘探和开发大陆架矿产资源之安全作业的要求,或者违反保护海洋矿产资源和生物资源的规定;⑤ 违反规定导致大陆架生物资源再生之环境遭到破坏;⑥ 阻碍海洋保护行政机关之合法管制活动的进行;⑦ 非法倾倒废物;⑧ 由于钻探导致污染;⑨ 非法在大陆架上建造人工岛、安装设备和器材;⑩ 非法在海底铺设用于勘察、勘探和开采资源所需要的电缆和管道;⑪ 没有设置人工岛、安装设备和器材之存在的警告标识或者违反维护这些设施正常使用的规定,违反在结束作业后应当移除这些设施的规定;⑫ 阻碍大陆架上合法的活动。

如果自然人或者法人有上述行为,将在考量违法事项之本质、后果严重性以及所造成的损失等要素的基础上按照联邦法中的相关程序处以行政或者刑事处罚。

（11）苏联立法：法案第 15 条对责任部分作了简单的规定。凡违反法令或为实施法令所颁布的规章的规定，有罪的苏联公职人员和公民，均应按照苏维埃社会主义共和国联盟和加盟共和国的立法，承担刑事、行政或其他责任。

（12）澳大利亚立法：法案第 405 条规定了一般刑事犯罪条款。

第 1 款规定，以下几种情形构成刑事犯罪行为[①]：① 未经过授权即从事勘探和开发之活动（第 38 条）；② 干扰到其他合法权利（第 44 条）；③ 未按照作业要求进行作业（第 123、183、259、308 条）；④ 未保持与工作相关的记录（第 124、184、261、309 条）；⑤ 未协助检查员（第 125、185、262、310、384 条）；⑥ 转让权利之申请时没有提供相关材料（第 364 条）；⑦ 未出席或者提供相关信息、文档或样本（第 372 条）；⑧ 未对信息保密（第 374 条）；⑨ 未遵守指派机关的指令（第 385 条）；⑩ 未给联营机构发出指派机关指令的通知（第 391 条第 1 款）；⑪ 未遵守安全区之规定（第 404 条）；⑫ 未归还检查员之身份卡片。

第 2 款规定：《1914 年刑法》(Crimes Act 1914) 和《刑法典》(Criminal Code) 中含有适用于本法的条款。

（13）汤加的法案中对处罚的规定较为分散。

法案第 27 条规定：在管理局发现权利证书持有人出现实质性违约时，在其违约期间对其处以每天不超过 10 000 美元的行政罚款。

---

① 括号里具体的条款中对具体的犯罪行为有相应的处罚。如第 38 条中未获得适当授权就从事勘探和开发活动，对此种行为的处罚最高不得超过 300 个惩罚单位。根据第 405 条第 2 款中的 note，《1914 年刑法》的第 4AA 条规定了一个惩罚单位的量 (Section 4AA provides for the amount of a penalty unit.)。

法案的第 22 条规定：故意阻拦检查员履行其职责或者权利证书持有人、船长以及船员没有遵守第 3 款之义务①的行为将构成犯罪。对任何构成本条的犯罪行为处以不超过 10 万美元的罚金。

法案的第 119 条第 6 款规定，管理局的任何工作人员或者成员的以下行为构成犯罪行为：① 公开海底矿产资源数据；② 由于自身的重大过失导致了海底矿产资源数据等信息泄露。第 7 款规定：对于泄密行为，将对行为人处以不超过 250 000 美元的罚金或者不超过 10 年的有期徒刑。

法案第 120 条规定了公司组织(法人)犯罪。公司组织如果实施了本法中规定的犯罪行为，此种犯罪行为的实施是经过公司董事同意或者是由于公司董事的过失，如果对此种犯罪只处以罚金的惩罚，则公司同该董事都将对此犯罪行为承担该刑事责任；如果法院发现是董事为了自身利益而故意或者过失实施此犯罪行为，则对该董事处以 2 年的有期徒刑。

(14) 新加坡法案第 21 条对公司等组织的犯罪作出了详细的规定。

① 若本法下的犯罪行为是公司组织实施的，并且被证明：

a 是经过公司组织高级职员之同意或者纵容；或者

b 因公司高级职员之过失；

该高级职员以及公司组织都将因该犯罪行为而判有罪，并且按照相应的程序承担责任并被处罚；

② 若公司组织之事务由其成员履行，则就成员在公司组织管理上的功能而言，可以将成员视为公司的董事，公司组织成员管理公司组织的行为和不履行行为适用于第一款。

---

① 汤加《海底矿产资源法》第 22 条第 3 款规定：权利证书持有人以及其船长和船员应当尽其最大努力按照检查员之要求协助检查员履行其职责。

③ 若本法下的犯罪行为是合伙组织实施的,并且被证明:

a 是经过合伙人之同意或者纵容;或者

b 因合伙人之过失;

该合伙人以及合伙组织都将因该犯罪行为而判有罪,并且按照相应的程序承担责任并被处罚。

④ 若本法下的犯罪行为是由无固定组织形式团体(非合伙组织)实施,并且被证明:

a 是经过无固定组织行为团体之高级职员或者其主管团体之成员的同意或者纵容;或者

b 因该高级职员或者成员之过失;

该高级职员、主管团体成员以及该无固定组织形式团体都将因该犯罪行为而判有罪,并且按照相应的程序承担责任并被处罚。

(15)比利时立法的第九章对相关的刑事处罚作出了较为详细的规定,处罚事由包括未在国际海底管理局通报登记的情况下在区域内进行探矿,未与国际海底管理局签约的情况下在区域内开展活动,故意忘记提供第 10 条中指定的信息、拖延通报或传送不正确的信息等情况。

十、相关国家深海立法关于执法监督的规定

(1)捷克立法:法案的第 15 条规定了产业和贸易部的行政职能。包括:① 保存获授权人根据第 8 条第 4 款和第 5 款向国际海底管理局发出的从事深海活动的通知记录;② 任命核查申请人资质的专家,组成专家组,并制定相关程序上的规则;③ 决定核发和撤销专业技术证书并做好相关记录;④ 决定核发和撤销担保证书并做好相关记录,通知国际海底管理局核发专业技术证书以及证明过期的情况,并附有相关理由;⑤ 决定是否同意权利和义务的

转让,并做好相关记录;⑥ 执行第 16 条规定的检查职能;⑦ 作出规定于第 18 条的罚款决定。

法案的第 16 条规定了产业和贸易部的执法监督职能。第 16 条第 1 款规定:产业和贸易部有权检查获授权人在区域从事深海活动的相关文件和记录;检查用于深海探测的物件、设备和工作场所;要求从事深海活动的获授权人上交能证明其履行所有义务的文件。第 2 款规定:获授权人应该为主管部门执法监督提供便利。

(2) 德国立法:法案第 8 条规定了州署的监督管理职能。州署可以要求作业人员提供与作业相关的文件和记录;州署授权的监督者有权力进入作业人工作场所进行检查,出现事故时有权力从事故现场获取相关物件进行检查。监督者可以在工作时间内(或者工作时间以外)进入作业人进行探矿活动的工作场所;在紧急情况下,为保护公共利益防止危险的发生,监督人还可以进入工作人员的住宅区,此种情况下,基本法中所规定的"私人住宅不受侵犯"的权利将会受到一定的限制。联邦经济技术部门有权制定相关行政法规,管制作业人,以使其遵守公约、执行协议、海底管理局制定的规章、作业人同管理局签订的合同以及本法中的有关规定。①

(3) 斐济立法:法案第 35 条规定了斐济国际海底管理局的监督权力。

斐济国际海底管理局为履行其在国际法下的义务有权力对被担保人的深海活动进行必要的检查和询问,其可以采取的具体的措施包括:① 选派相关人员去被担保人从事深海活动的地点、船

---

① 德国《海底开采法》第 8 条第 1—5 款。

舶上进行检查活动①；② 在对被担保人作出合理的通知之后，对与深海活动相关的记录、文件和其他数据进行检查。

（4）英国立法：法案的第10条规定了国务大臣和苏格兰部长在管制过程中的权力。

第1款规定，国务大臣得制定规章：① 以规定根据本法需要规定或准许规定的任何同国务大臣颁发的或将要颁发的勘探和开发许可证相关的事项；②全面实施本法，除了苏格兰部长根据本条第二款第二项制定的条款。

第2款规定，苏格兰部长得制定规章：① 以规定根据本法需要规定或准许规定的任何同苏格兰部长颁发的或将要颁发的勘探和开发许可证相关的事项；② 以全面实施本法。

此外，英国法案的第9条对检查员作出了规定。第1款规定：为了履行职责和全面协助其本人执行本法，国务大臣或苏格兰部长得为其认为适当的目的，而随时指定其任何合格的人为检查员。第2款规定：国务大臣得向依第1款指定的任何检查员，支付国务大臣经文官大臣（Minister of Civil Service）批准后决定的报酬或其他费用，或支付有关该检查员的上述报酬或费用。英国法案还规定了主管机关检查人员的相关权力，包括：① 对从事勘探和开采活动的船只的登临权并获取相关作业信息的文档的权力；② 检测设备的权力，在特殊的情况下，拆解设备并保存设备部分零件的权力；③ 有权要求获得与检查相关的设备，具体的操作程序将规定在相关的规章中；④ 检查员在任何船舶上履行本法规定的职责期间，被检查人员向检查人员提供食宿和生活资料的义务；

---

① 选派的检查人员在从事检查事务的过程中不得对船舶的安全行使造成影响。斐济《国际海底矿物管理法》第35条第2款。

⑤ 检查人员在受到紧急危险时所能采取的措施将通过具体的规章予以规定。[①]

(5)美国立法：法案的第3章第4条涉及相关行政机构的管制权限。

第4条第1款规定：在服从本款其他规定的前提下,应由局长自行执行本法规定。海岸警卫队所属部组长,应对受本法规定管辖的船舶,履行其他法律规定所授权的其他执行职责,并得根据局长的特殊要求,协助局长执行本法规定。海岸警卫队所属部部长,对涉及海上生命与财产安全的执行措施,拥有专属职责。局长和海岸警卫队所属部部长,得根据协议,在补偿或其他基础之上,利用任何其他联邦机构或部门的人员、劳务、设备、航天器、船舶和设施,并得授权其他机构或部门的官员或雇员,在执行第2款时提供必要的协助。在提供这种协助时,上述官员和雇员应受海岸警卫队的支配、准许和监督。局长和海岸警卫队所属部部长,得联合或单独地颁布必要且适当的规章,以履行本条规定的各自职责。

第4条第2款规定了被授权官员的权限。凡经局长或海岸警卫队所属部部长授权的官员,为在本法规定管辖的任何船舶上执行本法,均得：① 登临并检查受本法规定管辖的任何船舶；② 搜查该官员有合理理由认为违反本法任何规定使用或雇佣的任何这种船舶；③ 逮捕受第3章第1条管辖的、该官员有合理理由认为犯有第3章第3条所述形式犯罪的任何人；④ 在需要防止逃避执行本法时,扣留违反本法任何规定使用或雇佣的或官员合理认为违反这种规定使用或雇佣的任何这种船舶及其机具、设备、装置、物料和货物；⑤ 扣留违反本法任何规定开采或加工的任何硬矿物

---

① 英国《深海开采法》附录：检查员条款。

资源；⑥ 扣留关于违反本法任何规定的任何其他相关证据；⑦ 执行任何管辖法院签发的任何扣押令或其他令状；⑧ 行使任何其他法定权力。

第 4 款规定：依本章扣留或保存的关于从事勘探或商业开采的某人或船舶的专有资料和特许资料（proprietary and privileged information），不得普遍或公开使用或检查。局长和海岸警卫队所属部部长应颁布规章，以确保特许资料和专有资料的机密性。

（6）日本立法：日本法案第 35 条规定，经济贸易产业部为实施该法，有权力要求受证人报告其深海活动的工作情况并制作相关记录，经济贸易产业部有权力派送其工作人员进入受证人的工作场所检查这些报告和记录。检查者进入受证人的工作范围内需要持有并出示相关证件。第 3 款规定检查人员的此种检查行为不是一种刑事侦查行为。

（7）库克群岛立法：库克群岛法案的第 6 章规定了该国海底资源管理局的行政管理职能。第 256 条规定了管理局的检查的权力，检查的目的是为了确定持证人有没有遵循：① 本法以及相关规章的规定；② 证书中所记载的附件条件；③ 管理局根据本法所提出的指导。

第 257 条规定了检查员的权限。第 1 款规定为达到检查的目的，检查员可以采取所有合理的措施进行其检查工作。第 2 款列举了相关权限，如：① 检查从事深海活动的设备；② 测试设备；③ 检查、复印相关文档；④ 移除相关文档；⑤ 拍照；⑥ 检查开采的海底资源并取样；⑦ 进入持证人的工作场所；⑧ 进入持证人的地面交通工具、船只和飞机。

第 3 款规定，如果检查需要有法院发出的检查令（warrant），则第 2 款中的检查事项将受到检查令中所记载的事项限制。

　　检查人员从事检查工作时,需要管理局颁发身份卡①,并在检查的过程中随身携带。第 260 条规定:检查员完成检查任务后需要归还身份卡,否则将对其处以 10 个惩罚单位的处罚。

　　根据第 261 条第 2 款的规定,检查员为完成其检查任务具有以下权限:① 有权进入证书涉及的部分或者全部范围;② 进入作业人员从事探矿、勘探、开发、储存、加工、准备运输海底资源的离岸作业地点;③ 检查人员有权测试其认为与持证人作业有关的设备;④ 进入其认为可能储藏与作业相关的文件的建筑、船只、装备、平台、飞机,并有权检查、复制储藏在这些地点的文件。

　　第 3 款规定,检查员进入持证人的私人住宅区需要:① 按照第 263 条规定获得检查令;② 或者获得住宅占有人的同意。在进入其住宅区后,检查员应当给住宅占有人一份检查令复印件。

　　第 262 条规定了被检查人员配合检查员从事检查工作的义务,违反者将对个人处以不超过 30 个惩罚单位的处罚,对法人处以不超过 300 个惩罚单位的处罚。该责任适用严格责任原则。

　　第 264 条规定了管理局有权给行为人发送指令。第 266 条规定了具体指令可能涉及的事项,包括:① 探矿、勘探和开采活动的控制②;② 保护海底自然资源;③ 对因为勘探和开采活动导致的损害的补偿;④ 环境保护。

　　第 267 条规定:指令中可以包含其他文件中提到的工作标准,工作守则等内容。指令可能涉及完全禁止行为人从事某种行

---

① 库克群岛《海底矿产资源法》第 259 条第 2 款规定,身份卡需要按照规章的形式做成,载明检查员的姓名,并附有其近期照片。
② 根据库克群岛《海底矿产资源法》第 266 条第 3 款规定,这里的控制指的是:(1) 海底矿产作业设备的建设、维护和运行;(2) 海底活动所产生的水的流动和释放;(3) 工作人员的健康、安全和福利;(4) 海底活动所涉及的基础设施、建筑、设备以及财产的维护。

为,指令可能涉及作业人的合作者,此种情况下,持证人应当向合作者发出通知,并给合作者一份指令的复印件。①

管理局在发出指令后可以规定一个具体的执行时间,如果持证人没有在规定的时间内履行指令中的义务,管理局可以采取相应措施,采取措施所花费的费用由持证人承担。

(8)法国立法。法案的第4条规定:有关许可证的发放、延期、转让、撤销等程序要按照法国的国务院(State Council)的相关法规进行。但是没有具体的主管机关执法和监督的相关规定。

(9)新西兰立法:《大陆架法》没有规定主管机关执行法律或者监督法律执行。仅在第8条规定了总督可以通过枢密院命令,对某些事项作出规定,如管制在大陆架从事探矿、勘探开采活动,建造以及移除设备和平台的规定;确定安全区的范围的规定(以开采大陆架活动平台的最外延为起点,向外500米的范围内为安全区);禁止其他船只进入该安全区的规定;制定违反这些规定的罚则(罚款不超过500新西兰镑)。②

(10)俄罗斯立法:俄罗斯《大陆架法》第48条规定了执行和监督该联邦法律的条款。对该联邦法律适用的监督将由相应联邦行政官员负责。对是否忠诚遵守该法律的监督将由俄罗斯联邦总检察官(Procurator General of the Russian Federation)以及他的下属检察官负责。

俄罗斯《大陆架法》第42条规定了保护大陆架的组织,该组织的构成主要包括联邦前沿服务局(The Federal Frontier Service Agency)、联邦地理和底土利用局(The Federal Agency for Geology and Use of the Subsoil)、联邦采矿检验局(The Federal

---

① 参见库克群岛《海底矿产资源法》第270条。
② 总督通过枢密院命令制定规则所能管制的对象具体规定在第8条第1款a—k。

Agency for State Inspection of Mines)、联邦渔业局(The Federal Fisheries Agency)、联邦环境和自然资源保护局(The Federal Agency for Protection of the Environment and Natural Resources)。这几个组织在其职能范围内履行保护大陆架以及其矿产资源、生物资源的职责,以达到保护、保存,以及最佳利用上述资源,保护俄罗斯联邦经济和其他合法利益的目的。保护组织之间的权力以及管制事项的划分由联邦前沿服务局做出协调。上述机构的官员在履行职责时需要随身携带身份证明,机构发布的命令对俄罗斯和外国在大陆架从事活动的自然人和法人、国际组织都具有约束力。

第43条具体规定了保护组织在履行其职责过程中的权力: ① 检查从事大陆架活动①的俄罗斯以及外国船只、人工岛、装备以及建筑; ② 检查行为人是否具备从事大陆架活动的权利证书; ③ 对违反联邦法律以及国际条约而从事的大陆架活动予以禁止,逮捕违法者并没收他们的捕鱼工具和设备以及其他通过非法方式获得的文件,追捕并扣留违反规定从事大陆架活动的船只,并将船只运送到最近的俄罗斯联邦港口(如果是外国船只,则运送到最近的可以停泊外国船只的俄罗斯联邦港口),对违反者处以罚款的处罚或者根据联邦法律向法院提交有关违法事项的材料; ④ 如果有足够的证据表明船只非法向海洋倾倒废物,有权叫停该船只,船长可能被要求提供证明其行为是否构成违法的材料,在有足够证据逮捕船长之后,有关官员有权搜查船只并作成相关报告; ⑤ 管制人员在执行职责之后应当制作相关的报告; ⑥ 在管制人员人身受到即刻危险的情况下,其有权对违法者使用武器以应对违法者的

① 根据俄罗斯《大陆架法》第43条规定,这些大陆架活动包括区域性大陆架地质研究,探矿、勘探和开采矿产资源;捕获生物资源;倾倒废物;海洋资源科研;以及其他大陆架活动。

攻击和反抗。

(11) 苏联立法：法案第 17 条规定,苏联主管机关,应确保参加苏联企业所从事的海底区域矿物资源勘探和开发工作的公民的安全,并保证从事这种工作所使用的财产的养护。

(12) 澳大利亚立法：法案的第 4 章第 4.1 部分(Information)规定了指派机关有权要求持证人提供相关信息。如果指派机关认为该信息跟执行本法是相关的,并且指派机关认为持证人有能力提供该信息,机关应当以书面形式要求其在一定期限内提供相关信息。[①]

第 368 条规定了指派机关有权要求上文中提供信息的相关人员出席,并当面回答相关问题,此种要求亦是以书面方式作出。第 370 条规定了指派机关有要求作业人提供相关文件的权力。第 371 条规定其有要求作业人提供开采出的海底矿藏资源样本的权力。

法案的第 4 章第 4.2 部分就监控和执行作出了规定,主要包括主管机关对持证人的检查以及指令的发布。

A. 检查

第 377 条规定了对法律遵守情况的检查。检查的目的是为了确定持证人是否遵守以下事项：① 本法以及规章；② 有关缴费的法律及规章；③ 许可证上载明的附加条件；④ 主管机关发布的遵守指令。

第 378 条规定了检查员在履行其检查职责中的权力。第 1 款规定：检查员为履行其检查职责可以采取任何合理的措施。第 2 款列举了检查员的权限：① 检查用于海洋活动或可能用于海洋活动的设备；② 检测这些设备；③ 检查并复制相关文件；④ 移除文件；⑤ 拍照；⑥ 检查来自海底的矿物,并取样；⑦ 进入持证人

————————————
① 澳大利亚《离岸矿产法》第 367 条。

的作业场所(土地或其他建筑);⑧ 进入相关的机动车、船舶和飞机。

如果检查员是在需要搜查令的前提下才可以检查,其检查项目应以搜查令中载明的项目为准。在需要搜查令的情况下,应当遵循相关的程序(第382条),相关机关应当予以配合(第383条),检查时,场所的占有人也有配合和协助的义务(第384条)。

B. 主管机关发布遵守指令

行为人应当服从主管机关发布的遵守指令(第385条)。法案的第386条规定了指派机关发布指令的范围(机关对何种事项可以发布指令):① 机关为实现法案以及相关规章中的规定,有权在合理范围内发布指令;② 指令涉及的事项包括:a 对离岸勘探和开发活动的控制①;b 对离岸海域资源的保护和保存;c 对因为勘探和开采活动导致的海底底土损害和海床物质流失(escape of substances)的补偿;d 环境的保护;e 保持作业相关的记录,海底矿物样本的保存;f 指派机关检查时,向指派机关提供作业记录和海底矿物样本;g 收益的制作(the making of returns)。

指派机关也可以发布命令要求持证人必须为或者不得为某些事项,但必须以书面方式作出。指令可能涉及完全禁止行为人从事某种行为(第389条),指令亦可能会涉及作业人的合作者(第390条),此种情况下,持证人应当向合作者发出通知,并给合作者一份指令的复印件。

指派机关在发出指令后可以规定一个具体的执行时间(第

---

① 根据澳大利亚《离岸矿产法》第386条第3款规定,这里的控制指的是:(1)海底矿产作业设备的建设、维护和运行;(2)海底活动所产生的水的流动和释放;(3)工作人员的健康、安全和福利;(4)海底活动所涉及的基础设施、建筑、设备以及财产的维护。

394 条),如果持证人没有在规定的时间内履行指令中的义务,管理局可以采取相应措施(第 395 条),采取措施所花费的费用由持证人承担(第 396 条)。

（13）汤加的法案第 22 条详细地规定了检查员的权力。由管理局任命的检查员,在必要和遵守法案的前提下,在任何合理的时间,事先通知权利证书持有人的情况下,有以下的权力:

① 登陆或者有权进入许可区域或者承包区域中的任何同海底资源矿产活动相关的建筑物、船只和设备;

② 检查其认为被用于或者将要被用于海底矿产资源活动的机器和设备,并且在其认为合理的情况下,拆除、毁坏性检验或者占有相关机器和设备;

③ 从同海底矿产资源相关的船只和设备上移除任何样品以及样品之试验;

④ 检查并获得根据本法、规章以及权利证书规定所要保持的书目、账户、文件以及其他相关之记录;

⑤ 要求权利证书持有人履行管理局认为合理的任何同海底矿产资源相关的程序;

⑥ 以合理的方式记载检查地点和检查活动,包括视频、音频、照片和其他的记录方式;

⑦ 经过管理局书面同意之后,代表管理局履行其他职能,包括本法第 15 条和第 23 条之规定;

⑧ 根据规定履行其他职责。

检查员应当采取合理的措施避免在权利证书持有人的船只或者海上平台上逗留过长时间,扰乱海底矿产资源活动,或者干扰相关船只安全和正常运作。权利证书持有人以及其船长和船员应当尽其最大努力按照检查员之要求协助检查员履行其职责。故意阻拦检查员履行其职责或者权利证书持有人、船长以及船员没有遵守以上义务的行为将构成犯罪。对任何构成本条的犯罪行为处以不超过 10 万美元的罚金。

（14）新加坡法案的第 11 条规定部长有对持证人发布指令之权力；此种指令可以是一般的亦可以是具体的；如果部长认为持证人没有合理理由违反了指令中的要求，部长可以对其处以不超过 4 万新元的财务处罚；部长根据第 1 款发布的指令无须公布在官方公报上。

（15）比利时的立法中未对深海活动的监管作出明确的规定，但是从法条的规定可以看出，相关部长在执行法律的过程中享有一定的监管权力。

十一、相关国家深海立法中对环境保护的规定

（1）捷克立法：法案第三章第 11 条规定了获授权人的权利和义务，其中第 3 款规定了获授权人消除对环境的影响的义务，即获授权人有义务消除其在从事深海活动中造成的损害影响，这里的损害包括死亡、对健康和财产的损害、对区域海洋环境的损害等。

（2）德国立法：法案第 4 条规定了申请人从事深海活动前所需要提供的材料。其中有 2 款涉及环保事项：申请人向州署提交申请材料，申请材料包括合同、计划书、联邦海事和水文局（Federal Maritime and Hydrographic Office)对计划书的评论，包括对船舶事务以及环境保护事务方面的评论，环保事务方面，需要联邦海事和水文局与联邦环保局联合提供意见和评论；①申请人需要保证作业期间的安全以及环境保护，能够提供足够的资金，并保证在区域

---

① 德国《海底开采法》第 4 条第 4 款。

进行的活动在商业基础上进行。①

（3）斐济法案：法案第 2 条对预防原则的定义是：当存在严重或者不可逆损害的危险时，为了保护环境，虽然科学上仍然存在一定的不确定性，也不能推迟采取利大于弊（cost effective）的措施来防止环境的进一步恶化。

第 8 条有关斐济国际海底管理局的目标，其中有一项是确保海洋环境的保护和保存（protection and preservation）。

法案的第 10 条规定了斐济国际海底管理局的权力，其中包括：制定相关保护和保存区域自然资源、防止海洋动植物和海洋环境损害的规则、规章、程序和相关标准。②

（4）英国立法：根据英国法案的第 5 条规定，在考量是否要颁发勘探和开发证书之时，国务大臣（或者苏格兰部长）需要考虑作业者的活动在可能的范围内保护海洋生物、植物以及其他动物和它们的栖息地。

在不与法案第 2 条第 3A 款冲突（without prejudice）的情况下，国务大臣（或者苏格兰部长）所颁发的勘探和开采许可证中应当载明作业者应当采取相应的措施避免或者减少对海洋环境的影响。

（5）美国立法：法案第 1 章第 9 条对深海活动的环保事项作出了规定。

第 9 条第 1 款规定了环境影响评价。局长应扩大并加速关于勘探和商业开采活动对环境影响的评价规划，包括关于海上加工及其废弃物在海上处置对环境影响的评价规划。局长亦应进行海

---

① 德国《海底开采法》第 4 条第 6 款第 2 项第 a—c 目。
② 斐济《国际海底矿物管理法》第 10 条第 1 款 b 项。

洋调研的持续性规划,以支持在本法准许进行勘探和商业开采的整个期间的环境评价活动。

第2款中规定:许可证和执照中应当载明受证人和执照人在从事勘探和商业开采活动,为保护环境采取必要的措施。当根据新执照和现有执照从事深海活动会对安全、健康和环境产生重大影响时,局长应要求持证人在根据新执照从事的一切活动中和在可能时根据现有执照从事的活动中,使用现有最佳技术,以保障安全、健康和环境,但是如果使用此种技术所带来的成本远远高于其所能带来的利益除外。

第3款规定了纲要性环境影响评价。如果局长同环保局局长商讨之后,认为需要制作纲要性环境影响评价书,局长应当制作并公布环境影响评价书,允许所有利益相关人在合理的时间内对该评价书进行评价,经过此公众参与之过程形成最终的环境影响评价书。

第4款规定:证件的核发(不是对某项申请的确认)属于《国家环境与政策法》第102条中规定的对环境可能造成较大(significant)影响的联邦行为,在制作本项中的环境影响评价书时,局长应当同其他相关局长进行商讨,同时也应当给予其他环境科学研究成果以相应的考虑。在此款下作出的环境影响评价每一稿都应当在申请人的申请获得批准后的180天内公开,并且按照第1章第5条第2项的规定列出其中的条件、限制等事项。最终正式的环境影响评价书应当在评价书初稿公开后的180天内做成。

此外,美国法案第10条对保护自然资源作了规定:为了达到保护自然资源的目的,凡依本章颁发的许可证和执照,均应根据需要,在证照上载明"防止浪费以及为将来开采证照适用区域未开采部分硬矿物资源进行开采"相关的条款、条件和限制。在确定这些条款时,局长应当考虑技术水平、废弃物的加工方法、废弃物的价值、废弃物的潜在用途、勘探或商业开采活动对环境的影响、经济及资源数据和国家对硬矿物资源的需求。

(6)日本立法:无相关规定。

(7)库克群岛立法:法案的第8章对环境保护作了规定。

法案第303条第1款规定,申请人在申请证书时,需要提交一定的资金(financial security)证明用于履行其在该法项下环境保护方面的义务。该项资金由管理局根据证书项下的海底活动的特点来确定,并由管理局冻结。如果持证人已经完成履行环保义务所要采取的措施,则管理局可以部分解冻该部分资金,当持证人已经完全履行环境保护的义务之后,管理局应当完全解冻此部分资金。

第310条规定了环境应急计划:① 管理局必须制作、修改、通过、采纳库克群岛海底开采环境紧急应急计划(Seabed Mining Environmental Emergency Contingency Plan);② 部长必须任命现场指挥官(on scene commander)来执行应急计划中的职能;③ 如果发生因为海底作业而导致的海洋污染,现场指挥官必须动用所有资源和力量减少污染可能带来的损失;④ 现场指挥官有权力扩大必要的资金(但是以部长规定最大值为上限)来减少污染所带来的损失;⑤ 第4项中的部长规定的资金最大值的确定,应当由部长同国家环境机关(National Environmental Authority)商讨决定;⑥ 现场指挥官为减少污染所带来的损失,有权力征用人力资源、车辆、船只以及其他必要的设备和资源;⑦ 在出现污染事故时,现场指挥官应当对事故有记录,并对执行其在紧急计划下的职责所需要的资金和资源有相关记录。

（8）法国立法：法国法案第 9 条规定，除了法案的第 6 和第 7 条中规定的义务，持有探矿和勘探许可证的一方，需要承担保护海洋环境的义务。

（9）新西兰立法：没有相关规定。

（10）俄罗斯立法：俄罗斯《大陆架法》第 5 条规定，联邦政府对矿产资源的勘查和勘探活动、大陆架生物资源的捕捞以及废物的倾倒过程中的环境保护事项有管辖权；在大陆架上的活动应当考虑航行、捕鱼、海洋科研以及海洋环境保护等事宜。

第 6 条规定：联邦机构在管制大陆架的活动中有权力制定保护海洋环境的方案和战略，制定在大陆架倾倒废弃物的环境标准，制作大陆架活动环境影响评价。同时法案也规定，在申请各许可证和执照时都要考虑海洋环境的保护。

第 31 条规定了国家对大陆架活动的环境影响评估（state environmental assessment on the continental shelf）。国家环境影响评估是保护大陆架矿产资源和生物资源的强制性措施（mandatory measure），是由得到特别授权的负责环境和资源保护的联邦机构根据俄罗斯联邦相关的程序制作而成。大陆架上所有的经济活动都将受到国家环境影响评估的约束，这些经济活动也都必须经过国家环境影响评估许可。[①]

第 32 条规定了国家大陆架环境控制（state environmental control on the continental shelf）：主要是指国家制定一系列的措施防止（prevention）、识别（identification）以及改正（correction）对国际规则和标准或者有关矿产资源和生物资源保护的俄罗斯联邦法律的违反。由得到特别授权的负责环境和资源保护的联邦机

---

① All forms of economic activity on the continental shelf shall be subject to approval by a State environmental assessment.

构根据俄罗斯联邦相关的程序制作而成。

第 33 条规定：国家大陆架环境监控（state environmental monitoring on the continental shelf）：国家大陆架环境监控是国家对海洋环境监控的一部分，国家海洋监控主要是对海洋环境和海底沉淀的监控，包括因为人为的或者自然原因导致的海洋化学和放射物质的含量监控、微生物和水生物含量的变化。

（11）苏联立法：没有相关规定。

（12）澳大利亚立法：环境保护是持证人所要承担的一项义务，在证照中会另有记载其在环保方面应当承担的义务。如勘探许可证中可以记载持证人环境保护的义务，如保护海洋生物、野生动物，以及将作业对作业区域以及该区域的周边海洋环境的影响降低到最小；作业对海洋环境造成了损害，持证人承担对此损害进行修复的义务。其他证照中也都有类似的规定。

此外，法案第 386 条有关指派机关有权向持证人发出遵守法案的指令，其中有一项便是保护环境方面的指令。[①]

法案的第 4 部分规定了环境的恢复。包括两部分：① 第 401 条规定了离岸设施的移除；② 第 402 条对损害海域的修复作出了相关规定。

（13）汤加立法：有关海洋环境保护的规定主要是要求从事海底矿产资源活动者准备环境影响评价。

根据《环境影响评价法》实施的环境影响评价，因环评活动而产生的权利和义务将载入根据本法所发放的任何权利证书所记载的条款中。[②]

（14）在海洋环境保护方面，新加坡的法案仅在立法目的中有

---

① 澳大利亚《离岸矿产法》第 386 条第 2 款 d 项。
② 汤加《海底矿产资源法》第 102 条。

所提及,较为简略,当然部长可以在许可证中要求记载持证人保护海洋环境的义务,以及采取何种具体措施。

(15) 比利时的立法对环境保护作出了较为原则的规定。如当使用者和公共机构在海洋区域内进行活动时,必须考虑预防性原则、谨慎性原则、可持续管理原则、谁污染谁治理原则和补救原则;并对以上原则作出了相应的定义。[①]

第三节 国外深海海底资源勘探 开发立法展望

1982 年《联合国海洋法公约》的第 11 部分为区域部分的资源勘探和开发提供了法律框架,确立了区域部分资源为人类共同继承财产的原则。根据公约成立的国际海底管理局作为管制区域部分海底资源勘探和开发的主要行政机构,亦在不断地完善相关资源勘探和开发的规章,最终将形成"开采法典"。

在资源紧缺的时代,越来越多的国家认识到海底资源储藏的丰富,同时随着科学技术的发展,越来越多的国家也开始具有成熟的技术从而从事海底资源勘探和开发活动。然而,在《联合国海洋法公约》以及国际海底管理局制定的勘探规章所构建的现有的海底资源勘探和开发国际法律体系下,成员国或者成员国所担保的企业欲从事相关深海活动,要受到国际法律和规章的约束。

同时,成员国作为担保国,为履行在国际法项下的担保义务,亦须在国内制定相关的法律以确保受其担保的从事深海活动的主体能够遵守国际上相关的法律。如果担保国已经制定相关法律,

---

① 比利时《对国家管辖范围外的海底和地下层资源进行探矿、勘探和开发的法律》第 4 条第 3 款。

并且正常情况下担保人在遵守法律的情况下都可以避免某种损失的发生,那么担保国对这种损失没有赔偿责任。

前文中笔者对已经检索到的 16 个国家和地区的法律从多个方面进行了研究,笔者在此节将对国外深海海底资源勘探开发的立法趋势进行展望。

一、制定深海海底资源勘探和开发专项法律的国家数量不断增加

各国制定本国有关区域海底资源勘探和开发专项立法,其主要目的是履行其作为担保国所承担的义务。国内立法和国际现行法律需要有较好的衔接,以起到规范国内从事深海活动主体行为之目的。目前除了前文所梳理的各国法律,其他国家亦表示将加快本国的相关立法。

2012 年 1 月 31 日,圭亚那共和国外交部向秘书处提交了一份普通照会(第 101/2012 号),其中通知说,圭亚那尚未制定与"区域"有关的任何国家法律或条例,也未通过任何相关行政措施。该国外交部还通知,虽然圭亚那于 2010 年通过了一项《海区法》,但是其中的条款主要着重圭亚那领水,没有涉及"区域"。不过圭亚那认识到此类立法的重要性,愿意参加制订示范立法的进程,并愿意获得管理局提供的与起草本国立法有关的任何援助。

瑙鲁大洋资源公司(大洋资源公司)申请批准其勘探多金属结核的工作计划,瑙鲁共和国为此向大洋资源公司颁发担保书,宣布瑙鲁共和国根据《联合国海洋法公约》第 139 条、153 条第 4 款和附件三第 4 条第 4 款承担责任。此外,瑙鲁在 2011 年 4 月 11 日给管理局秘书长的信中还重申致力于履行其根据《联合国海洋法公约》承担的责任,并采取一切必要的适当措施,确保大洋资源公

司有效遵守《联合国海洋法公约》和相关文书(ISBA/17/C/9,第21段)。申请书告知管理局,瑙鲁政府提请注意国际海洋法法庭(海洋法法庭)海底争端分庭 2011 年 2 月 1 日的咨询意见,并指出,瑙鲁政府已开始实施一个综合法律框架,规范大洋资源公司在"区域"的活动。瑙鲁已经开始在欧洲联盟供资的深海矿产项目上同太平洋共同体秘书处应用地球科学和技术司合作。该项目的宗旨是加强各国在管理深海矿产方面的治理制度和能力,途径是发展并实施健全的区域一体化法律框架,包括近海矿产勘探和开采的立法和管制框架,以及提高对近海勘探和开发作业进行有效管理和监督的人力资源和技术能力。2012 年 3 月,该项目为瑙鲁议会顾问提供了案文起草指示,以便瑙鲁制订法案,规范其所控制的深海采矿活动。

汤加近海采矿有限公司在请求批准在"区域"勘探多金属结核的工作计划的申请中通知管理局,汤加王国为其提供了担保。在汤加政府颁发的担保书中,政府还宣布,它根据《联合国海洋法公约》第 139 条、第 153 条第 4 款和附件三第 4 条第 4 款承担责任。在法律和技术委员会审查该项申请期间,汤加代表还指出,汤加打算通过法律和条例并在其法律系统框架内采取行政措施,确保属其管辖的申请者遵守法规。太平洋共同体秘书处应用地球科学和技术司欧洲联盟供资的深海矿产项目于 2012 年 1 月向汤加皇家法律厅提供了法案起草指示,以便汤加制订法律,规范其管辖或有效控制范围的深海采矿活动。后来商定,该项目的法律顾问将与汤加副总检察长合作,在 2012 年 6 月底之前提出立法草案。目前汤加已经出台专门管制在国家管辖范围内海域以及区域部分从事海底矿产资源活动的法律,即 2014 年汤加《海底矿产资源法》。

除了上述国家已经表现出制定本国立法之意思,太平洋诸岛国在海底资源勘探和开发方面所作出的区域性的合作也不容忽视。太平洋共同体秘书处应用地球科学和技术司在成员国和欧洲联盟财政援助的支持下,设立了一个为期四年的项目,称为"太平洋群岛区域深海矿产项目:可持续资源管理法律和财政框架",以便为该项目参加国提供相关的援助、支持和咨询意见。这些国家包括库克群岛、密克罗尼西亚联邦、斐济、基里巴斯、马绍尔群岛、瑙鲁、纽埃、帕劳、巴布亚新几内亚、萨摩亚、所罗门群岛、东帝汶、汤加、图瓦卢和瓦努阿图。除东帝汶外,其他 14 个国家均为管理局成员。2011 年 6 月,在斐济纳迪开办的该项目创始讲习班上,向参加该讲习所的太平洋-非洲-加勒比-太平洋国家和其他感兴趣的各方介绍了该项目。项目宗旨是:(1)为上述太平洋岛屿国家发展一个区域立法和管理框架;(2)协助它们制订关于本国管辖范围内和"区域"内的深海矿产勘探和开发的国家政策和立法。

为了迎接海底资源勘探和开发时代的到来,今后越来越多的国家将通过本国的深海立法来规制受到其担保的承包者的行为。

二、各国立法应当侧重程序上的衔接与协调

各国国内深海海底资源勘探和开发的立法其目的一方面是为了履行缔约国在国际法项下的义务;另一方面是对本国从事深海活动之主体起到规范作用。由于整个海底资源勘探和开发的过程涉及担保国、国际海底管理局、从事深海活动的主体(承包者)、国内相关行政管制机构,因此国内立法同国际立法之间的衔接非常重要。

规范从事深海活动的立法具有浓厚的程序性的色彩。此种法律应当向欲从事深海活动的主体清晰地展现出从事深海活动的整个行政管制流程。立法应当达到的效果是:国内受到该法管制的

主体可以从法条中清楚地明了自己在从事深海活动中所需要经过的程序,如何完成这些程序,以及在每一个程序中其所应当履行的义务和享有的权利。

在本书所研究的各国法律中,斐济、捷克、英国等国家的立法为其他国家的立法提供了较好的借鉴(前文对这些国家的立法进行了分类,第三种分类中配合国际海底管理局之管制的国家的法律,其整体结构和相关制度最具有参照意义)。其他国家在今后的立法中所管制的活动包括在本国管辖区域从事海底资源勘探和开发活动,亦包括在区域部分从事海底资源勘探和开发活动。而对后一种活动的规范,各国应当注重与《联合国海洋法公约》以及管理局制定的规章的衔接。英国此次对国内法律的修改的一个重要原因就是为了让本国的法律同国际海底管理局的行政规章相衔接,新修改的法律增加了对承包者(亦是被担保方)与管理局之间签订勘探和开发合同等的规定,以及扩大本国法律所管辖的海底资源的种类。

三、各国立法的核心应当是重点制度的构建

研究各国立法另一个侧重点便是对其中各种制度的研究。从前文对 16 个国家和地区法律的研究的模式可以看出,本书实际上主要是从每个国家相关制度这一角度对其法律进行研究的。总体来看,各国的立法都会涉及以下六种制度:行政审查制度(包括资质审查和许可证制度)、深海活动中的环境保护制度、缔约国担保制度、安全保障制度(各国必须履行公约项下要求成员国履行对人命保护之义务)、国内行政机构执法监督制度以及法律责任制度。

这六种制度不仅是我国在立法中要重点突出的(这些制度在我国立法中的具体讨论将在下文展开),亦是其他国家在今后立法

中必然会强调的。

国内立法通过构建以上六种制度,确保被管制的承包者遵守公约以及管理局制定的其他勘探和开发规章,如此,缔约国一方面履行了其在公约项下的义务,另一方面即使出现承包者违反相关规定之情形,缔约国亦可以提出免责之抗辩。

考虑到这些国家海底资源勘探和开发国内立法是在配合国际海底管理局规范本国从事深海活动主体的行为,其法律的制定必须在几欲成型的国际法大框架和大背景下进行,因此各国的深海海底资源勘探和开发的法律具有很大的共性,有些情况下甚至可以移植他国的相关制度,这也是研习他国法律原因之所在。

国际社会纷纷将眼光投向海洋,开始并抓紧了对海底资源勘探和开发相关法律的制定和相关制度的构建,我们有必要通过研习他国法律,将其作为我国立法之借鉴,并结合本国的具体实际,制定区域海底资源勘探开发的专项法律,构建适合本国法治土壤的制度。

四、深海活动立法中环境保护制度之强化

从事深海活动会对海洋环境造成重大的影响。海洋中具有巨大的生物多样性资源,海洋环境的破坏必然会造成生物多样性资源的损害,然而目前由于科学技术的限制,人类对海洋环境在科学方面的认知还十分有限,从事深海活动在多大程度上会对海洋环境以及其中的生物多样性资源造成损害还存有诸多不确定。但是应当协调好海洋环境和生物多样性资源的保护与海底矿产资源的开发之间的关系,在两者之间寻求一个较好的平衡,不可为了保护海洋环境和生物多样性资源而放弃对海洋资源的开发和利用。

此种情形下,要求从事深海活动的主体履行其在海洋环境保

护方面的义务显得异常重要。深海活动主体在深海活动中的环境保护义务在公约、管理局制定的规章以及既有的国家立法中都被强调。在前文研究的立法中各国主要采取的环境保护措施包括环境影响评价制度、环境应急计划制度、环境修复制度。各国在今后的立法中必然需要强调此类制度的构建和完善,并严格予以执行。

第四篇

中国策略

第七章
中国国内立法的紧迫性与必要性及空间

第一节　深海海底资源勘探开发的实践

一、国外海底资源勘探开发实践现状

1. 促使人类将海底资源勘探和开发提上日程的因素

五个因素促使人类将海底资源勘探和开发的议题提上日程。
(1) 对金属需求的增加；(2) 金属价格的上涨；(3) 从事开发行业
的公司的高利润；(4) 陆源镍、铜以及钴硫化物储存的减少；
(5) 深海资源勘探和开发的科学技术的发展。

2. 从事海底资源勘探和开发的实践

申请从事海底资源勘探和开发的企业不断增加,深海活动涉
及的资源种类也由起初的多金属结核扩展到多金属硫化物和富钴
铁锰结核。目前还是主要集中于对此类资源的勘探,有个别企业
已经开始了商业性开发。虽然商业性开发尚未普遍化,但是前述
的五个因素必然会促使商业性开发的发展。情况如下:

(1) 巴布亚新几内亚向加拿大 Nautilus Mining Company 发
放了在其管辖海域内的俾斯麦海(Bismarck Sea)开采海底资源的

许可证。这意味着企业以及为其提供资金资助的金融机构已经意识到海底资源开采所可能带来的巨大的经济上的利益。

(2) 国际海底管理局第 17 届会议于 2011 年 7 月 11 日至 22 日在管理局所在地牙买加金斯敦举行,会议核准了瑙鲁海洋资源公司[Nauru Ocean Resources Inc. (NORI), sponsored by Nauru]、汤加近海采矿有限公司[Tonga Offshore Mining Limited (TOML), sponsored by Tonga]提交的两份多金属结核勘探工作计划和中国大洋矿产资源研究开发协会、俄罗斯联邦自然资源和环境部(Ministry of Natural Resources and the Environment of the Russian Federation)提交的两份多金属硫化物勘探工作计划。

(3) 国际海底管理局第 18 届会议于 2012 年 7 月 16 日至 27 日在管理局所在地牙买加金斯敦举行。会议审议、通过并核准了《"区域"内富钴铁锰结壳探矿与勘探规章》;核准韩国政府、法国海洋开发研究院(IFREMER, sponsored by the Government of France)提交的两份多金属硫化物勘探工作计划和基里巴斯马拉瓦研究与勘探有限公司(Marawa Research and Exploration Ltd., a state enterprise of the Republic of Kiribati)、英国海底资源有限公司(UK Seabed Resources Ltd., sponsored by the Government of the United Kingdom of Great Britain and Northern Ireland)和比利时 G-TEC 海洋矿物资源公司(G-TEC Sea Mineral Resources NV, sponsored by the Government of Belgium)提交的三份多金属结核勘探工作计划。

(4) 国际海底管理局第 19 届会议于 2013 年 7 月 8 日至 26 日在管理局所在地牙买加金斯敦举行。会议核准了中国大洋矿产资源研究开发协会和日本国家石油、天然气和金属公司(Japan Oil, Gas and Metals National Corporation)分别提交的两份富钴结壳勘探矿区申请。

　　(5)2014年4月29日,国际海底管理局与中国大洋协会在北京就富钴锰铁结壳签订为期15年的勘探合同。中国大洋协会是管理局授予勘探许可的第十五个实体,也是第二个签订富钴结壳勘探合同的实体。

　　3. 国际海底管理局制定的勘探规章所覆盖的海底资源种类在增加

　　随着海底勘探科学技术的发展,目前管理局已经就其他种类的资源完成制定《"区域"内多金属结核探矿和勘探规章》(2000年)和《"区域"内多金属硫化物探矿和勘探规章》(2010年国际海底管理局第16届会议),《"区域"内富钴铁锰结壳探矿与勘探规章》(2012年国际海底管理局第18届会议)。

　　随着海洋科研的进一步发展和进步,海洋学家发现区域海底存在多金属硫化物,此种矿物亦具有极大的开发潜力和经济价值。1998年在俄罗斯的提议下,管理局开始进行有关开发多金属硫化物的勘探规章的制定,并最终于海底管理局第16届会议通过;随后富钴铁锰资源亦进入管理局管制勘探和开发的范围,国际海底管理局于第18届会议上通过有关富钴铁锰结核探矿和勘探的规章。

　　从上述的分析来看,各国已经认识到深海资源勘探和开发活动可以带来巨大的经济利益,技术发达的国家已经开始积极投入深海海底资源勘探和开发活动中,并且有诸多国家已经通过相关法律对本国的作业者的深海活动作出规制,英国为迎接新的海底勘探和开发时代的到来,于2013年就提出对其深海采矿法的修改,并于2014年3月通过了该法的修正案。以上诸因素加剧了我国开始并完善相关立法的紧迫性。我国作为海洋大国,在深海海底资源勘探和开发领域不应落后于其他国家。但是与其他国家相比,我国在这一领域尚未起步,相应的制度也未建立,如前文所提到的许可证制度以及海洋环境保护制度等。

第二节　中国国内立法的必要性与空间

一、管理局制定勘探开发规章的权力

1982 年联合国第三次海洋法会议上通过了《联合国海洋法公约》(以下简称《公约》),其第十一部分"区域"部分,将全人类共同继承财产这一概念以法律的形式确立下来。[1]《公约》第十一部分第 156 条第 1 款设立国际海底管理局,所有缔约国都是管理局的当然成员,管理局是管理缔约国勘探和开发国际深海海底资源的行政机构[2]。但是美国等西方主要的工业国家对此部分持有异议,对《公约》的区域部分持有保留态度,经过联合国多次的协商,1994 年 7 月缔约国达成了《关于执行〈联合国海洋法公约〉第十一部分的协定》,从而消除了发达国家参与的障碍,但是直到现在美国仍然不是《公约》的成员国。

根据《公约》设立的国际海底管理局是主要负责缔约国勘探和开发海底资源的主要行政机关,负责制定勘探和开发海底资源具体的行政法规,制定相关的标准,并监督缔约国成员在作业时对标准的遵守,建立具体的勘探开发资源的制度[3];此外,管理局还有

---

[1] 肖峰:《〈联合国海洋法公约〉第 11 部分及其修改问题》,载《甘肃政法学院学报》1996 年第 2 期。

[2] Stephen Vasciannie, Part XI of the Law of the Sea Convention and Third States: Some General Observations, 48 *Cambridge L.J.* 85, 1989.

[3] James Harrison, The International Seabed Authority and the Development of the Legal Regime for Deep Seabed Mining (May 17, 2010). U. of Edinburgh School of Law Working Paper No. 2010/17.

保护海洋环境、推动深海科研以及保护海底文化遗产的义务。①

　　《公约》确定以平行开发制度为区域内资源开发的基本制度，该制度是指在国际海底管理局的组织和控制下，国际海底区域的开发，一方面由国际机构（国际海底管理局的企业部）来进行；同时在另一方面，也由缔约国及其公私企业通过与管理局签订合同进行勘探和开发，后者申请开发时，应当提供两块有同等商业价值的矿址，以供企业部和缔约国及其公私企业按合同条件进行开发。

　　国际海底管理局有制定规章的权力，此权力可以理解成是通过《公约》赋予的，管理局制定的规章中有些是关于其内部行政机构的，如管理局的资金运作规则或者协调管理局和企业部之间关系的规定②。除此之外，管理局有权制定规则确定分享在区域进行开发活动所获得的经济收益的标准③，等等。管理局的这些规则对区域海底锰矿球资源的探矿、勘探和开发方面都作出了具体的规定，包括在作业中对污染的控制，对区域自然资源的保护④，对作业人员的保护⑤，在区域从事作业所设立各种设施的规定。⑥

　　管理局制定的这些规则是构建区域海底资源勘探和开发法律制度的核心构成。《公约》第137条第2款规定：对"区域"内资源的一切权利属于全人类，由管理局代表全人类行使。这种资源不得让渡。但从"区域"内回收的矿物，只可按照本部分和管理局的规则、规章和程序予以让渡。此处的规定符合公约中全人类共同

① Tullio Scovazzi, "Mining, Protection of the Environment, Scientific Research an Bioprospecting: Some Considerations on the Role of the International Seabed Authority", *Int'l J. Mar. & C. L.* 383-409, 2004.
② Law of the Sea Convention, Articles 160(2)(f)(ii) and 162(2)(o)(ii).
③ Law of the Sea Convention, Articles 160(2)(f)(i) and 162(2)(o)(i).
④ Law of the Sea Convention, Articles 145 and 209.
⑤ Law of the Sea Convention, Articles 146.
⑥ Law of the Sea Convention, Articles 147.

继承财产的原则,也可以从此条的后半段看出管理局制定的规则之效力。

管理局制定的规则不仅关于各成员国,也关乎试图在区域进行投资,从事勘探、开发活动的投资者。在从事探矿、勘探和开发活动之前,投资者需要同管理局签订合同(协议)。若是从事探矿活动,投资者需要以书面方式承诺将遵守《公约》以及管理局所制定的相关规则和程序①。试图从事勘探和开发活动的投资人需要同管理局签订正式的合同②,有关勘探区域锰矿球的合同的标准条款在管理局制定的《"区域"内多金属结核探矿和勘探规章》的附件中有详细列明。标准合同载明:合同一方必须在合同规定的条件下从事勘探活动,并且遵守勘探规章、公约、协定以及其他不与公约冲突的国际法。由此可以看出,管理局制定的规章等规则对投资者亦具有直接的法律上的约束力。

管理局制定的规章等规则无需缔约国的同意(approval)而直接对缔约国具有约束力,其制定规章的程序非常重要,这也可能是导致美国等发达国家一直不愿意加入《公约》的原因之一。有关管理局制定规章的程序的规定,各成员国分歧较大,最终成员国在1994年的《关于执行〈联合国海洋法公约〉第十一部分的协定》中对此问题做出了妥协。为了保障各成员国在规则制定中的利益,管理局制定规则需要经过烦琐的程序,制定规则的权力被分散到管理局下设的三个主要的机构中:法律和技术委员会(Legal and Technical Commission)、理事会(Council),以及大会(Assembly)。

① Law of the Sea Convention, Annex III, Article 2.
② Law of the Sea Convention, Article 153(3) and Annex III, Article 3(5).

二、国内立法的空间

从前文的论述中可以得出以下几点结论：（1）区域部分的矿产资源是属于全人类共同的遗产，此为《公约》原则之一；（2）《公约》项下，对区域部分的资源是基于平行开发制度进行开发；（3）国际海底管理局是负责资源开发的主要行政机构，负责制定相关的规章和制度，构建区域资源开发的具体制度；（4）投资者在区域从事探矿、勘探和开采活动时应当遵守其同管理局签订的合同、《公约》、《执行协定》、管理局制定的规章以及其他相关国际法律，并履行其在国际法下的义务。

从上述的结论可以看出，关于区域资源开发的法律规定主要有以下几个来源：《联合国海洋法公约》、《关于执行〈联合国海洋法公约〉第十一部分的协定》、管理局制定的行政规章等规则。《公约》只是给区域开采提供一个较为粗线条的法律框架，而在其项下成立并得到其授权的国际海底管理局制定的行政规章才会涉及更加详细的对探矿、勘探和开发的规制以及相关法律制度的构建。目前管理局已经完成制定《"区域"内多金属结核探矿和勘探规章》和《"区域"内多金属硫化物探矿和勘探规章》①，于第18届会议审议、通过并核准了《"区域"内富钴铁锰结壳探矿与勘探规章》。

《"区域"内多金属结核探矿和勘探规章》尤其强调了在探矿和勘探过程中对海洋环境的保护。在公约刚缔结之际，国际环境法还在发展的初级阶段，虽然《公约》的第209条规定应当采取措施

---

① James Harrison, The International Seabed Authority and the Development of the Legal Regime for Deep Seabed Mining (May 17, 2010). University of Edinburgh School of Law Working Paper No. 2010/17.

防止、减少对区域海洋环境的污染,但是具体的实施细则仍然要由管理局通过规章作出规定。

《公约》的第十一部分主要适用于规制多金属结核的勘探和开发,但是随着海洋科研的进一步发展和进步,海洋学家发现区域海底存在多金属硫化物,此种矿物亦具有极大的开发潜力和经济价值。1998 年在俄罗斯的提议下,管理局开始进行有关开发多金属硫化物的勘探规章的制定。国际海底管理局第 19 届会议通过了对《"区域"内多金属结核探矿和勘探规章》修正案。在 2011 年会议上,理事会核准了法律和技术委员会的建议,修订管理局 2000年制定的《"区域"内多金属结核探矿和勘探规章》,以便与管理局2010 年制定的《"区域"内多金属硫化物探矿和勘探规章》保持一致。法律和技术委员会 2013 年 2 月审议了《"区域"内多金属结核探矿和勘探规章》修正案,并向理事会提交了 ISBA/19/C/WP.1号文件供理事会通过。管理局在 2012 年通过了《"区域"内富钴铁锰结壳探矿和勘探规章》,该规章第 21 条有关申请费的规定与《"区域"内多金属硫化物探矿和勘探规章》第 21 条相应的规定存在差别。法律和技术委员会提交的第 ISBA/19/C/WP.1 号文件中有关申请费用的第 19 条修正草案并未反映《"区域"内富钴铁猛结壳探矿和勘探规章》的相关内容。为此,秘书处建议以《"区域"内富钴铁锰结壳规章》第 21 条为基础修订《"区域"内多金属结核探矿和勘探规章》第 19 条,而不是使该条与《"区域"内多金属硫化物探矿和勘探规章》第 21 条保持一致①。以上三个规章的制定标志着管理局正在不断建立和完善区域海底资源勘探和开发的法律制度。在此种情况下,值得思考的问题是:区域海底资源的开发

———————

① 国际海底管理局第 19 届会议:http://china-isa.jm.china-embassy.org/chn/gljhy/jh/t1092730.htm,最后访问时间:2014 年 2 月 20 日。

的法律规制是否仅需要依靠上述的几类国际法律？在国际法律制度逐渐形成和完善的情况下，各国国内是否应当制定相应的法律？更值得斟酌的是，既然区域的资源是属于全人类共同继承财产，并不属于某一个国家的管辖，并且已经有相关的国际条约应对这一问题，并成立专门的机构负责管制勘探开发区域资源的活动，国内立法是否还有必要做出相应的回应？

国际环境法的议题涉及范围甚广，包括气候变化、生物多样性保护、跨国污染等议题，但是这些议题同区域资源勘探和开发的议题有不同之处。以气候变化为例，《联合国气候变化框架公约》乃是由国际主导的国际环境规范。这是一种由国际先行，再由各国配合执行的运作模式。因此，各国如何通过国际公约的内国法化来执行国际公约的内涵，履行其在公约项下的采取减缓和适应措施的义务，成为温室效应议题的重要课题。就此，各国必须考虑是否透过立法来执行其所担负的国际任务①。而相比之下，在明确"区域资源是全人类共同继承财产，各国不得随意开发，开发的经济收益也应当进行分配"的前提下，国际海底管理局已经开始负责具体的探矿、勘探和开发活动的行政管理，国内立法层面对区域资源勘探和开发议题的回应空间似乎较为狭窄，但不可否认的是国内立法亦是非常必要，并且国内立法的必要性也体现在公约的文字中以及国际海底管理局理事会会议的决议中。

1. 国内立法义务在公约中的体现

《公约》第 139 条第 2 款规定：在不妨害国际法规则和附件三

----

① 叶俊荣：《温室效应国际公约的规范与管制法规制定》，"全球温室气体排放管制对我国经济及能源政策之影响"探讨会，财团法人国家政策研究基金会，2000 年 12 月 9 日，中国台北。

第 22 条的情形下,缔约国或国际组织应对由于其没有履行本部分规定的义务而造成的损害负有赔偿责任;共同进行活动的缔约国或国际组织应承担连带赔偿责任。但如缔约国已依据第 153 条第 4 款和附件三第 4 条第 4 款采取一切必要和适当措施,以确保其根据第 153 条第 2 款(b)项担保的人切实遵守规定,则该缔约国对于因这种人没有遵守本部分规定而造成的损害,应免除担保国赔偿责任。

《公约》第 153 条第 4 款规定:管理局为确保本部分和与其有关的附件的有关规定,和管理局的规则、规章和程序以及按照第 3 款核准的工作计划得到遵守,应对"区域"内活动行使必要的控制。缔约国应按照第 139 条①采取一切必要措施,协助管理局确保这些规定得到遵守。

《公约》附件三《探矿、勘探和开发的基本条件》的第 4 条"申请者的资格"第 4 款规定,担保国应按照第 139 条,负责在其法律制度范围内,确保所担保的承包者应依据合同条款及其在本公约下的义务进行"区域"内活动。但如该担保国已制定法律和规章并采取行政措施,而这些法律和规章及行政措施在其法律制度范围内可以合理地认为足以使在其管辖下的人遵守时,则该国对其所担保的承包者因不履行义务而造成的损害,则免除担保国的赔偿责任。

综合以上几条可以作出以下理解:(1) 担保国有义务根据《公约》第 139 条"采取一切必要措施,确保"受担保的承包者遵守规定;(2) 根据《公约》附件三第 4 条第 4 款后半段的规定,《公约》第 153 条和第 139 条中所规定的"采取一切必要措施"指的是制定法

---

① 《公约》第 139 条是关于"确保遵守本公约的义务和损害赔偿责任"的规定。

律和规章并采取行政措施,而这些法律和规章及行政措施在其法律制度范围内可以合理地认为足以使在其管辖下的人遵守;(3)如果担保国已经制定相关法律,并且正常情况下担保人在遵守法律的情况下都可以避免某种损失的发生,那么担保国对这种损失没有赔偿责任。

此外,《公约》第 209 条规定:在本节有关规定的限制下,各国应制定法律和规章,以防止、减少和控制由悬挂其旗帜或在其国内登记或在其权力下经营的船只、设施、结构和其他装置所进行的"区域"内活动造成对海洋环境的污染。此处亦给国内立法提供了一定的立法空间,也是缔约国在公约项下所承担的立法方面的义务。

2. 国内立法义务在管理局会议决议中的体现

在 2011 年管理局第十七届会议期间,法律和技术委员会建议,国际海底管理局应负责编写协助担保国履行上述义务的示范立法[ISBA/17/C/13[①],第 31(b)段:委员会指出,担保国有责任制定法律和规章以及采取适当和必要的行政措施,确保其管辖的人士履约和接受海底争端分庭[②]在这方面给予的指导。委员会建议,国际海底管理局应负责编写协助担保国履行义务的示范立法,把它作为其工作方案的一部分,但视可用资源情况而定]。

根据法律和技术委员会的该项建议,管理局理事会在第 172

---

① ISBA 17/C/13 法律和技术委员会主席关于委员会第十七届会议的工作总结报告:http://www.isa.org.jm/files/documents/CH/17Sess/Council/ISBA-17C-13.pdf.

② 公约成立了海洋法法庭(International tribunal of law of sea,附件六:海洋法法庭章程),但是为了应对海底区域的争端,该法庭又下设了海底争端分庭(Seabed Disputes Chamber of the International Tribunal for the Law of the Sea),见公约第186 条到 191 条。

次会议上决定请秘书长编写一份报告,说明各担保国及管理局其他成员通过的与"区域"内活动有关的法律、条例和行政措施。理事会还邀请担保国及管理局其他成员酌情向管理局秘书处提供相关国家级法律、条例和行政措施的信息或文本(ISBA/17/C/20[①],第3段:请秘书长编写一份报告,说明各担保国及管理局其他成员通过的与"区域"内活动有关的法律、条例和行政措施,并为此邀请担保国及管理局其他成员酌情向秘书处提供相关国家级法律、条例和行政措施的信息或文本)。

三、小结

前文从公约的法条内容出发,论证了我国在深海海底资源勘探和开发方面立法的必要性和空间。考虑到深海海底资源潜在的巨大经济利益,国际上其他国家已经开始了深海海底勘探和开发的活动,并且开始并完善相关立法,就目前的分析,笔者认为:

(1)从数量上看,进行深海海底资源勘探开发专门立法的国家并不多,但是海洋大国、强国基本都有了该方面的立法。

(2)深海海底资源勘探开发活动是一个渐进的过程,应该提前做好立法的准备,提高我国从法律制度上因应将来深海资源勘探开发过程中可能产生的法律问题的能力。

(3)从目前的发展状况来看,中国对深海海底资源的需求比任何国家都迫切。

(4)中国的企业要走向大洋,进行深海海底资源的勘探开发,必须要有相应的国内法律制度的规范、促进和保障。

---

① ISBA/17/C/20 http://www.isa.org.jm/files/documents/EN/17Sess/Council/ISBA-17C-20.pdf.

（5）我们要有足够的立法自信，在处理好与国际立法关系的同时，要及早掌握深海海底制度构建、标准制定的话语权。

因此，用战略的眼光看，目前制定该方面的法律是紧迫的，也是必须的。

第八章
中国深海海底资源勘探开发法

深海海底矿产资源具有极大的经济价值,随着陆地矿产资源的不断耗尽以及经济发展对矿产资源的需求的增加,各国已把注意力由陆地转向资源丰富的海洋。深海矿产资源勘探与开发也愈来愈受到各国政府的极大关注,但是深海资源勘探开发需要考虑诸多因素,如本国的经济、政治和科学技术等问题,协调和平衡各有关产业之间的利益关系,而且要考虑各国之间的有关政策、法规以及对海洋的各种影响(尤其是海洋生态环境、海底文化遗产等影响)因素。

目前区域资源开发的国际规则尚未出台,科学方面的不确定性还有待于进一步研究,包括对深海环境的研究以及勘探开发行为对海洋环境可能带来的影响,开发活动所带来的经济利益的分配制度①也尚未形成。尽管存在以上诸种不确定因素,但是可以确定的是深海资源勘探开发的时代必将来到,在国际制度逐渐形成的过程中,各国都在做准备,完善相关立法②。

---

① 开发所带来的经济利益将会在承包者、担保国以及国际海底管理局之间进行分配。

② UK Deep sea mining bill, second reading Moved by Baroness Wilcox. http://www.publications.parliament.uk/pa/ld201314/ldhansrd/text/140207-0001.htm#14020749000323, last visit: 2014/2/18.

第一节 我国现行相关立法和制度

我国目前已经制定与勘探和开发本国管辖海区中的大洋矿产资源的活动有关的法律、细则和条例,包括《矿产资源法》《矿产资源法实施细则》《海洋环境保护法》《防治海洋工程建设项目污染损害海洋环境管理条例》等。已根据这些法律和条例制定了一系列法律措施,包括申请勘探和开发海洋矿产资源的处理机制、环境影响评估制度及污染和损害赔偿和惩罚制度。虽然这些立法不是专门为了应对深海海底资源勘探和开发,但是通过这些法律和条例的立法过程,我国在规范海洋矿产资源的勘探和开发及海洋环境保护方面积累了丰富的经验。以下笔者试图对我国现有相关的制度进行总结和梳理,以现有制度为基础,展望深海海底矿产资源勘探和开发法中所应当构建的制度。

一、矿产资源勘探和开发相关制度

(一)国家所有制度(全民所有制)

1. 国家所有制度(全民所有制)在我国法律中的相关规定

我国《矿产资源法》第 3 条规定:矿产资源属于国家所有,由国务院行使国家对矿产资源的所有权。地表或者地下的矿产资源的国家所有权,不因其所依附的土地的所有权或者使用权的不同而改变。

我国自然资源国家所有制度在其他立法中有所有体现,从最高位阶的宪法到具体的部门法。如《宪法》第 9 条规定:"矿藏、水流、森林、山岭、草原、荒地、滩涂等自然资源,都属于国家所有,即全民所有;由法律规定属于集体所有的森林和山岭、草原、荒地、滩涂除外。"

第 10 条规定:"城市的土地属于国家所有。农村和城市郊区的土地,除由法律规定属于国家所有的以外,属于集体所有;宅基地和自留地、自留山,也属于集体所有。"

法律位阶的法律包括《民法典》"物权"编以及其他自然资源的专项立法。

《民法典》"物权"编的相关规定:

"第二百四十六条　法律规定属于国家所有的财产,属于国家所有即全民所有。

国有财产由国务院代表国家行使所有权。法律另有规定的,依照其规定。

第二百四十七条　矿藏、水流、海域属于国家所有。

第二百十八条　无居民海岛属于国家所有,国务院代表国家行使无居民海岛所有权。

第二百四十九条　城市的土地,属于国家所有。法律规定属于国家所有的农村和城市郊区的土地,属于国家所有。

第二百五十条　森林、山岭、草原、荒地、滩涂等自然资源,属于国家所有,但法律规定属于集体所有的除外。

第二百五十一条　法律规定属于国家所有的野生动植物资源,属于国家所有。"

《水法》第 3 条规定:"水资源属于国家所有。水资源的所有权由国务院代表国家行使。农村集体经济组织的水塘和由农村集体经济组织修建管理的水库中的水,归各该农村集体经济组织使用。"

《野生动物保护法》第 3 条规定:"野生动物资源属于国家所有。"

《草原法》第 9 条规定:"草原属于国家所有,由法律规定属于

集体所有的除外。国家所有的草原,由国务院代表国家行使所
有权。"

《土地管理法》第 2 条规定:"中华人民共和国实行土地的社会
主义公有制,即全民所有制和劳动群众集体所有制。全民所有,即
国家所有土地的所有权由国务院代表国家行使。"

《煤炭法》第 3 条规定:"煤炭资源属于国家所有。地表或者地
下的煤炭资源的国家所有权,不因其依附的土地的所有权或者使
用权的不同而改变。"

《森林法》第 14 条规定:"森林资源属于国家所有,由法律规定
属于集体所有的除外。"

2. "自然资源国家所有即全民所有"的含义

上述的规定中"国家所有即全民所有"重复出现。国家所有权
和全民所有之间是否属于等同关系,国家所有权的主体是什么,以
及该制度是否在我国深海海底资源勘探和开发法上加以引用,这
些是我们需要思考的问题。

社会主义公有制基础下,国家所有权是全民所有制在法律上
的体现。国家所有权是一个法律上的概念,而全民所有制属于政
治经济学的概念,后者是经济基础,前者是上层建筑。全民所有与
其说是一种民法上的所有权形式,不如说是一种确保全民可平等
地享用或享受其利益的一种制度措施,是确保社会中重要财产合
理利用和实现社会平衡与持续发展的策略;其重要意义在于它的
制度价值。①

全民所有制并不是民法上的一种所有制,指的是我国的经济

---

① 高富平:《公有和私有的法律含义》,载《清华法律评论》(第三辑),清华大学出版社
2000 年版,转引自马俊驹:《国家所有权的基本理论和立法结构探讨》,载《中国法
学》2011 年 4 月。

制度,我国的生产资料是全民所有,在这种经济关系中,每一个社会成员都拥有公有权,在公有权下每个社会成员都是所有者,但是每个人的公有权只有同其他一切人的所有权相结合、共同构成公有权的时候才有效,才能发挥作用。① 公有权的这种属性对国家所有权的构成产生重要影响。首先全体人民拥有公有权是国家所有权存在的基础;其次国家所有权的行使关系到社会公共利益,必然有公权力的强制效力,法律需要对"公共利益"的内涵和外延进行定义,由于此公共利益影响到民众人身和财产利益,对公共利益的划定应当属于法律保留。最后在法律规定或者人民群众生活必需的范围内国家所有权具有社会的公共属性,民众可以在必要的范围内对国家公用财产享有自由、平等的使用权。②

国家这一主体具有双重属性,一方面,作为政治实体,国家具有公法人格,以行政主体的身份来行使国家权力;但是另一方面,国家也具备私法人格,作为民事主体参与到民事活动中。③ 哈特在解读罗马法时就讲道:"国家可能在两个不同的方面成为所有者。一方面,国家可以如同一般的私有财产权人一样,行使所有排他性使用的权利,就如对共和国的国库、帝国的国库、属于国家的奴隶以及矿产和土地行使独占使用的权利一样。但是国家有另一个所有者的身份,比如对海港的所有权,海港土地的所有权被认为继承自国家,但永久的使用因此是贡献给公众的。"④

因此,根据自然资源的不同用途可以将自然资源区分为国家私产和社会公共财产。对于国家私产,国家对这类财产享有排他

---

① 马俊驹:《国家所有权的基本理论和立法结构探讨》,载《中国法学》2011年第4期。
② 同上。
③ 此种双重人格理论的基础是国库理论,将国家人格割裂为二:一个是固有意义上的行使公权力的国家,另一个具有私人性质的国家,即国库。
④ 肖泽晟:《社会公共财产与国家私产的分野》,载《浙江学刊》2007年第6期。

性的法人财产权,用于国家获得收入,实现国库收入的最大化,政府在这个过程中作为民事主体参与到民事活动中。对于社会公共财权类型的自然资源,其用途是为了直接服务于公共用途,每个公民都有使用权,这种财权不具有排他性,其存在的目的是为了维护公平,确保每个公民最低限度的自由和自主,政府在管理这类自然资源的角色仅是作为行政管理者仲裁或者调解使用者之间的利益冲突,维持使用秩序。[①]

因此,国有自然资源是一个笼统的概念,由两类性质完全不同的自然资源组成:一类是可以由国家独立并获取其利益的,类似于私人所有的自然资源;另一类仅在名义上归属于国家,实质上是为全体国民服务的公共资源,国家只以公众代表的身份进行保护和管理,不能独占或者自由处分。[②] 从上述法律条文可知,我国国有自然资源的权利是由国务院代表国家行使。因此,民众享有自然资源的权利的方式有两种。第一是通过民主的方式选举代表自己利益的所有权行使者,管理自然资源,国务院应当为民众的利益管理自然资源,所获得利益归属于全民。利益归属于全民是因为在我国的全民所有制下,每个社会成员对自然资源都享有公有权,这个公有权是构成国家对自然资源所有权(即自然资源国家所有权)的经济基础,由于民众的这种公有权的存在,国家在管理自然资源的时候应当满足两个条件,首先是必须为民众的利益管理自然资源,其次是管理自然资源的收益应当由民众享有。民众享有自然资源权利的第二种方式是对某些生存必需的自然资源直接占有和自由使用。这种自然资源属于大陆法系公物理论中的"公产",其存在的目的是为了服务民众,比如森林、山岭、湖泊、空气、

---

① 肖泽晟:《社会公共财产与国家私产的分野》,载《浙江学刊》2007年第6期。
② 邱秋:《中国自然资源国家所有权制度研究》,科学出版社2010年版,第102页。

流水、海洋、草地等这类资源。国家对这些自然资源享有所有权，具有排他性，民众对其享有的自然共用财产使用权，没有排他性，不得独占，只能平等享有。[①] 这类资源不是传统民法上所有权的客体，国家对它的管理责任，仅在维护公物的状态和可用性，以确保民众对该类自然资源的使用。

对照前文对国家所有的自然资源种类的二分法，结合《矿产资源法》的第 3 条(矿产资源属于国家所有，由国务院行使国家对矿产资源的所有权)以及该法的第 5 条(国家实行探矿权、采矿权有偿取得的制度；但是，国家对探矿权、采矿权有偿取得的费用，可以根据不同情况规定予以减缴、免缴；具体办法和实施步骤由国务院规定)，可知矿产资源属于第一类国家所有的自然资源，国家如同私人一样对矿产资源享有权利，并且通过对矿产资源的管理，如通过以有偿的方式发放探矿证以及开采证管理资源，其管制活动所得利益均属全民所有。

(二)探矿权和采矿权涉及的相关制度

1. 探矿权

探矿权，是指在依法取得的勘查许可证规定的范围内，勘查矿产资源的权利。取得勘查许可证的单位或者个人称为探矿权人。勘查矿产资源，应当按照国务院关于矿产资源勘查登记管理的规定，办理申请、审批和勘查登记。

(1)国家实行探矿权有偿取得制度

国务院 1998 年 2 月发布的《矿产资源勘查区块登记管理办法》规定，探矿权人必须向国家逐年缴纳"探矿使用费"。为了促进探矿权人提高勘查效率，探矿权使用费从第四个勘查年度起，在前三个年度每平方公里每年缴纳 100 元的基础上，每年递增 100 元

---

① 邱秋：《中国自然资源国家所有权制度研究》，科学出版社 2010 年版，第 48 页。

（最高不超过每平方公里每年 500 元）。探矿权申请人如果申请的区块属于国家出资勘查，并已经探明矿产地的，还应缴纳经评估确认的国家出资勘查形成的探矿权价款。对于勘查的矿种和区域属于国家鼓励勘查的，可以按不同情况规定减缴或免缴矿产权使用费和价款。探矿权的有偿取得可以通过招标、投标的方式，鼓励申请人开展公平竞争。

（2）国家对矿产资源的勘查实行区块登记管理制度和许可证制度

《矿产资源法实施细则》第 5 条规定了矿产资源探矿许可证制度：勘查矿产资源，必须依法申请登记，领取勘查许可证，取得探矿权。《矿产资源法》第 12 条规定：国家对矿产资源勘查实行统一的区块登记管理制度。

此外，国务院还颁布了《矿产资源勘查区块登记管理办法》，该办法明确划分了国务院和省级的地质矿产主管部门审批登记的职责范围。登记管理机关应当自收到申请之日起 40 日内，按照申请在先的原则作出准予登记或者不予登记的决定，并通知探矿权申请人。准予登记的，探矿权申请人应当自收到通知之日起 30 日内，办理登记手续，领取勘查许可证，成为探矿权人。[1]

勘查许可证有效期最长为三年；但是，石油、天然气勘查许可证有效期最长为 7 年。需要延长勘查工作时间的，探矿权人应当在勘查许可证有效期届满的 30 日前，到登记管理机关办理延续登记手续，每次延续时间不得超过 2 年。[2]

（3）探矿权人享有的权利

探矿权人享有下列权利：① 按照勘查许可证规定的区域、期

---

[1]《矿产资源勘查区块登记管理办法》第 8 条。
[2]《矿产资源勘查区块登记管理办法》第 10 条。

限、工作对象进行勘查；② 在勘查作业区及相邻区域架设供电、供水、通讯管线，但是不得影响或者损害原有的供电、供水设施和通讯管线；③ 在勘查作业区及相邻区域通行；④ 根据工程需要临时使用土地；⑤ 优先取得勘查作业区内新发现矿种的探矿权；⑥ 优先取得勘查作业区内矿产资源的采矿权；⑦ 自行销售勘查中按照批准的工程设计施工回收的矿产品，但是国务院规定由指定单位统一收购的矿产品除外。探矿权人行使前款所列权利时，有关法律、法规规定应当经过批准或者履行其他手续的，应当遵守有关法律、法规的规定。

（4）探矿权人履行的义务

探矿权人应当履行下列义务：① 在规定的期限内开始施工，并在勘查许可证规定的期限内完成勘查工作；② 向勘查登记管理机关报告开工等情况；③ 按照探矿工程设计施工，不得擅自进行采矿活动；④ 在查明主要矿种的同时，对共生、伴生矿产资源进行综合勘查、综合评价；⑤ 编写矿产资源勘查报告，提交有关部门审批；⑥ 按照国务院有关规定汇交矿产资源勘查成果档案资料；⑦ 遵守有关法律、法规关于劳动安全、土地复垦和环境保护的规定；⑧ 勘查作业完毕，及时封、填探矿作业遗留的井、硐或者采取其他措施，消除安全隐患。

（5）勘查造成的损失补偿制度

探矿权人取得临时使用土地权后，对耕地、牧区草场、耕地上的农作物、经济作物以及对竹林、对土地上的附着物造成损害的，给他人造成财产损失的，都要按照规定给予赔偿。①

探矿权人在没有农作物和其他附着物的荒岭、荒坡、荒地、荒

---

① 《矿产资源法实施细则》第 21 条。

漠、沙滩、河滩、湖滩、海滩上进行勘查的，不予补偿；但是，勘查作业不得阻碍或者损害航运、灌溉、防洪等活动或者设施，勘查作业结束后应当采取措施，防止水土流失，保护生态环境。

2. 采矿权

采矿权，是指在依法取得的采矿许可证规定的范围内，开采矿产资源和获得所开采的矿产品的权利。取得采矿许可证的单位或者个人称为采矿权人。

(1) 采矿权的取得实行登记制度和许可证制度

国有矿山企业开采矿产资源，应当按照国务院关于采矿登记管理的规定，办理申请、审批和采矿登记。开采国家规划矿区、对国民经济具有重要价值矿区的矿产和国家规定实行保护性开采的特定矿种，办理申请、审批和采矿登记时，应当持有国务院有关主管部门批准的文件。开采特定矿种，应当按照国务院有关规定办理申请、审批和采矿登记。

(2) 国家实行采矿权的有偿权取得制度

矿产资源具有极高的经济价值和生态价值，前文也有论述，国家对矿产资源享有独占的权利，管理自然资源，采矿权人要取得采矿权，应该支付相应的费用，有偿取得，国家在管理矿产资源过程中所获得的收益归全民所有。这里的有偿使用费用包括采矿权使用费和采矿权价款。

① 采矿权使用费。国务院颁发的《矿产资源开采登记管理办法》规定，国家实行采矿权有偿取得的制度。采矿权使用费，按照矿区范围的面积逐年缴纳，标准为每平方公里每年 1 000 元。[①]

② 采矿权价款。如果申请的采矿权属于国家出资勘查并已

---

① 《矿产资源开采登记管理办法》第 9 条。

经探明的矿产地,采矿权申请人还应当缴纳经评估确认的国家出资勘查形成的采矿权价款。

③ 使用费的减免。对于开采边远贫困地区矿产资源的、开采国家紧缺矿种的,或者因自然灾害等不可抗力原因,造成矿产严重亏损或停产的,经批准可以根据不同情况予以减免或免缴使用费。

④ 采矿权有偿取得的方式。按照公平、公正、公开的原则,可以通过招标投标方式有偿取得。

(3) 补偿资源损失制度

《矿产资源法》第 5 条规定,开采矿产资源,必须按照国家有关规定缴纳资源税和资源补偿费。

根据利用者补偿的原则,采矿权人开采利用了属于国家所有(即全民所有)的矿产资源,应当向国家缴纳资源税,并且对矿产资源的损耗、损失给予经济上的补偿。这一措施一方面是用经济手段促使采矿权人合理开采、综合利用、节约资源、防止浪费,同时也符合公平原则,即"利用公共资源,补偿公共的损失"。

(4) 采矿权人享有的权利

采矿权人享有下列权利: ① 按照采矿许可证规定的开采范围和期限从事开采活动; ② 自行销售矿产品,但是国务院规定由指定的单位统一收购的矿产品除外; ③ 在矿区范围内建设采矿所需的生产和生活设施; ④ 根据生产建设的需要依法取得土地使用权; ⑤ 法律、法规规定的其他权利。采矿权人行使前款所列权利时,法律、法规规定应当经过批准或者履行其他手续的,依照有关法律、法规的规定办理。

(5) 采矿权人履行的义务

采矿权人应当履行下列义务: ① 在批准的期限内进行矿山建设或者开采; ② 有效保护、合理开采、综合利用矿产资源; ③ 依法缴纳资源税和矿产资源补偿费；④ 遵守国家有关劳动安全、水土保持、土地复垦和环境保护的法律、法规；⑤ 接受地质矿产主管部门和有关主管部门的监督管理，按照规定填报矿产储量表和矿产资源开发利用情况统计报告。

3. 探矿权、采矿权的转让

《矿产资源法》对探矿权和采矿权的转让作出了严格的限制，只有在以下两种情况下，才可以转让探矿权和采矿权：(1) 探矿权人有权在划定的勘查作业区内进行规定的勘查作业，有权优先取得勘查作业区内矿产资源的采矿权。探矿权人在完成规定的最低勘查投入后，经依法批准，可以将探矿权转让他人。(2) 已取得采矿权的矿山企业，因企业合并、分立，与他人合资、合作经营，或者因企业资产出售以及有其他变更企业资产产权的情形而需要变更采矿权主体的，经依法批准可以将采矿权转让他人采矿。

此外，《矿产资源法》又规定，禁止将探矿权倒卖牟利。国务院颁发的《探矿权采矿权转让管理办法》对权利的转让作出了更加具体的规定。

转让探矿权应当具备下列条件：(1) 自颁发勘查许可证之日起满2年，或者在勘查作业区内发现可供进一步勘查或者开采的矿产资源；(2) 完成规定的最低勘查投入；(3) 探矿权属无争议；(4) 按照国家有关规定已经缴纳探矿权使用费、探矿权价款；(5) 国务院地质矿产主管部门规定的其他条件。[①]

转让采矿权，应当具备下列条件：(1) 矿山企业投入采矿生产满1年；(2) 采矿权属无争议；(3) 按照国家有关规定已经缴纳采

---

① 《探矿权采矿权转让管理办法》第5条。

矿权使用费、采矿权价款、矿产资源补偿费和资源税;(4)国务院
地质矿产主管部门规定的其他条件。国有矿山企业在申请转让采
矿权前,应当征得矿山企业主管部门的同意。①

除了满足以上的条件,转让人应当向审批管理机关提交以下
材料:(1)转让申请书;(2)转让人与受让人签订的转让合同;
(3)受让人资质条件的证明文件;(4)转让人具备本办法第5条
或者第6条规定的转让条件的证明;(5)矿产资源勘查或者开采
情况的报告;(6)审批管理机关要求提交的其他有关资料。国有
矿山企业转让采矿权时,还应当提交有关主管部门同意转让采矿
权的批准文件。②

二、海洋环境保护相关制度

我国《海洋环境保护法》以及《防治海洋工程建设项目污染损
害海洋环境管理条例》规定了诸多制度用以应对海洋资源开发和
利用过程中可能造成的环境污染和生态的破坏。并且这些制度在
今后的深海海底资源勘探和开发立法中的环境保护方面可以予以
沿用。

(一)排污总量控制制度

国家建立并实施重点海域排污总量控制制度,确定主要污染
物排海总量控制指标,并对主要污染源分配排放控制数量。③

排污总量控制是典型的命令与控制(Command and Control)
的管制模式。传统的福利经济学将环境问题解释为由外部性导
致的市场失灵的症状,而外部性的存在也给政府干预提供了正

---

① 《探矿权采矿权转让管理办法》第6条。
② 《探矿权采矿权转让管理办法》第8条。
③ 《海洋环境保护法》第3条。

当的理由。[①] 在他们看来,政府对环境外部性的一切方面有统一融贯的知识,能够将外部性内在化。命令与控制型政策工具是政府作为公民的代理人选择法律或者行政的方法制定环境质量标准,通过法规或禁令来限制危害环境的活动,对违法者进行法律制裁。[②]

国家通过制定各种环境标准管理环境:排放标准是政府设定的企业排污量的上限,技术标准是要求市场活动者采用规定的生产工艺、技术或措施。各国通过排放限额、用能和排放标准、供电配额等方式对二氧化碳排放或者能源利用水平进行直接控制。比如欧盟对高耗能企业的二氧化碳排放进行管制,美国有些州对供电商实行了可再生能源发电额配置制度(Renewable Energy Portfolio Standard)。

美国在制定 1970 年的《清洁空气法》时,缺乏有关美国大气污染的严重程度以及达到足以保护人体健康的空气质量标准所需要削减的排放量的信息,国会在制定该法时将注意力集中在尽快提高空气质量而非花更多时间辩论如何提高空气质量或者在多大程度上提高空气质量上。[③] 这也是命令与控制式的管理方式的优势,即在信息很不充分的情况下,国家直接制定法律,强制企业安装并运行污染控制设备,就可以确保某种程度上的排放量削减,即使无法精确地测量到底减少了多少。

我国《海洋环境保护法》中实行海域污染物总量控制就是要根

---

① 参见[美]丹尼尔·科尔:《污染与财产权》,严厚福、王社坤译,北京大学出版社 2009 年版,第 94 页。

② 参见[美]丹尼尔·史普博:《管制与市场》,余辉等译,上海三联书店 1999 年版,第 56 页。

③ 参见[美]丹尼尔·科尔:《污染与财产权》,严厚福、王社坤译,北京大学出版社 2009 年版,第 80 页。

据海洋功能区划和海洋环境容量来确定污染物排入海洋的总量，以保证海水符合相应的水质要求。《中国海洋 21 世纪议程》对污染物进行总量控制作出了原则性的要求，要逐步实现对已超过海洋环境允许浓度的污染物进行总量控制；开展海域环境质量状况及污染物容纳能力综合评价，对超过或接近环境质量标准的污染物，制定排放标准和区域总量控制标准；科学规划海域使用功能，合理估算海域的环境吸收容量，对主要污染物实施限定排放浓度和总量控制制度。[①]

排污总量控制制度较以往的以浓度标准为基础的控制有其优势，它是对传统污染控制的改进和提高。污染物浓度控制方法，要求污染物的排放不得超过规定的浓度标准，此方法的缺陷在于即使单个污染源符合浓度排放标准，但是如果各个污染源的排放总量汇集起来有可能超过环境容量，仍不能控制环境质量的恶化，因此浓度控制的方法不能有效地解决和控制海洋环境污染。

但是我国《海洋环境保护法》关于排污总量的控制制度适用的范围是有限制的。首先，实施污染总量控制是"重点海域"；其次，并不是对所有污染物都进行总量控制，此种制度针对的是主要污染物，排放控制数量分配给主要污染源，而不是分配给所有污染源。这些限制表明，在制度适用上，我国是从实际情况出发，不全面铺开，而是先抓重点。

（二）海洋环境质量标准制度

国家根据海洋环境质量状况和国家经济、技术条件，制定国家海洋环境质量标准。沿海省、自治区、直辖市人民政府对国家海洋环境质量标准中未作规定的项目，可以制定地方海洋环境质量标

---

① 《中国海洋 21 世纪议程》：http://www.npc.gov.cn/huiyi/lfzt/hdbhf/2009-10/31/content_1525058.htm，最后访问时间：2014 年 6 月 6 日。

准。沿海地方各级人民政府根据国家和地方海洋环境质量标准的规定和本行政区近岸海域环境质量状况,确定海洋环境保护的目标和任务,并纳入人民政府工作计划,按相应的海洋环境质量标准实施管理。[①]

国家和地方水污染物排放标准的制定,应当将国家和地方海洋环境质量标准作为重要依据之一。在国家建立并实施排污总量控制制度的重点海域,水污染物排放标准的制定,还应当将主要污染物排海总量控制指标作为重要依据。[②]

我国环境标准是国家为防治环境污染,维护生态平衡,保护人体健康,由国务院环境保护行政主管部门和省级人民政府依据国家有关法律规定制定的技术准则,从而使环境保护工作中需要统一的各项技术规范和技术要求法制化,是环境保护法律体系的组成部分。环境标准是环境保护法律、法规执行的主要依据之一;是衡量环境质量优劣的尺度,是保护人民健康的重要手段。

环境标准包括环境质量标准、污染物排放标准、国家环境基础标准、国家环境监测方法标准以及国家环境标准样品。从《海洋环境保护法》的规定可以看出,海洋环境质量标准包括两级:(1)国家海洋环境质量标准;(2)地方海洋环境质量标准。地方环境标准规定的是国家标准中未作规定的项目,此外,地方环境标准对国家标准中已规定的亦可以作出严于国家污染物排放标准的标准。[③]

（三）排污收费制度

直接向海洋排放污染物的单位和个人,必须按照国家规定缴

---

① 《海洋环境保护法》第 10 条。

② 《海洋环境保护法》第 11 条。

③ 张梓太主编:《环境与资源法学》,科学出版社 2007 年版,第 97 页。

纳排污费。向海洋倾倒废弃物,必须按照国家规定缴纳倾倒费。征收的排污费、倾倒费,必须用于海洋环境污染的整治,不得挪作他用。[1]

排污收费制度是在 1979 年的《环境保护法》中正式规定的,此后在我国主要的环境法律、法规中基本上都有这一制度的规定,《海洋环境保护法》中亦有此制度的规定。排污收费制度是运用经济手段促进污染治理和技术改造的有效法律制度,体现了污染者负担的原则。

应对环境污染问题,传统的命令与控制之管制手段逐渐显得捉襟见肘,社会科学界逐渐发展出新的政策与管制模式以期达到更好的管制成效,而运用市场机制与经济诱因之管制形态,如课税、征收排污费,排放权交易等逐渐受到关注。

排污收费制度是引入市场之机制,采用经济诱因之手段,促进行为人采取环保之措施。环境政策上关于经济诱因的讨论,主要着眼于以下四个理论优势:(1)经济诱因可透过对污染者污染防止责任的重新分配,有效降低整体污染防止成本,且不至于对环境品质造成负面影响;(2)经济诱因的手段可见许多环境管制机关无法处理的问题,若交由市场机制加以调节,行政部门则可以将心力放在制度设计的精准上,盖污染者本身在污染防止的专业知识与技术上必然优于环境主管机关,由前者考量自身的经济规模与能力在既有制度架构中可提升其市场竞争力;(3)如此促使业者有动力进行技术的创新,通过给予其财政上诱因,激发其技术发明的潜力;(4)此外经济诱因一反传统上环保与经济发展必然对立的认知,将经济因素纳入环境政策与法律建制之中,通过市场技能

---

[1] 《海洋环境保护法》第 12 条。

的引进与运作,环保工作商业化本身也成为经济发展的一环,长远而言,也能够适度的调和环保与经济发展两项价值之间的冲突。[①]

（四）落后生产工艺和落后设备淘汰制度以及清洁生产制度

国家加强防治海洋环境污染损害的科学技术的研究和开发,对严重污染海洋环境的落后生产工艺和落后设备,实行淘汰制度。企业应当优先使用清洁能源,采用资源利用率高、污染物排放量少的清洁生产工艺,防止对海洋环境的污染。[②]

落后工艺设备限期淘汰制度是对严重污染环境的落后生产工艺和设备,由国务院综合主管部门会同有关部门公布名录和期限,要求有关单位和个人在规定的期限内停止生产、销售、进口和使用应淘汰的设备和停止采用淘汰工艺的法律制度,该制度的目的在于促进企业采用资源利用效率高、污染物排放量少的清洁生产工艺和先进设备,减少污染物的产生,这项制度亦是我国预防为主,防止结合原则的具体体现。

采用清洁能源和生产工艺。企业应当优先使用清洁能源,采用资源利用率高、污染物排放量少的清洁生产工艺,减少污染物的产生。此种制度摒弃过去传统的末端控制的方式,从源头抓起,全过程控制,从产品设计开始,注重采用合理的先进工艺并加强管理,从而能有效地减少海洋污染物的产生。

（五）突发污染事故通报制度

因发生事故或者其他突发性事件,造成或者可能造成海洋环境污染事故的单位和个人,必须立即采取有效措施,及时向可能受到危害者通报,并向依照本法规定行使海洋环境监督管理权的部

---

① 详细讨论请参见叶俊荣:《论环境政策上的经济诱因:理论与依据》,《台大法学论丛》1990 年第 20 卷第 1 期,第 93—101 页。
② 《海洋环境保护法》第 13 条。

门报告,接受调查处理。沿海县级以上地方人民政府在本行政区域近岸海域的环境受到严重污染时,必须采取有效措施,解除或者减轻危害。①

通报制度的规定,其目的是为了通知可能受到事故影响的各方,为尽快采取相关措施,减小污染所可能带来的损害。在发生紧急突发事故之时,应当遵循就近原则,这一原则也体现在"沿海县级以上地方人民政府在本行政区域近岸海域的环境受到严重污染时,必须采取有效措施,解除或者减轻危害"这一规定中。如此规定出于两个因素的考量:(1)任何一件污染事故的发生之初都是进行污染控制和补救的最佳时机,如果错过这一最佳时机,采取的措施可能效果会大大降低;(2)沿海县级以上人民政府对沿海环境较为熟悉,能够较为方便的及时采取相关措施,开展污染控制和补救工作,如此可能会达到最大的污染防控效果。

除了《海洋环境保护法》中对污染事故通报制度有规定以外,在《环境保护法》《水污染防治法》《大气污染防治法》中都有类似的规定。

(六)重大海上污染事故应急计划制度

国家根据防止海洋环境污染的需要,制定国家重大海上污染事故应急计划。国家海洋行政主管部门负责制定全国海洋石油勘探开发重大海上溢油应急计划,报国务院环境保护行政主管部门备案。国家海事行政主管部门负责制定全国船舶重大海上溢油污染事故应急计划,报国务院环境保护行政主管部门备案。沿海可能发生重大海洋环境污染事故的单位,应当依照国家的规定,制定污染事故应急计划,并向当地环境保护行政主管部门、海洋行政主

---

① 《海洋环境保护法》第 17 条。

管部门备案。沿海县级以上地方人民政府及其有关部门在发生重大海上污染事故时,必须按照应急计划解除或者减轻危害。[①]

（七）环境影响评价制度

1. 环境影响评价之滥觞

环境影响评价首创于美国 1969 年的《国家环境政策法》(NEPA)。但是在其草案中原本并没有环境影响制度的内容。在该法案的一次听证会中,一位印第安纳大学的教授提出这个法案应该包括要求联邦行政机关"断定"其行政行为对环境影响的建议。这个建议得到了很多人的支持,最终草案通过并且将"断定"改为要求行政机关对环境影响予以"详细说明",以加重行政机关说明和报告其行为造成的环境影响的法律义务;同时,将原议案规定的只在行政机关内部进行环境影响审查改为可以由其他行政机关审查,以加强行政机关的拟议行为所造成的环境影响的外部监督。

随后的 1970 年的美国《清洁空气法》第 309 条对联邦环境保护审查环境影响职责作出了相应的规定。1978 年,美国环境质量委员会进而颁布了《国家环境政策实施程序条例》(CEQ 条例),作为其实施细则。

该条例将环境影响评价制度的施行具体落实在环境影响报告书的编制和审批中。美国的环境影响评价的法定程序实际上可以分为编制环境评价(EA)和编制环境影响报告书(EIS)。[②]

除非一项拟议行为被联邦机构确定为对环境没有显著影响的行为而被排除适用《国家环境政策法》,否则各机构都必须

---

① 《海洋环境保护法》第 18 条。
② 该制度类似我国根据开发建设项目不同环境影响,分别编制环境影响报告书,环境影响报告表,环境影响登记表,但也有根本区别。

就行为可能造成的环境影响编制环境评价或者环境影响报告书。

编制环境评价就是为了以此为根据判定其行为对环境产生的影响,其结果是由联邦机构对行为的环境影响作一个基本判断,并以此为依据作出如下的认定结论:该行为对环境不会产生重大影响,或者应当在编制环境评价的基础上继续编制环境影响报告书。因此可以将编制环境评价看作是编制环境影响报告书的前置程序,只有当环境评价认定拟议行为可能对环境产生显著影响时,才可以要求主管机构编制环境影响报告书。但是条例并没有规定公众应当参与环境评价的编制过程,主管机构也没有义务告知公众它在准备环境评价,所以主管机构也无需将准备的环境评价草案送交公众评论及征求公众对于环境评价的意见。因此,很多机构在准备环境评价的过程中,采取减轻环境影响的措施而避免准备环境影响报告书,从而规避《国家政策法》要求公众必须参与环境影响报告书的规定,将公众排除在环境决策程序之外。

编制环境影响报告书是美国环境影响评价制度的核心,它包括项目审查、范围界定、环境影响报告书草案准备、环境影响报告书最终文本编制。

2. 我国《海洋环境保护法》有关环评之规定

我国的环境影响评价的对象有建设项目①和规划②两大类。《海洋环境保护法》规定以下几种项目的新建、改建或扩建需要进行环境影响评价。

---

① 指所有的新建、改建、和扩建的项目以及中外合资、中外合作、外商独资的建设项目。
② 规划包括综合指导规划,其内容就是国家或地方有关宏观、长远发展提出的具有指导性、预测性、参考性的指标;专项规划,其主要内容是对有关指标、要求做出具体的执行安排。

(1) 生态渔业建设项目

《海洋环境保护法》第 28 条规定：国家鼓励发展生态渔业建设，推广多种生态渔业生产方式，改善海洋生态状况。新建、改建、扩建海水养殖场，应当进行环境影响评价。海水养殖应当科学确定养殖密度，并应当合理投饵、施肥，正确使用药物，防止造成海洋环境的污染。

(2) 海岸工程建设项目

海岸工程建设项目，是指位于海岸或者与海岸链接，工程主体位于海岸线向陆一侧，对海洋环境产生影响的新建、改建、扩建工程项目。具体包括：① 港口、码头、航道、滨海机场工程项目；② 造船厂、修船厂；③ 滨海火电站、核电站、风电站；④ 滨海物资存储设施工程项目；⑤ 滨海矿山、化工、轻工、冶金等工业工程项目；⑥ 固体废弃物、污水等污染物处理处置排海工程项目；⑦ 滨海大型养殖场；⑧ 海岸防护工程、砂石场和入海河口处的水利设施；⑨ 滨海石油勘探开发工程项目；⑩ 国务院环境保护主管部门会同国家海洋主管部门规定的其他海岸工程项目。

《海洋环境保护法》的第五章对"防治海岸工程建设项目对海洋环境的污染损害"作出了规制。其中第 43 条规定：海岸工程建设项目单位，必须对海洋环境进行科学调查，根据自然条件和社会条件，合理选址，编制环境影响报告书(表)。在建设项目开工前，将环境影响报告书(表)报环境保护行政主管部门审查批准。环境保护行政主管部门在批准环境影响报告书(表)之前，必须征求海洋、海事、渔业行政主管部门和军队环境保护部门的意见。

(3) 海洋工程建设项目

海洋工程，是指以开发、利用、保护、恢复海洋资源为目的，并且工程主体位于海岸线向海一侧的新建、改建、扩建工程。具体包括：① 围填海、海上堤坝工程；② 人工岛、海上和海底物资储藏设施、跨海桥梁、海底隧道工程；③ 海底管道、海底电(光)缆工程；④ 海洋矿产资源勘探开发及其附属工程；⑤ 海上潮汐电站、波浪电站、温差电站等海洋能源开发利用工程；⑥ 大型海水养殖场、人工鱼礁工程；⑦ 盐田、海水淡化等海水综合利用工程；⑧ 海上娱乐及运动、景观开发工程；⑨ 国家海洋主管部门会同国务院环境保护主管部门规定的其他海洋工程。

《海洋环境保护法》的第六章对"防治海洋工程建设项目对海洋环境的污染损害"作出了规制。其中第 47 条规定："海洋工程建设项目必须符合全国海洋主体功能区规划、海洋功能区划、海洋环境保护规划和国家有关环境保护标准。海洋工程建设项目单位应当对海洋环境进行科学调查，编制海洋环境影响报告书(表)，并在建设项目开工前，报海洋行政主管部门审查批准。海洋行政主管部门在批准海洋环境影响报告书(表)之前，必须征求海事、渔业行政主管部门和军队环境保护部门的意见。"

此外，国务院《防治海洋工程建设项目污染损害海洋环境管理条例》第二章"环境影响评价"对海洋工程项目的环评相关的具体事宜作出了详细的规定。

(4) 海洋倾倒废物

《海洋环境保护法》第 56 条第 1 款规定，国家海洋行政主管部门根据废弃物的毒性、有毒物质含量和对海洋环境影响程度，制定海洋倾倒废弃物评价程序和标准。

所谓倾倒是指，利用船舶、航空器、平台及其他运载工具，向海洋处置废弃物和其他物质；向海洋弃置船舶、航天器、平台和其他海上人工构造物，以及向海洋处置由于海底矿物资源的勘探开发以及与勘探开发相关的海上加工所产生的废弃物和其他物质。海洋倾倒废弃物评价程序是指废弃物在海上倾倒必须进行的关于废弃物特征、废弃物预防策略、倾倒区选择、倾倒环境影响、倾倒许可证条件、工程监督、环境监测等内容的评价所采取的原则、标准、方式和步骤。

（八）三同时制度

海洋工程建设项目的环境保护设施,必须与主体工程同时设计、同时施工、同时投产使用。环境保护设施未经海洋行政主管部门验收,或者经验收不合格的,建设项目不得投入生产或者使用。①

三同时制度是我国环境管理的基本制度之一,也是我国独创的一项环境法律制度,是控制污染源的产生,实现预防为主原则的一条重要途径。

该制度包括以下几个方面的内容。

1. 适用范围

三同时制度适用于新建、扩建或者改建的建设项目、技术改造项目及一切可能对环境造成污染和破坏的工程建设项目,不管这些项目在城市还是农村,是工业项目还是交通、商业、服务业项目等,根据我国《海洋环境保护法》规定,海洋工程项目的建设亦适用三同时制度。

2. 制度在不同建设阶段的要求

（1）项目的设计阶段

海洋工程建设项目初步设计应当按照环境保护设计规范的要求,编制环境保护篇章,并依据经批准的建设项目环境影响报告书（表）,在环境保护篇章中落实防治环境污染和生态破坏的措施以

———————————————

① 《海洋环境保护法》第48条。

及环境保护设施投资概算。

(2) 施工阶段

海洋工程建设单位应该严格按照环境影响评价报告书(表)和审批意见要求及设计文件中"环境保护篇章"的规定,在主体工程施工的同时落实海洋环境保护设施的施工。

(3) 项目竣工验收阶段

在海洋工程项目正式投产和使用前,建设单位必须向负责审批的环境保护行政主管部门提交环境保护设施"验收申请报告",说明环境保护设施运行的情况、治理的效果、达到的标准。环境保护行政主管部门自接到环境保护设施验收申请报告之日起 30 日内,完成验收。环境保护设施经环境保护行政主管部门验收合格后,建设项目才能投入生产和使用。

(九) 保险、基金制度

国家完善并实施船舶油污损害民事赔偿责任制度;按照船舶油污损害赔偿责任由船东和货主共同承担风险的原则,建立船舶油污保险、油污损害赔偿基金制度。实施船舶油污保险、油污损害赔偿基金制度的具体办法由国务院规定。[①]

第二节 中国深海海底资源勘探开发 立法相关问题研究

一、立法管辖区域

我国目前已经有相应的法律对我国国家管辖范围内的矿产资源或生物资源的开发、利用和保护进行规制,如《专属经济区和大

---

① 《海洋环境保护法》第 66 条。

陆架法》。但是我国深海海底资源勘探和开发立法所管控的是在
国家管辖范围外从事深海海底资源勘探开和开发的活动。

二、立法管制的主体与客体

（一）主体

就以上 16 个国家立法例观察而言,深海海底资源勘探和开发
法所管制的主体,即可以从事勘探和开发活动者,包括本国的自然
人和法人。就外国自然人或法人与我国自然人或法人以合伙或者
联营企业的模式从事深海海底勘探和开发立法活动是否违反我国
相关现行法之规定,不无疑问。

根据 2011 年国家发展和改革委员会和商务部发布的《外商
投资产业指导目录》的规定,在鼓励外商投资产业目录下,页岩
气、海底天然气水合物等非常规天然气资源勘探、开发(限于合
资、合作),属于鼓励外商投资的产业,而大洋锰结核、海砂的开
采属于限制外商投资的产业(中方控股)。因此,根据现行法的
规定,对深海海底锰结核的开发是容许外商投资的产业,但是前
提是中方控股。然而,深海海底的资源除了锰结核亦包括多金
属硫化物和富钴铁锰结壳,对这两种资源的勘探和开发如何规
制现行法未有规定。

我国深海海底资源勘探和开发专项立法中应当肯定深海活动
中的外资参与,但要保证中方控股。

（二）客体

深海海底资源勘探和开发法所规制的客体是主体勘探和开发
的深海海底矿产资源,这些矿产资源包括多金属结核、多金属硫化
物和富钴铁锰结壳以及未来所可能在大洋洋底发现的新的具有经
济价值和商业开发潜力的矿物。

三、立法原则

我国相关立法应当本着以下几种原则：人类共同继承财产原则、永续发展原则、平行开发原则、激励原则、规范原则和协调原则。

（一）人类共同继承财产原则

1. 人类共同继承财产原则的提出

前文有关国际海底资源勘探和开发制度的历史沿革中对人类共同继承财产原则的提出和发展已经有所介绍和论述。

深海海底资源处于公海区域，美国、德国等技术发达的国家主张对深海海底资源的勘探和开发应当适用国际法上的公海自由原则，马耳他驻联合国大使在联合国大会上提出关于"国家管辖范围以外的海床洋底及其底土的和平利用及其资源用于谋求人类福利的宣言和条约"的提案，并指出国际海底区域以及其资源应当是全人类共同的遗产①。

1970 年 12 月 17 日，联合国大会通过了 2749（**XXV**）决议②：关于各国管辖范围以外海洋底床与下层土壤之原则宣言。宣言第 1 条规定：各国管辖范围以外海洋底床与下层土壤，以及该地域之资源，为全人类共同之遗产。宣言中的人类共同继承财产原则最终在第三次海洋法会议通过的《联合国海洋法公约》中加以确立，成为《联合国海洋法公约》的重要原则。③

---

① 王宗来：《〈联合国海洋法公约〉国际海底部分主要内容及其面临的问题》，载《中外法学》1992 年第 1 期。

② 该决议 108 票支持，0 票反对，14 票弃权。决议原文参见：http://daccess-dds-ny.un.org/doc/RESOLUTION/GEN/NR0/350/14/IMG/NR035014.pdf？OpenElement。

③ 除了海洋法公约中适用人类共同继承财产原则，该原则亦适用于《月球条约》以及《南极条约》。

《联合国海洋法公约》第136条规定：区域资源属于人类共同继承遗产。第137条也规定：任何国家不应对区域的任何部分或其资源主张或行使主权，或主权权利，任何国家或自然人、法人，也不应将区域或其资源的任何部分据为己有。任何这种主权和主权权利的主张和行使，或这种据为己有的行为，都不予以承认。区域内资源的一切权利都属于全人类，由管理局代表全人类行使。我国作为公约的成员国，本应当以此原则为立法的原则之一，这也是我国在国际法下的义务。

2. 人类共同继承财产原则的内涵与要素

虽然1980年《联合国海洋法公约》确立了人类共同继承财产原则，但是国际社会对该原则的内涵和要素并没有统一的理解。它一般包括以下几点：

(1) 禁止对区域行使主权性质的权利；

(2) 人类作为一个整体对区域部分资源的享有；

(3) 区域部分资源为和平目的而保留；

(4) 对自然环境的保护；

(5) 对区域资源勘探和开发所获得利益的公平分享，并注意保护发展中国家的利益；

(6) 通过共同管理机制管制区域资源的开发和利用。

前两个要素是属于区域资源管辖方面的定义，国家禁止对人类共同继承财产性质的区域部分主张主权性质的权利。实际上对国家管辖权的限制不仅体现在人类共同继承财产资源这一体制下，在公海自由原则下，国家亦不得对公海等公共区域主张主权性质的权利。但是第二个要素中提及的人类作为一个整体享有区域部分的资源同公海自由原则所主张的各国有根据其各自能力获取渔业或者其他种类的资源不同。第二个要素中的人类，包括现在的人类,当然亦包括人类的子孙后代,因此,开发和利用区域资源时,必须注意保护人类的共同环境,坚持永续发展的原则。[①]

第三个要素至第五个要素是有关对区域资源的开发和利用。第三个要素强调对区域部分资源的和平使用。此一要素意味着各国不仅应当以和平的方式利用资源,而且在出现争端时也应当以和平的方式解决争端,亦即:其一,各国禁止在区域进行威胁国际和平的军事活动,保证区域的非军事化,以使人类共同继承财产实现为全体人类谋取福利之本意;[②]其二,各国在因为区域部分资源的使用而发生争端时,应在现有国际法的体系内,通过磋商、仲裁、司法等和平手段解决,为此,公约设立了国际海洋法庭海底争端分庭。强调和平解决争端的重要性在于:和平地利用共同财产,是每一个国际社会成员对其他社会成员所承担的义务,两国之间因争端所致之战争必将影响其他国际社会成员利用和分享共同财产。

第四个要素中对海洋环境的保护暗含着对利益的分享与义务的分担,并且在从事勘探和开发深海海底资源时对环境的保护也是对后代人利益保护的考量,此也是代际公平原则之体现。各国在从事深海海底活动的过程中应当积极采取相关的环境保护的制度,如环境影响评价制度、环境应急制度、环境保险制度等,以减少深海活动对海洋环境以及海洋其他生物资源的影响。

第五个要素强调利益之分享,其中的利益包含的范围可以作较为宽泛的解释,它包含从事深海海底活动所获得的物质经济上

[①] 欧斌:《论人类共同继承财产原则》,载《外交学院学报》2003 年第 4 期。

[②] Christopher C. Joyner, Legal Implications of the Concept of the Common Heritage of Mankind, *The International and Comparative Law Quarterly*, Vol. 35, No. 1 (Jan., 1986), p.192.

的利益,亦包括某个国家对海底资源的认知和探索过程中所获得的科学上的知识,此种非物质性的知识亦应当在各成员国之间公平地分享。南北关系是国际政治永恒的话题,诸多国际上的议题都涉及发展中国家与发达国家之间的利益上的权衡,此种利益上的冲突和权衡尤其体现在国际环境法议题的讨论上,如《联合国气候变化法框架公约》中的共同但有区别的原则议题。发展中国家多为矿产资源较为丰富的国家,其国家的经济来源一个重要的部分便是本国矿产资源的出口,国际社会从事区域海底资源的勘探和开发必将会影响到这些发展中国家的经济利益,因此在构建国际海底制度时应当对发展中国家的利益给予特殊的关注和保护。

第六个要素是要求建立一个国际共同机制来管理勘探和开发利用海底资源。这也是海底委员会各次大会以及第三次海洋法会议所重点讨论的议题。国际社会主张建立一个国际性组织来统一管制开发利用活动,最终《联合国海洋法公约》成立了国际海底管理局,处理请求核准勘探工作计划的申请并监督已核准勘探工作计划的履行;执行国际海底管理局和国际海洋法法庭筹备委员会所作出的关于已登记先驱投资者的决定;监测和审查深海底采矿活动方面的趋势和发展;研究深海底矿物生产对生产相应矿物的发展中陆地生产国的经济可能产生的影响;制定海底开发活动及保护海洋环境所需要的规则、规章和程序;促进和鼓励进行海底采矿方面的海洋科学研究。

(二)永续发展原则

1. 永续发展原则之提出

1987年联合国世界环境与发展委员会发表了著名的报告——《我们共同的未来》(Our Common Future),指出今日的发展已使环境问题越来越恶化,并对人类后续发展造成严重的消极影响,因此,我们需要一个新的且能持续进步的发展途径。报告有系统地提出和诠释永续发展的思想,同时第一次提出将环境保护和人类发展结合,认为两者并非是孤立的两种挑战,而是紧密相关的。1992 年,联合国环境与发展大会在巴西里约热内卢召开地球高峰会,大会以永续发展思想为指导,通过了《里约热内卢环境与发展宣言》和《21 世纪议程》,以促进现有社会转变为永续发展的社会,因而取得广泛的国际共识,第一次将永续发展由理论和概念推向行动。这次会议是人类告别传统发展模式和开拓现代文明的一个重要的里程碑。2002 年联合国在南非约翰内斯堡再次召开环境大会,即永续发展世界高峰会议(World Summit on Sustainable Development)。大会针对1992 年至2002年两次高峰会议之间全球对于永续发展之实践进行检讨,故以十年之全面检讨(10‐year comprehensive review)为主题。会后通过了约翰内斯堡永续发展宣言(Johannesburg Declaration on Sustainable Development)与约翰内斯堡行动计划(Johannesburg Plan of Implementation),强调各国应共同合作对抗当前追求永续发展之挑战,并做成行动计划,以之为各国内政与国际合作之参考依据。

2. 永续发展原则之含义

永续发展揭示了自然的内在价值,要求人们尊重、实现和维护自然,重新规范对自然的态度和行为,建立一种人与自然互利共生、和谐共进的新型关系。有别于传统经济活动中,人类对自然抱持纯粹功利主义的态度,往往只看到自然资源满足人类物质需要的外在价值和工具价值,而以人的利益作为唯一价值尺度,忽视自然界本身的价值。因此,永续发展之本质强调人类必须改变对自然界乃为我所用的传统态度,而应当树立起一种全新的现代文化观念,用生态的观点重新调整人与自然的关系,将人类仅仅当作自然界大家庭中的一个普通成员,从而真正建立起人与自然和谐相处的崭新观念。

永续发展原则的内涵包括:

(1)公平性。永续发展所追求的公平性,包括两层含义:第一层是同代人之间的横向公平性,亦即要求满足全体人民的基本需求和均等的发展机会,因此,在国际环境资源法领域,要给世界各国公平的分配权和公平的发展权,要将消除贫困列为永续发展进程之特别优先考量问题;第二层是代际之间的纵向公平性,要求世世代代公平地利用自然资源。美国学者魏伊丝 1989 年在《公平地对待未来:国际法、共同遗产与世代间衡平》一书中系统阐述了代际公平理念,她认为人类的每一代人都是后代人地球权益的托管人,前代人应该对后代人的三项权利进行保护:① 选择权,要求各世代保护自然和文化遗产的多样性,未来世代有权享有同其以前世代相当的多样性,保证其根据自身价值进行选择的空间不受限制;② 享受正常质量权,要求各世代维持地球的质量,后世代有权享有与前世代所享受的相当的地球质量;③ 获取权,后世代成员都有权公平地获取其从前代继承的遗产,包括自然、生态、物质和文明。①

(2)永续性。永续性的核心是指人类的经济和社会发展不能超越资源与环境的承载能力,资源的永续利用和生态系统的持续保持是人类发展的首要条件。永续发展要求人们在生态允许的条件范围内,调整自己的生活方式,对自然资源的耗竭速率应考虑资源的临界性,永续发展不应损害支持地球生命的自然系统。因为

───────────────

① 韩缨:《气候变化国际法问题研究》,浙江大学出版社 2012 年版,第 52 页。

发展一旦破坏了人类生存的基础,也就不能被称为发展,而是衰退。

(3) 共同性。鉴于世界各国历史、文化和发展水平的差异,永续发展的具体目标、政策和实施步骤不可能是唯一的,但永续发展作为全球发展的总目标,所体现的公平性和永续性则是共同的,且必须采取全球共同的联合行动通过法律规范始得以实现。

(4) 需求性。永续发展是坚持满足所有人的基本需求,向所有的人提供实现美好生活愿望的机会。综上所述,永续发展本质上要求在生态环境承受能力范围内,不危及后代人之需要,以及不危害全人类整体经济发展之前提下,解决当代经济社会与生态发展、当代与后代经济发展的协调关系。从而真正把现代经济发展建立在节约资源、增强环境支撑能力、生态良性循环的基础之上,使人类经济活动和发展行为保持在地球资源环境的承载能力和极限之内,最终实现永续发展。可知,永续发展清楚表明重视环境保护,并将环境保护作为积极追求实现的基本目标之一。而为达此目标,首先需要明了全球所面临的严重的问题,就是不适当的消费和生产方式,导致环境恶化、贫困加剧和各国的发展失衡。无法认识环境与发展的现有内部矛盾,而仅是采取回避态度无助于解决问题,且将会使问题持续恶化而错过解决问题的良好时机。因此,若想达到适当的发展,需要提高生产的效率,以及改变消费方式,以最高限度地利用资源和最低限度地生产废弃物。永续发展就是要及时坚决地扬弃传统的生产和消费方式,并要求加快环境资源保护科学技术的研发与普及,并提高公众的环境意识。因为只有大量先进生产技术的研发、应用和普及,才能使单位生产量的能源耗损、物质耗损大幅度地下降,并开拓新的能源与物质,进而减轻对环境的排污压力。换言之,永续发展与环境保护的关系十分密切,永续发展既是环境保护追求的目标,又是环境保护的具体内容和措施;它既是国家环境保护战略与政策的指引,也是环境立法的观念与制度目标。

综上所述,环境法之真正目的乃是保持环境生态系统整体的价值,实现生态的永续发展,而非仅保护某一部分,因为生态的永续发展是人类、社会、经济得以持续发展的根本前提。因此,永续发展可说是环境法的最终且唯一目的。

在从事深海活动中,我们亦应当遵循永续开发的原则。永续原则所内含的公平性(包括代内公平和代际公平)亦是人类共同继承财产原则所强调的,因此这几个原则实际上也是彼此关联,不可分割的。

(三) 平行开发原则

前文已经对该原则进行了相关论述,该原则与人类共同继承财产原则息息相关,在公约中亦得到强调。企业部代表管理局直接从事深海活动,其前提是深海海底资源是人类共同继承财产这一属性,目的是为了将深海活动所获得的利益由全人类共同分享。

对于国际海底区域资源,既可由国际海底管理局企业部代表全人类开发,也可由缔约国公私营企业开发。平行开发制度是坚持国际海底区域资源为人类共同继承财产的第三世界,在第三次海洋法会议上同海洋大国相妥协的产物。平行开发制度被接受为过渡时期开发国际海底矿物资源的制度写进了《联合国海洋法公约》。

《联合国海洋法公约》没有明确使用"平行开发"这一概念,但是此原则体现在公约如下的条款中。

(1)《公约》的第 153 条第 2 款规定:"区域"内活动应依第 3 款的规定:(a) 由企业部进行,和(b) 由缔约国或国营企业,或在缔约国担保下的具有缔约国国籍或由这类国家或其国民有效控制的自然人或法人,或符合本部分和附件三规定的条件的上述各方的任何组合,与管理局以协作方式进行;

(2) 附件三第 3 条规定:① 企业部、缔约国和第 153 条第 2 款(b)项所指的其他实体,可向管理局申请核准其关于"区域"内活动的工作计划。② 企业部可对"区域"的任何部分提出申请,但其他方面对保留区域的申请,应受本附件第 9 条各项附加条件的限制。③ 勘探和开发应只在第 153 条第 3 款所指的,并经管理局按照本公约以及管理局的有关规则、规章和程序核准的工作计划中所列明的区域内进行。

(3) 附件三第 8 条规定:"每项申请,除了企业部或任何其他实体就保留区域所提出者外,应包括一个总区域,它不一定是一个单一连续的区域,但须足够大并有足够的估计商业价值,可供从事两起采矿作业。申请者应指明坐标,将区域分成估计商业价值相等的两个部分,并且提交他所取得的关于这两个部分的所有资料。在不妨害本附件第十七条所规定管理局的权力的情形下,提交的有关多金属结核的资料应涉及制图、试验、结核的丰度及其金属含量。在收到这些资料后的四十五天以内,管理局应指定哪一个部分专保留给管理局通过企业部或以与发展中国家协作的方式进行活动。如果管理局请一名独立专家来评断本条所要求的一切资料是否都已提交管理局,则作出这种指定的期限可以再延四十五天。一旦非保留区域的工作计划获得核准并经签订合同,指定的区域即应成为保留区域。"

平行开发原则是国际海底制度中的一个重要原则,在此原则下所构建的国际海底资源勘探和开发制度是国际海底制度之核心,平行开发活动中的开发主体分为两大类:一方是管理局的企业部代表全人类从事深海资源的勘探和开发活动,从深海活动中获取的利益由全人类共同分享,此种做法也正是人类共同继承财产原则之体现;另一方是成员国作为承包者从事深海海底勘探和开发活动,成员国方包括成员国以及成员国中的公私企业,管理局在这个过程中作为行政管制部门,同成员国和相关公私企业签订勘探和开发合同,协调和管制勘探和开发活动。

（四）激励原则

为了维护我国海洋权益,我国的立法应当为公私企业积极投入深海海底矿产资源的勘探和开发活动提供一定的激励,此种激励措施包括从税收、政府采购、政府为公私企业的深海活动提供信贷支持等措施,鼓励公私企业和民众从事深海活动。

激励性管理在国内国外的环境行政管理和立法都有广泛的运用。比如美国 2005 年生效的《能源政策法案》(Energy Policy Act of 2005)中就有相关规定:"对于高效用能的居民住宅、商业用楼、家用电器、交通工具等的生产商、销售商给予税收减免的优惠。"又如 2008 年的《紧急经济稳定法案》(Emergency Economic Stabilization Act)也有类似对高效利用能源的电器、汽车生产商提供的税收优惠或是补贴。

激励手段在我国因应环境问题的实践中早有普遍实践。我国 2014 年对《环境保护法》进行修订,新法第 11 条规定:对保护和改善环境有显著成绩的单位和个人,由人民政府给予奖励。此处的规定便是激励原则之体现。

《清洁生产促进法》的诞生使激励成为法律舞台上更为耀眼的角色。① 该法第 7 条规定:国务院应当制定有利于实施清洁生产

---

① 徐祥民、时军:《论环境法的激励原则》,载《郑州大学学报(哲学社会科学版)》2008年第 4 期。

的财政税收政策。国务院及其有关行政主管部门和省、自治区、直辖市人民政府，应当制定有利于实施清洁生产的产业政策、技术开发和推广政策。该法的第四章专门规定了鼓励措施，其中包括表彰奖励制度、专项资金扶持制度、中小企业清洁发展基金制度、税收优惠制度等。

我国于1997年制定了《节约能源法》并于2007年对该法作出了修改，完善了促进节能的经济政策。修订后的《节约能源法》亦强调激励原则，并引入了各项鼓励措施，推动民众迈向节约能源之路。新法规定中央财政和省级地方财政要安排节能专项资金支持节能工作，对生产、使用列入推广目录需要支持的节能技术和产品实行税收优惠，对节能产品的推广和使用给予财政补贴，引导金融机构增加对节能项目的信贷支持等，从总体上构建了推动节能的政策框架。主要体现在《节约能源法》的第五章，其中引进了大量的激励机制，比如经济激励、税收、财政补贴、价格机制、政府采购、信贷机制。①

除此之外，我国的《可再生能源法》的第六章经济激励与监督措施也体现了现代管理思想中的激励的理念，比如第六章中规定的可再生能源发展转向资金，对可再生能源项目的发展提供财政贴息的优惠贷款，以及税收优惠等。

因此，激励原则体现在我国环境保护、清洁生产、节约能源、可再生能源等各种环境保护与能源管制之方面，是行政机关在行政管制中管用的手段，此亦是一种通过自下而上的方式促使民众从事某种行为的方法。深海海底蕴藏的储量资源具有巨大的经济价值，我们在制定深海海底资源勘探和开发专项法律时亦应当彰显

---

① 详细规定请见《节约能源法》第60条至第67条。

激励原则。我们可以从以下三个方面引入激励原则。

(1)科学技术在深海海底资源勘探和开发中具有重要的地位,勘探和开发深海海底资源,维护我国海洋权益,其中重要的一个部分便是发展深海勘探和开发之科学技术,因此制定的法律中应当比较多地鼓励开发新技术新设备,可以采取各种形式的补贴、优惠价格、税收减免、贴息或低息贷款等激励方式。

(2)资金亦是深海海底资源勘探和开发活动的基础,专项立法中,应当采取相关激励措施吸引国外资本,从事深海活动。

(3)深海活动会对深海环境造成较大的影响,采取环境保护措施是深海活动者一个重要的义务,这也符合人类共同继承财产原则和永续发展之原则。深海活动前应当进行环境影响评价,活动中应当积极采取环境保护措施,减少活动对深海环境以及生物的影响。环境保护制度是深海活动专项立法中一个重要的制度,为督促深海活动者积极采取相关措施来应对深海活动可能导致的环境问题,在制度中如何引入激励的措施亦是我们需要思考的问题。

(五)规范原则

我国深海海底资源勘探和开发专项立法之目的是为了履行我国在公约项下作为担保国的担保义务,规范我国担保的企业从事深海活动。法律应当清楚地规定从事深海活动之程序,包括国际层面申请者同国际海底管理局之间的程序,以及国内申请者同国内相关行政机关之间的程序。

(六)协调原则

深海海底资源勘探和开发法具有其特殊性,其中一个重要的元素是,该法一定要同国际海底管理局制定的有关勘探和开发的规章相衔接,相协调。法律要处理好国内程序中的国家担保同国际程序中的签订勘探和开发合同等程序之间的关系，这部分制度上的对接与协调是本法制定过程中的重点，亦是难点。在制定内国管制之法律前需要对深海海底资源勘探和开发国际方面的法律有深入的了解，方可做好在国内立法同国际立法之间的对接和衔接。各国在制定本国管制深海资源勘探和开发的法律时，应当本着此一原则，也正因为如此，各国深海资源勘探和开发法具有相当的共性。各国均需要在一个大的国际法律背景和框架下制定相关国内法律，因此相关制度和原则亦可能具有诸多共同之处。

四、深海海底资源勘探开发专项法律中相关制度

（一）我国现行立法中的制度是否可以沿用之探讨

前文对《矿产资源法》《海洋环境保护法》以及相关行政法规中存在的现有制度进行了梳理，《矿产资源法》中的主要制度主要是全民所有制度和许可证制度（包括探矿许可证和开采许可证）。全民所有制是我国社会主义经济体制之特有，前文对全民所有即国家所有进行了剖析，指出全民所有是经济基础，而国家所有的自然资源包括国家私产以及社会公产，国家对于国家私产享有所有权，并独立支配和管理此种财产，民众不得随意支配或侵犯国家私产，但是其所得收益归民众所有；而社会公产，亦为全民所有，民众可以直接支配和使用此类财产。但是根据《联合国海洋法公约》，区域部分的财产适用的是人类共同继承财产原则，国际社会成立相关的国际机构共同管制区域部分资源的开发和利用，我国在制定专项立法时，也应当以人类共同继承财产原则作为立法原则，因此管制深海活动的专项立法不可以适用全民所有制。

《海洋环境保护法》共包含了九个制度，分别是：排污总量控制制度、海洋环境质量标准制度、排污收费制度、落后生产工艺和

落后设备淘汰制度以及清洁生产制度、突发污染事故通报制度、重大海上污染事故应急计划制度、环境影响评价制度、三同时制度、保险和基金制度。以上可能对深海活动专项立法有借鉴和参考意义的制度包括两大类,即许可证制度(行政审查制度)和海洋环境保护制度,这两类制度亦是深海活动中非常重要的制度。

各国的立法例中,虽然在具体的制度设计上有所不同,但是都包含这两种制度。我国在制定深海活动专项法律时亦应当构建并完善这两类制度。现行法中的类似制度为深海活动管制专项立法中的制度构建奠定了基础,但是考虑到人类对深海环境仍然存在诸多科学上的未知,因此在制度构建时,还应当考虑深海资源勘探和开发活动之特殊性,有选择地借鉴国外先进之经验以及我国现行立法中的制度,构建和完善我国深海活动的相关制度。

(二)深海活动专项立法相关制度探讨

1. 行政审查机制

前文我们已经对所研究的外国国内海底资源勘探开发立法进行了初步类型化研究,立法类型中分为规制国家管辖范围以内的海底资源勘探立法和规制国家管辖范围以外的海底资源勘探立法,而规制国家管辖范围以外的海底资源勘探立法中亦可以分为同国际海底管理局对接的立法与没有同国际海底管理局对接的立法。

从以上立法可以看出,针对国家管辖范围以内的深海立法中,一般采取的是许可证制度,而针对国家管辖范围以外的深海立法,一般采取的只是资质审查制度,唯公约通过之前的各发达国家之立法,虽然是对国家管辖范围以外海底资源勘探开发的管制,但是仍然采取的是许可证制度,如美国、法国等。此种立法策略不难理解。美国至今还未加入《联合国海洋法公约》，它认为对深海资源的勘探和开发应当遵守公海自由之原则。盖观近几年的沿海国家有关国家管辖范围以外的海底资源勘探开发立法，均采用的是资质审查制度，即申请人具备相关资质即可从事深海活动，如探矿、勘探和开发等。此种立法亦较容易理解。国家管辖范围以外深海资源乃人类之共同遗产，成员国本无权力发放是否可以开发此种资源之许可证。根据目前国际公约以及相关外国国内立法，深海活动包括探矿、勘探和开发。国际层面的程序方面，探矿阶段只需要通知国际海底管理局，而从事勘探和开发之活动，均需要同国际海底管理局签订合同。①

无论是规制国家管辖范围以内的资源勘探和开发所采取的许可证制度，还是为了管制国家管辖范围以外的海底资源勘探和开发所构建的资质审查制度，国家相关的深海行政管理部门都需要对欲从事深海海底活动的申请人的资质进行审查。

（1）资质审查

纵观前述诸国家，规制国家管辖范围以外的海洋资源之勘探和开发之立法，并没有所谓的许可证制度，原因前文已述。成员国企业若欲从事深海海底活动，成员国只需要对其资质进行审查，综合考量各种因素，以决定是否为其从事深海作业提供国家担保。企业从事探矿活动并不需要国家担保，只需要通知国际海底管理局即可，但是若欲从事勘探和开发活动，需要国家提供担保，并且同国际海底管理局签订勘探和开发合同。

---

① 目前国际海底管理局已经出台了《"区域"内多金属结核探矿和勘探规章》《"区域"内多金属硫化物探矿和勘探规章》《"区域"内富钴铁锰结壳探矿和规章》这三个规章，对成员国以及成员国企业参与深海资源勘探活动中的国际程序作出了规定，其中规定从事勘探活动，需要成员国国家担保并且同国际管理局签订合同。

有关资质审查的立法例中,捷克的立法对申请人的资质作出了详细的规定。

捷克《关于国家管辖范围外海底矿产资源的探矿、勘探和开发的第 158/2000 号法令》第 7 条第 1 款规定:自然人欲从事勘探和区域活动或者作为其他人之授权代表人(法定代表)从事勘探和开发活动,需要向产贸部申请专业技能证书。

第 4 条规定了获得专业技能证书的条件:申请人需要满足以下条件方可获得专业技能证书:① 最低年龄为 21 岁;② 身心健全;③ 无犯罪记录;④ 具有第 6 条中规定的专业技能。

第 6 条规定了专业技能的具体事项,如接受的教育程度、语言的掌握程度、对公约及其附件、执行协定等熟悉程序等。

行政机关通过对这些因素的考量,决定是否向申请人颁发专业技能证书,使其成为获授权人,从事深海活动。

(2) 许可证

① 证书的种类。上述其他国家的立法中,基本都采取了许可证制度,其法律所管制的深海活动包括深海探矿、勘探以及开采,而相应的许可证包括勘探许可和开发许可。库克群岛的法案中采用的亦是许可制度,并规定了四种证书:a 探矿许可(prospecting permit);b 勘探执照(exploration license);c 开采执照(mining license);d 保留租约(retention lease)。

② 证书上载明的额外义务。许可证的申请人需要满足相应的许可条件,此外,在以上一些国家的立法例中,许可证上还会载明额外的持证人应当履行的义务,即申请获得证书的持证人除了遵守联合国海洋法公约、国际海底管理局规章、作业方同国际海底管理局签订的合同、作业方所属国内法之外,还需要遵守并履行证书上载明的其他义务。

③ 许可证之审批。许可证之审批主要包括勘探开发主体的资格及条件(主要是法人,也包括自然人等),此种资格和条件包括资金上的条件以及自然人个人资质上的条件;勘探许可证的申请、审查和批准;商业开发许可的申请、审查和批准;费用缴纳和征税;相关许可的登记、转让、变更、撤销和终止。有关证书中的权利和义务是否可以转让这一问题,除了斐济和苏联没有作出规定,多数国家规定是可以转让的,前提是需要经过一定的行政程序,如经过相关主管部门的同意。但德国例外,在其 2010 年的《海底开采法》的第 4 条第 11 款中明确规定了证书不可以转让。

有关新加坡法律值得一提的是:新加坡的法律采用了许可证制度和担保证书制度,其中第 6 条①规定部长有权授予满足一定条件的申请人勘探和开发区域特定位置的某种资源的许可证。但是此种立法不是很合理,新加坡的部长没有权力颁发勘探开发区域(在其国家管辖范围以外)资源的许可证。该法的第 7 条②规定了满足授予许可证的具体标准和要求,随即该法的第 8 条③规定部长有颁发给持有许可证的主体担保证书,如此持证人可以凭借担保证书向国际海底管理局申请签订勘探开发区域资源的合同。综合这几条来看,可以作出以下解释:凡是被部长授予许可证的申请人,都可以被授予担保证书,申请担保证书的条件和标准与申请许可证的标准和条件是相同的。

新加坡立法中的此种制度设计可能是由于受到英国的影响。

---

① 新加坡《深海海底开采法》第 6 条规定了许可证之授予:(1) 部长有权授予在区域任何部分勘探开发任何种类的资源之许可证。(2) 许可证中必须载明:① 许可证所适用的资源之种类;② 许可证是授权从事勘探抑或是开发之活动;以及 ③ 许可证授权勘探或开发的资源所在的具体区域;(3) 许可证只仅允许授权勘探或者开发一种资源。
② 新加坡《深海海底开采法》第 7 条规定授予许可证之标准。
③ 新加坡《深海海底开采法》第 8 条规定部长有权颁发担保证书。

英国的立法中有关于许可证(包括勘探许可证和开发许可证)的规定,但是英国立法中的许可证实际上就是经过国家审查,国内管制海底活动的机关发放的资格证明,英国立法中通篇没有提到国家担保制度,因此,可以推断法条中的许可制度之目的和意义同国家担保类似。

我国的深海活动专项立法应当遵循协调原则,同国际海底管理局的规定相衔接。我国作为担保国,应当严格审查申请人的资质,对具备深海活动条件的申请人发放资质证明和担保证明,以方便其同国际海底管理局签订勘探和开发合同。

2. 深海活动中的环境保护制度

深海勘探和开发活动必然会对深海环境造成较大的影响。环境保护制度是海底资源勘探和开发法律中的重要内容。前文国家的法律都规定了在深海活动过程中保护海洋环境的措施,但是由于法律位阶的因素,其相关规定都较为宏观和笼统,需要授权具体的相关行政机关制定相关的规章。综观各国法律有关环境保护的规定,可总结出主要的环境保护措施包括以下几种。

(1) 环境影响评价制度

环评制度滥觞于美国的《国家环境政策法》。该法要求所有联邦政府机关于采取重大政府行为导致环境质量将受显著影响时,须准备环境影响报告书(EIS)。环境影响报告书必须包含详尽的环境影响说明、预定采取行为之替代方案等。该法要求所有联邦政府机关于政府行为涉及无法解决之资源冲突时,必须研究替代方案。深海活动证件的核发(不是对某项申请的确认)属于《国家环境政策法》第102条规定的对环境可能造成显著影响的联邦行为。美国的1980年《深海海底硬矿物资源法》第1章第9条对从事海底活动中的环境影响评价制度作出了详细的规定。

（2）环境应急计划制度

库克群岛的立法例中对此制度作出了具体的规定。库克群岛《海底矿产资源法》第310条规定了环境应急计划：

a 管理局必须制定、修改、通过、采纳库克群岛海底开采环境紧急应急计划；

b 部长必须任命现场指挥官来执行应急计划中的职能；

c 如果发生因为海底作业而导致的海洋污染，现场指挥官必须动用所有资源和力量减少污染可能带来的损失；

d 现场指挥官有权力扩大必要的资金（但是以部长规定最大值为上限）来减少污染所带来的损失；

e 第4项中的部长规定的资金最大值的确定，应当由部长同国家环境机关商讨决定；

f 现场指挥官为减少污染所带来的损失，有权力征用人力资源、车辆、船只以及其他必要的设备和资源；

g 在出现污染事故时，现场指挥官应当对事故有记录，并对为执行其在紧急计划下的职责所需要的资金和资源有相关记录。

（3）作业完毕之后的环境修复制度

环境修复制度一般是在深海活动作业过程中或者作业之后对环境造成的损害进行修复，它是作业者恢复原状的义务。作业者在作业过程中应该尽量降低对环境的影响，并且在作业结束之后拆除作业过程中所设立或安置的作业设备。

深海活动的环境保护制度是我国深海活动专项立法的一个重要制度，域外经验中三个有关环境保护的制度（环境影响评价制度、环境应急计划制度以及环境修复制度）都应当纳入我国的专项立法中，但需要根据深海活动的特殊性以及我国具体国情加以调整。此外，我国《海洋环境保护法》中已经存在诸多制度，如排污总量控制制度、海洋环境质量标准制度、排污收费制度、落后生产工艺和落后设备淘汰制度以及清洁生产制度、突发污染事故通报制度、重大海上污染事故应急计划制度、环境影响评价制度、三同时制度、保险和基金制度,我国在构建深海活动环境保护制度时也应借鉴和参考。

3. 缔约国担保制度

《公约》的第153条规定了从事深海活动的主体,包括企业部一方以及缔约国方,其中缔约国一方包括由缔约国或国营企业,或在缔约国担保下的具有缔约国国籍或由这类国家或其国民有效控制的自然人或法人,或符合本部分和附件三规定的条件的上述各方的任何组合。可见,具有缔约国国籍的私主体,从事深海活动时需要缔约国提供担保。

(1) 根据公约的相关条文可以推测出缔约国应当承担的担保义务。

《公约》第153条第4款规定:管理局为确保本部分和与其有关的附件的有关规定,和管理局的规则、规章和程序以及按照第3款核准的工作计划得到遵守的目的,应对"区域"内活动行使必要的控制。缔约国应按照第139条采取一切必要措施,协助管理局确保这些规定得到遵守。

《公约》第139条第2款规定:在不妨害国际法规则和附件三第22条的情形下,缔约国或国际组织应对由于其没有履行本部分规定的义务而造成的损害负有赔偿责任;共同进行活动的缔约国或国际组织应承担连带赔偿责任。但如缔约国已依据第153条第4款和附件三第4条第4款采取一切必要和适当措施,以确保其根据第153条第2款(b)项担保的人切实遵守规定,则该缔约国对于因这种人没有遵守本部分规定而造成的损害,应免除担保国赔偿责任。

公约附件三第 4 条(申请者资格)第 4 款规定:担保国应按照第 139 条,负责在其法律制度范围内,确保所担保的承包者应依据合同条款及其在本公约下的义务进行"区域"内活动。但如该担保国已制定法律和规章并采取行政措施,而这些法律和规章及行政措施在其法律制度范围内可以合理地认为足以使在其管辖下的人遵守时,则该国对其所担保的承包者因不履行义务而造成的损害,应无赔偿责任。

从以上条文可以判断,缔约国的担保义务主要包括以下两项。

其一,"确保遵守"的原则性义务。担保国应确保被担保的承包者遵守合同条款和公约及相关法律文书中所规定的义务。这是一种"尽职"(Due Diligence)的义务。担保国必须尽最大努力确保被担保的承包者履行义务。尽职义务要求担保国在其法律制度范围内采取措施,这些措施应由法律、规章和行政措施构成,所采取的措施必须"合理和适当"。

其二,其他直接义务:① 根据《公约》第 153 条第 4 款的规定协助管理局的义务;② 履行《"区域"内多金属结核探矿和勘探规章》《"区域"内多金属硫化物探矿和勘探规章》和《里约宣言》第 15 项原则所规定的预防性措施(Precautionary Approach)的义务,该项义务也是担保国"尽职"义务的一部分;③《"区域"内多金属硫化物规章》规定的"最佳环境做法"的义务同样适用于《"区域"内富钴铁锰结壳规章》);④ 在管理局为保护海洋环境发布紧急命令的情形下,有采取措施确保履行担保条款的义务;⑤ 提供追索赔偿的义务。①

---

① 高之国、贾宇、密晨曦:《浅析国际海洋法法庭首例咨询意见案》,载《环境保护》2012年第 16 期。

（2）担保国承担担保责任与免责事由

担保国承担担保责任之要件包括：① 缔约国没有履行其尽职义务；② 有损害产生；③ 缔约国的未尽职行为同损害发生有因果关系。

对于担保国应当承担的确保遵守责任而言，损害的发生一般是由于承包者未履行其自身的义务，但是如果担保国已经采取了一切措施，并且这些措施在正常情况下都能确保承包者遵守相关规定，并履行其义务，则担保国免除由于承包者未履行义务而导致损害的赔偿责任。如果担保国没有尽到其尽职义务，则担保国的赔偿责任与被担保承包者的赔偿义务并行存在，而不是连带责任。

对于担保国应当履行的其他直接义务，前述的免责事由则不能适用，亦即如果担保国未能履行协助管理局的义务，或者采取预防性措施，即使担保国已经尽到了最大努力，仍然还是产生了损失，担保国对此种损失承担赔偿责任。①

我国作为联合国缔约国，作为我国从事深海活动公私企业的担保方，亦需要承担相应的担保责任。国内专项立法应当明确担保国的责任，不能违反我国在国际法下的义务，同时要厘清企业、担保国以及管理局之间的权利和义务关系。

4. 安全保障制度

（1）国际法上的规定

该制度主要是为了实现海上生命财产安全保障方面的特殊要求。《公约》第 146 条规定：人命的保护，关于"区域"内活动，应采取必要措施，以确保切实保护人命。为此目的，管理局应制定适当的规则、规章和程序，以补充有关条约所体现的现行国际法。

---

① 此种情况下，对担保国赋予了较高的注意义务，担保国不可以其已经尽到最大努力作为抗辩事由，但是传统的免责事由，如不可抗力应当仍然可以适用。

此条中所提到的必要措施覆盖的范围较为广泛,其采取的措施可以为保证航行安全、海上的生命安全、作业安全保障、深海活动相关的维护要求以及深海活动中所涉及的劳动保障规定。

《公约》第146条前半段要求各成员国以及管理局采取一切必要的措施来确保从事深海活动的人命的安全。后半段要求管理局制定适当的规则、规章和程序来保障人命的安全,但是前提是现行有关国际条约在安全保障制度上存在缺失的情况,如此管理局所制定的规章和程序起到一种补充的作用。公约如此的规定,实际上对管理局制定安全保障条款的空间作出了极大的限制,因为现存国际条约中有关安全保障制度的规定已经非常翔实,诸多条约中都有相关规定,如1974年的《海上生命安全国际公约》(International Convention for the Safety of Life at Sea, its Protocols and amendments)、1972年的《国际海上避碰规定公约》(Convention on International Regulations for Preventing Collisions at Sea),以及其他国际劳工组织(International Labor Organization)和国际海事组织(International Maritime Organization)。[①]

海上安全以及人命的保障还体现在公约的其他条款中,如《公约》第39条第2款规定:过境通行的船舶应遵守一般接受的关于海上安全的国际规章、程序和惯例,包括《国际海上避碰规则》。《公约》第94条第4(c)款规定:船长、高级船员和在适当范围内的船员,充分熟悉并须遵守关于海上生命安全,防止碰撞,防止、减少和控制海洋污染和维持无线电通信所适用的国际规章。《公约》第98条规定了每个国家应责成悬挂该国旗帜航行的船舶的船长,在不严重危及其船舶、船员或乘客的情况下的救助义务。除此之外,

---

① United Nations Convention of Law of Sea 1982, A Commentary, Volume Ⅵ, Martinus Nijhoff Publishers, 2002, p.204.

《公约》第 242 条规定：在不影响本公约所规定的权利和义务的情形下，一国在适用本部分时，在适当情形下，应向其他国家提供合理的机会，使其从该国取得或在该国合作下取得为防止和控制对人身健康和安全以及对海洋环境的损害所必要的情报。《公约》第 262 条要求从事海洋科研的装置和设备上应当有适当的警告标志以保证海上安全以及航行安全。

（2）内国法之规定

根据《维也纳条约法公约》的规定，国家被要求诚信地履行其国际义务，但它们同时可以自由决定在其国内法律体系下此种义务的行使。作为国家的一般责任，国家应使其国内法与其在国际法项下的义务一致。缔约国有义务将其在国际法下的义务通过纳入、采认、转化或者吸纳进行内国法化，有自由决定如何最佳地将其国际法义务转化至国内法的内容，以及决定这些国际法义务在国内法的法律位阶。

《联合国海洋法公约》中缔约国有安全保障之义务，诸多国家在制定国内深海海底资源勘探和开发专项法律时已经将此种义务内国法化了。

如美国《深海海底硬矿物资源法》第 12 条对海上生命和财产安全作出了规定：海岸警卫队和所属部部长，经商同局长后，应在依本章办法的任何许可证和执照中，按照国际法原则，要求依美国法律取得证书并用于许可证和执照所准许的活动的船舶，符合船舶设计、建造、改装、修理、装备、经营、船员配备和维修以及船员安全和促进海上生命与财产安全等条件。

英国 2014 年《深海开采法》第 2 条第 3A 款规定：勘探或者开发许可证可以载有国务大臣或者苏格兰部长认为合适的条款和条件，尤其应载有从事获许可作业或辅助作业的人员的安全、健康和福利的相关条款。

我国在国际法下有义务在国内立法中规定作业方的安全保障义务,要求作业方在以下几个方面做到保障海上生命和财产的安全:① 航行;② 勘探和开发活动期间;③ 从事海洋科学活动期间。

5. 执法监督制度

(1) 行政管制机构之设立

深海活动的管制中,国际层面上,公约成立了国际海底管理局,作为管制深海活动之行政机关,制定海底各种资源的勘探和开发规章,进行行政管制。国内层面,从第二篇的域外经验的梳理可以看出,各国在国内专项立法中亦对国内相应的管制深海活动的行政机关作出了规定,其中有些国家是成立新的机构专门来实现对深海活动的管制,如斐济、库克群岛;一些国家扩大现存的国家行政机关的职能,使其包含深海活动之管制,如日本、捷克、美国、英国等。

我国在深海活动行政组织方面已经作出回应。我国 1991 年成立了中国大洋矿产资源研究开发协会(大洋协会),作为管理和监督中国在国际海底区域开展勘探和开发活动的管理组织。大洋协会通过颁布和执行相关条例和细则,一直在严格管理和监督我国在国际海底区域进行的与测量设计、活动方案、探测设备、样本收集和采用有关的活动,以确保大洋协会在国际海底区域开展活动时遵守 1982 年《联合国海洋法公约》和其他相关法律文书的规定。

(2) 行政机关的检查权

各国立法例中都包含了管制机构的检查权。其中检查的对象包括:作业记录、作业设备、作业场所等。库克群岛的立法例中对行政机关从事检查活动所应具备的正当程序以及被检查方阻碍或者不配合行政机关的检查所应当承担的法律责任都作出了详细的规定。

行政机关的事前的许可以及作业期间的检查是保证深海活动顺利进行的重要程序,我国在制定专项法律时亦应当规定行政机关的检查权,并且规定被检查方的配合义务。行政机关在从事检查活动期间应当遵守正当法律程序,不得侵犯被检查方(作业方)宪法上之基本权利,在存有侵权之情形时,应当为权利受到侵害的被检查方提供权利救济之渠道。

6. 法律责任制度

勘探开发主体违反相关法律法规时应承担相应的法律责任。根据域外立法的经验,各国主要对承包者的行政责任和刑事责任作出了规定。美国的立法例中还规定了民事罚款,俄罗斯的立法例中对行政机关的违法行为(如越权发放许可证、随意改变许可证上记载的条款等)的法律责任亦作出了规定。

域外立法例中,承包者主要是因为作业过程中违反《联合国海洋法公约》、管理局制定的规章、国内法律法规、同管理局之间签订的合同而承担相应的法律责任,各国根据其实际情况各有不同的规定。

我国制定的专项法律应当对法律责任作出较为完善的规定,应当包括行政机关在违法作为或者不作为的情况下应当承担的责任,以及处于被管制地位的承包商在违反相应规定所应当承担的责任。其中承包商所承担的责任应当包括行政责任以及刑事责任。

附录

国外深海海底资源
勘探开发立法例

英国 2014 年《深海开采法》

2014 第 15 章

对于深海采矿作业和为了与此有关的

目的而作出规定的法令

（2014 年 5 月 14 日）

女王陛下经上、下两院于本届议会会议上的奏议和同意，并经其授权，兹颁布法令如下：

第一条　禁止未经许可的深海采矿

1. 除本法另有规定，凡适用本条的人，除非满足以下两个条件，均不得勘探深海海底任何区域的任何状态的矿产资源：

1）持有有效的勘探许可证（第二条），或者是持有该许可证的代理人或者受雇人（在此能力内代理）；

2）许可证上载明了具体海底区域，并且载明了矿物的种类。

2. 除本法另有规定，凡适用本条的人，除非满足以下两个条件，均不得开采深海海底任何区域的任何状态的矿产资源：

1）持有有效的开采许可证（第二条），或者是持有该许可证的代理人或者受雇人（在此能力内代理）；

2) 许可证上载明了具体海底区域,并且载明了矿物的种类。

2A 第一款和第二款受制于第 3A 条。

3. 凡违反以上第一款或第二款者,均以违法论,并应:

1) 经起诉程序的判决处以罚金;

2) 经简易程序的判决处以不超过最高法定金额的罚金。

4. 凡属下列人员,均适用本条规定:

1) 联合王国和殖民地的公民,依联合王国任何地区法律组成的苏格兰公司或团体;和

2) 联合王国任何地区的居民。

5. 女王陛下得以在其枢密院的敕令,将本条扩大适用于:

1) 常住(驻)于联合王国境外的联合王国及殖民地的一切公民和依联合王国任何地区法律组成的苏格兰的所有公司及团体,或常住(驻)于敕令制定的任何国家的上述公民、公司及团体。

2) 依海峡诸岛、马恩岛、各殖民地和联系国法律组成的团体。

6. 在本法中,

深海海底是指联合王国或者其他国家管辖范围以外的海底区域;

矿产资源是指固态、液态或者气态的矿产资源;

以上第四款和第五款所指的联合王国和殖民地公民,应理解为包括《1948 年不列颠国籍法》第二条属不列颠臣民者,依该法第十三条或者第十六条属无国籍不列颠臣民者、依《1965 年不列颠国籍法》属不列颠臣民者,和《1948 年不列颠国籍法》所指的受保护的不列颠人。

7. 凡在诉讼中,国务大臣或者苏格兰部长颁发的并证明海底的某区域是联合王国或者其他国家管辖范围以外的海底区域,应属该事实的确证;凡称作这种证书的文件,均应予接受作证,除经

证明不实者外,均应视为这种证书。

第二条　勘探许可证和开发许可证

1. 在本法中,

管理局是指国际海底管理局(ISA);

对应合同是指:

1) 就勘探许可而言,则指管理局颁发给被许可人,授权其在许可的区域勘探许可的资源;

2) 就开发许可而言,则指管理局颁发给被许可人,授权其在许可的区域开发许可的资源;

勘探许可是指准许许可证人在许可证中载明的具体深海海底区域从事勘探许可证中载明的矿物种类等活动;

开发许可证是指准许许可证人在许可证中载明的具体深海海底区域从事开发许可证中载明的矿物种类等活动;

管理局授予是指管理局根据公约第 153 条的授予合同之行为;

工作计划是指活动和经费的纲要(计划)。

2. 在服从第三条的前提下:

1) 国务大臣在收到经财政部同意后规定的费用后,得向其认为适合者颁发勘探许可证或开发许可证,除非苏格兰部长有权力颁发勘探许可证和开发许可证;

2) 苏格兰部长在收到规定的费用后,得向其认为适合者颁发勘探许可证或开发许可证。

3. 勘探或者开发许可证:

1) 有效期应以国务大臣或者苏格兰部长认为适宜为准;

2) 在对应的合同生效之后方可生效。

3A　勘探或者开发许可证可以载有国务大臣或者苏格兰部

长认为合适的条款和条件，尤其应载有关于下列内容的条款和条件：

1）从事获许可作业或辅助作业的人员的安全、健康和福利；

2）受证人或受证人代表人在任何船舶上，对根据许可证采出的任何矿物资源进行加工或其他处理；

3）这种加工或其他处理所产生的任何废弃物的处置；

4）要求向国务大臣或者有些情况下苏格兰部长呈报有关任何获许区域、获取作业或辅助作业的任何事项的计划、统计表、账目或其他记录；

5）要求向国务大臣呈交在各获许区域发现或采出的任何矿物转的矿样或矿样试金；

6）要求对获许区域的矿物资源进行勤勉勘探或开发；

7）要求受证人遵守公约和协定，按照协定第二条进行解释，适用于合同方；

8）要求受证人遵守 ISA 颁布的任何规则和程序，适用于合同方；

9）要求遵守对应合同；

10）要求遵守由对应合同批准的工作计划；

11）要求按规定期限，向国务大臣缴纳经财政部同意后规定的款项；

12）要求按规定期限，向苏格兰部长缴纳经财政部同意后规定的款项；

13）允许在规定情况下，经国务大臣或苏格兰部长同意后转让许可证。

4. 如果国务大臣或者苏格兰部长已经颁发勘探许可证，非经该受证人的书面同意，不得向该受证人以外的人，颁发在获取区域开发证书记载的矿产资源的开发许可证。

5. 凡国务大臣依本条规定收到的费用款项,均应纳入"统一基金"。

第三条 管理局授予的合同

1. 国务大臣或者苏格兰部长禁止颁发有下列情形的勘探和开发许可证:

1) 有效的管理局合同已经覆盖的海底区域;

2) 前款合同中涉及的矿产资源。

2. 如果合同是之前国务大臣或者苏格兰部长已经颁发的勘探和开发许可证对应的合同,则第一款不适用。

3. 为了满足任何程序之目的,管理局授予的合同的复印件经过管理局官员证明,可以作为证明该合同存在之证据,任何其他声称是该合同的文件亦将作为证据,有待于证明其为合同,除非被认为不是该合同;

第 3A 条 第一条的例外情形

1. 适用第一条的个人在满足以下情况下,则不受第一条中规定的禁止从事勘探资源活动:

(1) 如果此人根据管理局发布给他的勘探通知中的条款进行作业;

(2) 管理局有其遵守公约要求之记录。

2. 当适用第一条的个人持有管理局授予的勘探合同,或者该人是持有该合同的代理人或者受雇人,该人则不受第一条中规定的禁止在合同涉及的海底区域从事勘探合同中载明的资源之活动;

3. 当适用第一条的个人持有管理局授予的开发合同,或者该人是持有该合同的代理人或者受雇人,该人则不受第一条中规定的禁止在合同涉及的海底区域从事开发合同中载明的资源之活动。

第四条　防止干扰获许作业

1. 凡适用以上第一条者,均不得故意干扰依管理局授予的合同、勘探许可证、开发许可证从事的任何作业。

2. 凡违反以上第一款者,均以违法论,并应:

1) 经起诉程序的判决处以罚金;

2) 经简易程序的判决处以不超过最高法定金额的罚金。

第五条　海洋环境保护

1. 在确定是否颁发勘探许可证或者开发许可证时,国务大臣或苏格兰部长应顾及保护(仅限于合理可行)海洋动物、植物、其他生物及其栖息地或产地,免受许可证准许的任何活动所产生的任何有害影响的必要;国务大臣或苏格兰部长亦应考虑向其呈报有关这种影响的任何报告。

2. 在不违反以上第二条第 3A 款规定的情况下,凡经国务大臣或者苏格兰部长颁发的勘探许可证或开发许可证,均应载有为避免或减少任何这种有害影响,而其认为必要或适宜的条款和条件。

第六条　许可证的修改和撤销

1. 在下列情况下,国务大臣得更改或者撤销任何勘探许可证或开发许可证:

1) 国务大臣认为必须进行更改或撤销:

a 以确保从事任何获许作业或辅助作业的人员的安全、健康或福利;或

b 以保护任何海洋动物、植物、其他生物或其栖息地或产地;或

c 以执行以下第八条之规定;或

d 以避免与联合王国任何国际协定对其生效而承担的任何义务相抵触;

2）凡经过受证人同意。

2. 凡未遵守许可证的条款或条件,或依本法制定的人和规章,国务大臣均得撤销勘探许可证或开发许可证。

3. 此部分亦适用由苏格兰部长颁发的勘探和开发许可证,苏格兰部长亦享有本条内国务大臣之权力。

第七条　公海之自由

持证人应当按照许可证载明的条款行使证书中的权利,并需要尊重其他主体公海自由之权利。

第八条　外国的歧视性措施

1. 本条适用于在下述国家登记的任何船舶,即国务大臣或苏格兰部长认为该国政府(或政府或当局)已经采取或拟采取歧视性措施或做法,以禁止或限制在任何深海海底采矿作业中使用在联合王国登记的船舶。

2. 在不损害以上第二条第 3A 款的情况下,国务大臣或苏格兰部长在颁发任何许可证或在以后修改时,得在勘探许可证或开发许可证中,补加禁止或限制在获许作业或任何辅助作业中使用本条的任何船舶,而其认为适当的条款或条件。

3. 国务大臣得以以命令将本条扩大适用于在下述国家等级的船舶,即国务大臣认为该国政府(或政府机构或当局)已经采取或拟采取歧视性措施或做法,以禁止或限制在任何深海海底采矿作业中使用在海峡诸岛、马恩岛或各殖民地登记的船舶。

4. 本条所述的政府机构或当局,包括国务大臣或苏格兰部长认为实属联合王国以外的某国(直接或间接)所有或控制的任何企事业,或代表这种企事业的任何企事业。

第 8A 条　执行海底争端分庭之裁判

1. 国际海洋法庭海底争端分庭对公约 187(c)(d)(e)中的纠纷作出裁判应当以法院之规则在高等法院或者苏格兰最高民事法院进行登记(登记法院)。

2. 当裁判按照本法进行登记后,该判决的以下几方面的事项同登记法院作出的判决效力相同:

a 执行的效力和效果;

b 法院在执行中的作用;

c 执行中所涉及的程序。

3. 如果登记的裁判是给付金钱,则该给付涉及的金钱同登记法院作出的给付判决涉及的金钱债务相同,都会产生利息,并且该债务在登记之日到期。

4. 判决进行登记的合理费用和花费以及附带费用亦可以获得补偿,如同这些费用是判决所涉及的金钱的一部分。

5. 第四款中的可补偿之费用同登记法院作出的费用和花费之命令一样可以产生利息,且自登记之日起产生利息。

6. 第二款服从于法院制定的有关判决如何被执行的任何规则。

7. 本条适用于苏格兰时,关于费用的条款不适用。

第 8B 条　海底争端分庭裁判之证据与可接受性

1. 考虑到第 8A 条之目的,若某声称是海底争端分庭之裁判的文件经过适当的核实,在没有新的证据的情况下,则认为该文件为真实的海底争端分庭之裁判,除非有相反之证据。

2. 某声称是海底争端分庭裁判之文件如果含有以下特点,则可确定其真实性:

1）含有分庭之印章；

2）由分庭的法官以个人能力确认，或者分庭登记处的官员或者其中一名工作人员确认该份判决为真实的海底争端分庭之裁判；

3. 通过本条以外法条认定可以被接受的作为证据的文件，同以本条认定为证据的文件效力相同。

第 8C 条　仲裁裁决之认可与执行

根据公约第 188(2)(a) 作出的仲裁裁决（有关合同解释和适用的纠纷）：

1）为符合《1996 年仲裁法》第三部分之要求（对某些国外仲裁裁决之认可与执行），被视为《纽约公约》之仲裁判决；并且

2）为符合《2010 年苏格兰仲裁法》第 18 条至第 22 条之规定，被视为公约之仲裁裁决。

无论是否依据本条，都按照以上两种情况处理。

第九条　检查员

1. 为履行规定职责和全面协助其本人执行本法，国务大臣或苏格兰部长得为其认为适当的目的，而随时指定其认为合格的人为检查员。

2. 国务大臣或苏格兰部长得向根据以上第一款指定的任何检查员，支付国务大臣或苏格兰部长经过文官大臣批准后决定的报酬或其他费用，或支付有关该检查员的上述报酬或费用。

第十条　规章和命令

1. 国务大臣得制定规章：

1）以规定根据本法需要规定或准许规定的任何同国务大臣颁发的或将要颁发的勘探和开发许可证相关的事项；

2）全面实施本法，除了苏格兰部长根据本条第二款第二项制

定的条款。

2. 苏格兰部长得制定规章:

1)以规定根据本法需要规定或准许规定的任何同苏格兰部长颁发的或将要颁发的勘探和开发许可证相关的事项;

2)以全面实施本法;

3. 本条所述的规章可以对计划中任何事项作出规制。

4. 本条所述的规章得就不同情况或不同类型的情况作出不同的规定,亦得在特殊情况下,不采用附录规章的任何条款。

5. 国务大臣依本法颁布命令的任何权力,均应通过制定法律文件行使。

6. 本法下国务大臣通过制定法律文件制定的规章可以根据议会任何一院的决议废除。

7. 第二款中制定的规章适用于负面程序,该程序规定于《2010年苏格兰解释与立法改革法》第二十八条中。

第十一条　信息的披露

除下列情况外,任何人均不得披露其根据本法获得的关于他人的任何情况:

1)经该他人书面同意;或

2)向财政部、国内税务局或国务大臣或苏格兰部长披露相关信息;或

3)为了根据本法或根据依本法制定的规章提起任何刑事诉讼,或为这种诉讼之用;或

4)按照依本法制定的规章披露;或

5)向管理局披露。

第十二条　关于违法行为的补充条款

1. 凡因本法或因依本法制定的规章所规定的违法行为,得提

起诉讼,为了附带目的,该违法行为得视为在联合王国任何地点发生的。

2. 凡因为这种违法行为的诉讼,除下列情况外,不得在英格兰、威尔士或北爱尔兰提起:

1) 由检察长或经其同意在英格兰和威尔士提起的诉讼;或

2) 由北爱尔兰检察长或经其同意在北爱尔兰提起的诉讼;或

3) 凡由国务大臣或经其专此授权者提起的诉讼。

3. 不论是否属于联合王国和殖民地的公民,亦不论是否属于依联合王国任何地区法律组成的法人团体,均得依据本法制定的规章论处。

4. 凡属法人团体犯法,并经证明系经其董事、经理、秘书、其他类似负责人或声称以任何这种身份行事者的同意或纵容,或经证明系因任何这种人员的任何过失造成,该人员本人和该法人团体均应以违法论,受起诉和给予应有处罚。

本款中的"董事",就下列法人团体而言,是指该法人团体的委员:

1) 为了在公共所有制下从事某项产业、部分产业或事业,而根据任何法律成立的法人团体;和

2) 机构事务是由其委员会管理的团体;

5. 凡因未遵守本法或依本法制定的规章的任何条款而提起的诉讼,被告已经尽到所有注意事项遵守该条款可以作为诉讼中的抗辩。

6. 本法中的"最高法定金额":

1) 在英格兰、威尔士和北爱尔兰,是指《1980 年裁判法院法》第 33 条所指的限额(即 1 000 英镑,鉴于币值的变化,或为该法 143 条第一款规定的命令所确定的其他金额);和

2) 在苏格兰,是指《1975 年(苏格兰)刑事诉讼法》第 289 B 条所指的限额(即 1 000 英镑,或该法第 289 D 条规定的命令所确定的这种用途的其他金额)。

为北爱尔兰适用本定义,《1980 年裁判法院法》有关以上第一项所述金额的各项规定,亦适用于北爱尔兰。

第十三条　违反法定职责的民事责任

1. 违反依以上第十条规定的规章所赋予某人的职责的行为,而这种规章规定了本款适用于这种违反职责的行为,则应受到起诉,但而且仅以这种违反职责的行为造成人身伤害为限;《1967 年致命意外法》第一条和《1977 年(北爱尔兰)致命意外令》第三条第一款所述的非法行为、过失或过错,应包括依此受到起诉的任何这种违反职责的行为。

2. 以上第一款的规定,不影响在该款规定之外亦得提起任何诉讼。

3. 对根据以上第十二条第五款,或对根据依本法制定的规章所提起的控告的抗辩,不论民事诉讼是根据本条还是根据其他规定提起的,均不得作为任何民事诉讼中的抗辩。

4. 以上第一款的人身伤害,包括任何疾病、对人的身心状况的任何损害和任何致命之伤害。

第十四条　某些法律的排除适用

1. 以下几部法律不适用于与勘探和开发许可证以及管理局授予的合同相关的活动。

2. 这些法律包括:

1)《1985 年食品和环境保护法》第二部分(海洋沉淀物);

2)《2009 年海洋和海岸法》第四部分(海洋许可);

3)《2010 年苏格兰海洋法》第四部分(海洋许可)。

第十五条 解释

本法中：

协定是指《关于执行 1982 年 12 月 10 日联合国海洋法公约第十一部分的协定》；

辅助作业,就获许作业而言,系指受证人或其代表人从事的附属于获许作业的任何活动(包括对开采的任何物质的加工和运输)；

管理局是本法第二条中定义的机构；

公约是指《联合国海洋法公约》；

对应合同按本法第二条所指；

深海海底按本法第一条所指；

深海海底开采作业是指各种勘探和开发深海海底之矿产资源；

开采是指商业开采；

开采许可证按本法第二条所指；

勘探,就深海海底各区域的海底资源而言,是指为确定能否对该区域的深海海底矿产资源进行商业性开发,而对该区域深海海底进行调查；

勘探许可证,按本法第二条所指；

由管理局授权,就合同而言,按本法第二条所指；

检查员,是指按照本法第九条规定被指定为检查员的人；

获许区域,是指具有有效的勘探许可证或开发许可证的深海海底任何区域；

获许矿产资源,就许可证而言,是指许可证中载明的矿产资源种类；

获许作业,是指受证人根据许可证得以从事的任何活动；

受证人,是指勘探许可证或开发许可证的持有人；

矿产资源,按本法第一条所指;

工作计划,按本法第二条所指;

规定的,是指以本法第十条制定的规章所规定的(除法庭规则所适用的规定);

探矿,就深海海底各区域的海底资源而言,是指在深海海底搜寻矿产资源,可能包括对资源的组成、面积、分布以及经济价值的评估;

船舶,包括用于航海的各种船舶;

特别法庭,是指国际法庭海底争端分庭。

第 15A 条　苏格兰部长职能之行使

本法中任何有关苏格兰部长职能之规定,其只能在《1998 年苏格兰法案》第 54 条规定的范围内按照其能力履行相关职能。

第十六条　简称及其他

1. 本法可被称为《2014 年深海采矿法》。

2. 本法自国务大臣以命令制定的日期开始生效,为了不同的目的,得根据本款制定的几个不同的实施日期。

3. 女王陛下得以其在枢密院的敕令,指示将本法的任何规定和敕令中可能规定的修正案,一并扩大适用于海峡诸岛、马恩岛或任何殖民地。

4. 兹宣布本法亦适用于北爱尔兰。

附录:

<h3 style="text-align:center">规章所管制的事项</h3>

一般条款

1. 申请书的格式和内容。

2. 申请书证明文件的提交、提交方式和提交期限。

3. 从事任何获许作业或任何辅助作业的人员的安全、健康和福利。

4. 对任何获许作业中发生的事故的调查。

5. 对国务大臣或苏格兰部长(如果规章是由苏格兰部长根据本法第十条第二款制定的)认为有害或可能有害于海洋动物、植物、其他生物及其栖息地或产地的任何操作方法的禁止。

检查员条款

6. 检查员有权登临用于勘探或开发的任何船舶,接触船舶各个部分,获得资料,检查并且抄录任何航海日志及其他文件。

7. 检查员有权试验设备,在特殊的情况下,有权拆卸、掌握设备的任何部件,并检验设备任何部件的损坏情况。

8. 检查员有权要求规章规定的人员,对任何设备进行检验或检查。

9. 检查员在支付合理的费用后,有权要求使用交通工具,以登临和离开用于任何获许作业的任何船舶、运载检查员试验所需的任何设备和在特殊情况下其掌握的任何设备。

10. 检查员在任何船舶上履行本法规定的职责期间,应当向其提供合理膳宿和生活资料的义务。

11. 遇有即刻危险或意料危险时,检查员得行使的权力。

违法条款

12. 规章得规定:任何规定的违章行为,应为经起诉程序判决的违法行为,或为经简易程序判决的违法行为,或为两种程序均可审判的违法行为,这种违章行为,亦应处以规定金额的罚金,但经简易程序判决的罚金,不得超过最高法定金额。

13. 规章得规定,如对依本法制定的规章所产生的任何违法行为,提出抗辩,得按规定提出。

斐济 2013 年《国际海底矿物管理法》

（2013 年第 21 号法令）

通过《2009 年斐济行政权力法》之授权，作为斐济共和国总统以及斐济军队总司令，兹于此颁布法令如下：

该法管理斐济从事国家管辖范围以外海底矿产活动以及其他事项。

第一部分　序　　言

第一条　简称和生效时间

本法案可以被称为《2013 年国际海底矿物管理法》，根据部长在政府公报上公布的日期生效。

第二条　定义

1. 在本法中，除非上下文语境有要求，一般认为：

区域，是指《联合国海洋法公约》第一条第一款规定的国家管辖范围以外海洋床底与下层土壤；

管理局，是指根据本法第六条成立的斐济国际海底管理局；

合同区域，是指被担保人同国际海底管理局（ISA）签订从事海底矿产活动的合同所涉及的区域部分；

开发,是指为商业目的从区域部分获取资源并从中提取矿物,包括为生产和销售金属的开采、处理和运输系统的建设和运行,只要这些活动都发生在海上;

勘探,是指从事以下活动的专属权利:1) 在区域搜索海底资源储备;2) 对资源储备进行取样和分析样本;3) 对系统和设备进行测试;4) 从事科学研究活动,以判断这些矿产资源能否被商业性的开采;

财政年,是指管理局的财政年,从每年的 1 月 1 日开始到 12 月 31 日;

国际海底管理局(ISA),是指《联合国海洋法公约》第 11 部分中成立的机构,公约成员国通过此机构组织和管理区域部分的海底资源活动;

海洋环境,是指海洋的环境,包括物理、化学、地质、生物和基因组成、条件和因素,这些要素互动并决定了海洋生态系统的生产力、状态、条件和质量,还包括海水,海水上方的空间,海底、海床以及下层土壤;

海洋科学研究,是指合法的研究、探索和其他在区域内从事的相关活动,无论是基础型研究抑或是运用型,为了人类共同利益增加对海洋环境的了解,不是直接为了工业或者经济目的,并且不会对海底表面或者次表面造成重大的改变,也不会严重影响海洋环境;

部长,是指负责管理土地和矿产资源的部长;

主体是指任何自然人或者商业组织,包括但不限于公司、合作、合作社、协会、国家或者国家的下属机构或者机关,外国国家或者其下属机构或者机关;

预防手段,是指为了保护海洋环境,在危险较为严重或者会造成不可挽回之损害的情况下,存在科学的不确定不能作为推迟采

取最具成本收益的手段来防止环境的恶化;

政府官员,是指暂时或者永久受雇于斐济政府的主体;

ISA 规则,是指 ISA 根据公约授权所采取的生效的规则、规章和程序,以及 ISA 和担保国之间有关海底活动的合同所包含的条款;

海底资源,是指区域任何部分的硬矿产资源,包括金属外壳、结核、热液矿床(其中包含的含金属或不含金属的元素);

海底矿产活动,是指在成员国提供担保的情况下,根据同 ISA 签订的合同在区域从事勘探和开发活动;

被担保人,是指持有根据本法第 28 条发放的担保证书的主体,包括该主体的代表或者官员,以及通过合法方式获得该担保证书的第三方;

担保申请人,是指根据本法第 24 条申请担保证书的主体;

担保证书,是指根据本法第 28 条发放的证书;

担保国,是指根据公约第 153(2)(b)条为深海活动主体的勘探和开发活动提供担保的公约成员国;

成员国,是指同意受到公约约束的国家;

《联合国海洋法公约》,是指 1982 年 10 月通过并于 1994 年 11 月 16 日生效的《联合国海洋法公约》、1994 年《关于执行 1982 年 12 月 10 日联合国海洋法公约第十一部分的协定》以及各附件;

工作小组,是指根据本法第 19 条成立的斐济国际海底管理局工作小组。

2. 除非另有规定,本法中出现的公约中也使用的术语和表达,以公约中的内涵为准。

第三条　目的

1. 本法的目的包括:

1) 使斐济成为为从事海底矿产活动的主体提供担保的担

保国;

2）使斐济通过根据本法成立的机关或者担保第三方从事海底矿产活动;

3）为被担保人或者管理局的相关组织从事海底矿产活动建制一个清晰稳定的法律环境;

4）确保海底矿产活动是在斐济政府有效管制下进行,遵守 ISA 的规定,履行斐济政府在国际海洋法以及其他国际法项下的义务;

5）为当代人以及未来子孙的利益,采取措施最大化海底矿产活动所带来的利益。

2. 为了达到以上之目的,本法:

1）确定了斐济政府中的相关负责机构,来管理斐济的海底矿产活动;

2）建立担保制度,在该制度中被担保人将被授权从事海底矿产活动;

3）为担保国向被担保人收取一定的担保费用提供依据。

第四条 管辖

通过制定本法,斐济政府认识到:

1）对区域部分的权利是由公约以及 ISA 制定的法律规则进行规范和管制的;

2）ISA 在公约项下的义务是组织和控制区域活动,并且

a 处理许可在区域从事勘探和开发活动工作计划的申请;

b 监管工作计划（以承包者式许可该工作计划）的遵守,包括通过检查员进行监督;

c 制定从事勘探和开发活动的必要规则、规章以及程序;

3）ISA 制定的规则、规章、程序以及标准是为了:

　　a 保护和保存区域部分的自然资源,以及防止海洋环境中的动植物受到损害;

　　b 防止、减少以及控制污染以及其他干扰到海洋环境生态平衡的危害;以及

　　c 对区域活动进行控制,确保从事区域活动的承包者遵守公约以及 ISA 制定的规则;

　　4) 公约成员国协助 ISA 履行其职责的义务规定在本法的第五部分;

　　5) 在区域从事勘探和开发活动必须经过 ISA 的同意,并且由以下两个主体从事区域活动:

　　a 公约的成员国;

　　b 成员国担保的主体;以及

　　6) 成员国作为担保国,其有义务有效控制在其担保下的主体(被担保人)从事区域活动,并且确保其活动符合公约以及 ISA 的规则。

第二部分　海底矿产活动之管制与行政

第五条　海底矿产活动

1. 根据公约的规定,斐济可以直接或者同其法人团体合作:

1) 向 ISA 申请发放在区域从事勘探和开发活动之合同;

2) 为某法人团体向 ISA 申请发放在区域从事勘探和开发活动之合同提供担保;

2. 斐济可以根据第一款规定同 ISA 签订合同开发区域资源。

第六条　成立斐济国际海底管理局

本条成立斐济国际海底管理局,该机构永久继承并且有法团印章,并且可能:

1）起诉或者被起诉；

2）收购、持有或者处分财产；

3）签订合同、协议或者从事其他交易；以及

4）从事其他法人可以从事的行为。

第七条　管理局之组成

管理局将由下列人员或者其提名人组成，履行其职责：

1）土地和矿产资源永久秘书长；

2）首席司法官；

3）矿产资源局局长；

4）渔业局局长；

5）政治条约局局长。

第八条　管理局之目标

管理局有如下之目标：

1）为海底矿产活动的担保和监管提供稳定、透明、可靠的程序；

2）保护和保存海洋环境；

3）确保被担保人以及其他从事海底矿产活动遵守相关规则以及国际社会同意的标准；

4）确保海底矿产活动能够最大化斐济的利益。

第九条　管理局之职能

1. 管理局的职能包括：

1）促进：

a 法人团体或者被担保人向 ISA 申请合同以及从事勘探和开发之活动；

b 斐济以及斐济所担保的主体对国际法、标准和规则之认识和遵守；

2）监督、履行并确保被担保人以及其他从事海底矿产活动主体遵守 ISA 的规定；

3）为保证斐济作为国家企业或者担保国履行其在公约项下的责任，从事同海底矿产活动或者保护海洋环境相关的咨询性质、监督性质或者执行方面的活动；

4）要求被担保人或者其他从事海底矿产活动的主体提供相关报道和信息并对此进行审查；

5）合理保存与第 4 项中主体从事的海底矿产活动相关的记录；

6）确保从事或欲从事海底矿产活动之主体的合同安排之合理性；

7）确保海底矿产活动的进行符合 ISA 的规定和斐济在公约项下的义务，以及其他适用的国际法；

8）促进向 ISA 提出的任何与海底矿产活动相关的申请；

9）制定管理局向海底矿产活动主体发放的许可证中的条款和条件；

10）与被担保人以及其他从事海底矿产活动主体逐个协商与海底矿产活动相关的费用、税收等。

2. 管理局负责根据公约管理斐济作为担保国的担保责任相关的事务。

3. 在管理斐济作为担保国的担保义务中，管理局必须经常与工作小组进行商讨，参考相关技术事项，并且在其决策中加入对工作小组的建议的考量。

4. 部长就有关管理局的履行职责和义务事项，给出不违反本法以及公约的指导。

第十条　管理局之权力

1. 在履行其职责和实现本法之目的，管理局有以下权力：

1）处理在区域从事勘探和开发之申请；

2）为下列活动制定规则、规章和程序，并加入适当的标准：

a 根据合同在区域从事勘探和开发之活动；

b 保护和保存区域的自然资源，并防止对海洋动植物的损害；

c 防止、减少以及控制污染以及其他干扰到海洋环境生态平衡的危害；以及

3）对承包者从事的区域活动进行合理管制。

2. 管理局享有其他为履行其在本法中的职责所需要的必要的权利。

第十一条 授权条款

1. 管理局可以通过书面形式将其在本法下的权力和职能授予任何主体、委员会或者工作小组。

2. 管理局可以根据其判断决定授权之条款和条件，可以一般授权亦可以针对某特别事项授权。

3. 任何主体、委员会或者工作小组通过管理局授权行使其权力，应当在被要求的情况下，提供管理局有该权力之证据。

4. 任何主体违反了第三款之规定，将被处于 5 000 美元的罚款或者 2 年的监禁，或者同时处以以上两种处罚。

第十二条 管理局会议和程序

1. 管理局在必要时可以举行会议或者为方便其履行其职能之时举行会议，会议时间和地点由主席确定。

2. 主席应当主持所有会议，在主席缺席的情况下，部长应当任命新的主体作为主席，不管该主体是否是管理局之成员。

3. 管理局会议中，会议的法定人数为 3 人。

4. 会议中任何提起的议题或者将由管理局作出决定之事项，将由参加会议并投票的多数票通过，如果出现赞成票数和反对票数相同，则由主席或者主席缺席时主持会议的人员投决定票。

5. 管理局会议程序的合法性不受到其成员的缺席或者新成员的任命中所出现的瑕疵的影响。

第十三条　管理局可邀请其他人参加会议

1. 管理局可以邀请任何人参加会议,并向其就会议讨论的事项进行咨询;

2. 第一款中被邀请的人不可以参加任何会议中的投票。

第十四条　利益之披露

1. 管理局成员如果与会议所讨论的议题有直接或间接的利害关系,无论是个人的还是金钱的,其必须向管理局披露该利害关系之事实与实质。

2. 第一款中的利害关系披露将记载于会议纪要中。

3. 在第一款的利害关系披露之后,利害关系人不得参加到管理局有关相关议题之讨论、审议以及决策中。

4. 若管理局成员没有按照第一款的规定履行利害关系披露之义务,将对其处以不超过 10 000 美元的罚款或者 5 年的监禁,或者两者处罚同时适用。

第十五条　商讨

管理局根据本法作出决策或者采取任何行动前,可以同具有相关专业知识之主体、利益集团或者一般民众就有关问题进行商讨。

第十六条　管理局之资金

为达到本法之目的,管理局的资金由以下几种构成:

1) 政府的拨款;

2) 管理局或者以管理局之名义通过本法收取的费用、税收等;以及

3) 管理局或者以管理局之名义获得的其他资金。

第十七条 年度报告

1. 每个财政年结束后的三个月内，管理局将准备年度报告，详细记录其在该财政年中的活动。

2. 管理局将传送部长一份该年度报告，部长根据实际情况将该年度报告呈贡给内阁。

3. 根据第一款制作的年度报告包含经过审计的根据《2004 年财务管理法》规定的一般财务事务制作的账目。

第十八条 审计

应当至少每年对管理局审计一次。

第十九条 斐济国际海底管理局工作小组

1. 此条成立斐济国际海底管理局工作小组，该小组为管理局在履行其职责的过程中提供技术和政策意见和建议。

2. 工作小组的组成人员由部长任命。

3. 工作小组就有关海底矿产活动的所有事项与管理局进行商讨。

第二十条 高等法院管辖权

高等法院有权：

1）对根据本法做出的行政决策、决定、行为、咨询进行司法审查；

2）根据公约第 235(2)条，启动对海底矿产活动所造成的非法损害确定责任并予以及时、合理补偿之程序。

第二十一条 斐济海底矿产资源公司

1. 根据公司法成立斐济海底矿产资源公司，该公司通过建立合伙或者联合企业的方式从事海底矿产活动。

2. 斐济海底矿产资源公司是政府之公司，其按照《1996 年公共事业责任法》承担责任。

3. 斐济海底矿产资源公司以及与其合作的主体,必须确保其按照本法以及其他任何书面法律进行作业。

4. 公共事业部部长可以根据第一款就斐济海底矿产资源公司的作业、运行和行政管理给予指导。

5. 斐济海底矿产资源公司应当遵守公共事业部部长根据第四款作出的指导。

第三部分　担保之申请与向 ISA 的申请

第二十二条　从事海底矿产活动之资质

担保申请人必须具备以下条件才可以从事海底矿产活动:

1) 从管理局获取合法的担保证书;

2) 跟 ISA 签订合法有效的合同。

第二十三条　担保申请之邀请

管理局可以邀请申请人提出担保之申请。

第二十四条　担保之申请

任何欲从事海底矿产活动之主体都必须以书面形式向管理局提出担保之申请。

第二十五条　担保申请之处理

管理局必须及时处理担保之申请,并可以:

1) 要求担保申请人进一步提供信息;

2) 在根据第 27 条作出建议之前任何时候要求担保申请人修改其担保申请的任何部分;

3) 如果担保申请人按照本条要求履行其义务,退回担保之申请。

第二十六条　担保申请之内容

1. 担保申请必须要以书面方式为之,并且提供以下信息:

1）担保申请人所从事的任何研究的报告，或者与将可能进行海底矿产活动的地点相关的数据；

2）担保申请人对海底矿产活动可能造成的对海洋环境影响的报告或者相关数据；

3）从事海底矿产活动所需要的船只的所有权、租赁合同或其他相关文件；

4）从事海底矿产活动的人员的名单，并指出是否需要从斐济雇佣工作人员；以及

5）应对海底矿产活动可能造成的损害的保险或者应急资金或者应对事故之费用。

2. 担保申请人还必须提供以下之证明材料：

1）申请人是在斐济注册的法人团体；

2）保证人保证其所提供的信息之真实与准确，并且打算向 ISA 申请在斐济担保下于区域从事勘探和开发活动的合同；

3）详细说明担保申请人欲通过何种方式资助其海底矿产活动；

4）说明其有足够的资金和技术资源来应对海底矿产活动可能造成的损害，或者说明应对事故的费用；

5）有能力支付根据本法所应当缴纳的相关费用；

6）具有训练斐济工作人员之作业能力的项目。

3. 担保申请必须包含被担保人或者其董事是否有过以下行为之法定宣言：

1）违反 ISA 规则中的实质性条款和条件；

2）被判处有罪，或者同海底矿产活动相关或者其他管辖中的海洋或陆地活动相关的民事罚款；

3）因为欺诈或者不诚实被判有罪。

4. 担保申请人也被要求提供以下材料:

1) 书面保证:

a 保证担保申请人将完全遵守其在 ISA 规则以及本法项下的义务

b 保证担保申请人将要为的海底矿产活动将完全遵守 ISA 中与环境保护相关的国际和国内法律,包括海上安全的规定,以及

2) 部长要求提供的其他事项。

第二十七条　发放担保证书之建议

1. 管理局在收到根据第 24 条提出的申请并与工作小组进行商讨之后,如果申请材料满足以下之条件,管理局向内阁提出发放担保证书之建议:

1) 申请的内容符合本法第 26 条的规定;

2) 所提议的深海矿产资源活动:

a 不会对斐济的任何社区、文化活动以及工业造成不可修复之损害;

b 考虑到斐济的能力建设、就业以及长期的经济利益,并且有利于斐济的国家利益。

2. 在根据第一款作出发放担保证书之建议时,管理局可以考量担保申请人所提交的任何或者所有信息,或者任何公共领域以及从工作小组提交的或者其他商讨中获得的或者由政府保存的相关信息。

3. 若 ISA 先前与担保申请人签订的合同所涉及的活动同担保申请涉及的活动类似,则先前 ISA 签订合同之决定可以作为管理局考量担保申请要求之证据。

第二十八条　担保证书之发放

1. 在收到管理局根据第 27 条发出的发放担保证书之建议,

内阁可以决定是决定发放担保证书给担保申请人还是拒绝发放。

2. 如果内阁根据第一款同意发放担保证书,证书应当由部长签名,并且含有以下信息:

1) 被担保方之名称;

2) 申明被担保方:

a 是由斐济政府提供担保;

b 受到斐济政府有效之控制;

3) 斐济政府以批准、接受或者继承等方式加入《联合国海洋法公约》之日期;

4) 斐济政府承诺根据公约第 139 条、第 153 条第 4 款,附件三第 4 条第 4 款承担相关责任之申明;

5) 担保证书有效之期间,除非根据本法之规定终止;

6) 其他 ISA 或者管理局认为合理的,应当记载于担保证书之事项。

第二十九条 决定发放担保证书之通知

1. 在内阁根据本法第 28 条作出发放担保证书之决定时,管理局应当在决定作出后的十天内通知担保申请人。

2. 若内阁根据本法第 28 条作出拒绝发放担保证书之决定,管理局应当向担保申请人以书面方式说明作出拒绝发放担保证书之决定的原因,并且给申请人修订其申请并重新提交申请的合理机会,重新提交申请不得收取另外费用。

第三十条 被担保方向 ISA 提交申请

1. 被担保方在斐济政府的担保下可以向 ISA 提交申请签订在区域从事勘探和开发资源之合同;

2. 管理局应当为该申请的准备、提交、和支持提供所有的合理配合;

3. 向 ISA 提出申请之费用，包括斐济政府在支持该申请时可能的花费，都将由被担保方承担。

第三十一条　担保协议

1. 部长经过内阁之同意以及管理局之推荐，可以在授予担保证书之后的任何时间与被担保方签订书面协议，协议中可以加入额外条款和条件，只要：

1）经过工作小组之商讨，并且管理局考量过小组之意见；

2）该协议中的条款没有或者不可能会导致斐济或者被担保方违反 ISA 的规定以及本法中的规定。

2. 被担保方或者同斐济政府就海底矿产资源活动相关的主体可以享有免税或者其他优惠，此种优惠亦可以记载于第一款中规定的协议中。

第四部分　海底矿产活动相关的义务

第三十二条　海底矿产活动的义务

任何直接或者间接参与到海底矿产活动中的主体，都必须：

1）遵守国际海底管理局和法案中的所有规则；

2）为具体从事深海活动的个人和团体提供培训确保他们遵守 ISA 的规则以及其他指示和 ISA 的要求；

3）保证海底资源活动不会影响到：

a 其他合法的海洋使用权人；

b 国际海洋和平安全；

4）协调配合 ISA 的管理以及斐济国际海底管理局根据 ISA 的规定和本法的监管，并且服从合理的要求、指示以及 ISA 检查员的命令，或者本法第 35 条中观察员作出的命令；

5）坚持预防原则，并按照国际标准适用最先进的环境措施，以避免、减少或者补偿对海洋矿产活动对海洋环境造成的损害；

6）为斐济提供与海底矿产活动相关的培训，并参加到海底活动中；

7）采取适当的保险措施，以为已发现之危险或者海底矿产活动可能造成的损害提供保险；或者提供证据证明其有相当的资金和技术能力来应对潜在事故；

8）在发生紧急事件或者可能出现紧急事件时需要及时向国际海底管理局和斐济国际海底管理局报告，并及时有效的应对事故，包括在合理的情况下向 ISA 和管理局问询并执行其指导方案；

9）若出现实质性影响以下事项的新信息，应当将此信息提交给 ISA 和管理局：

a 本法第 26 条规定的担保申请之条件；

b 被担保人的勘探和开发之计划；

c 被担保人遵守 ISA 规则的能力；

10）确保任何时段：

a 从事海底矿产活动之船只、装置和设备处于正常使用状态，并遵守船旗国之法律；以及

b 从事海底矿产活动之工作人员的工作环境达到雇佣法制规定以及卫生和安全标准；

11）禁止将船舶中的矿产资源或者垃圾排放到海洋中，除非按照国际法和 ISA 的规定进行；

12）如果国际海底管理局认为继续从事海底活动将会严重影响：

a 海洋环境，此不利影响在之前实施的环境影响评价中无法预估；

b 人员的安全、健康和福利,或者影响其他对海洋的合法使用,如海洋科研、航行、海底电缆、渔业或其他保护活动等,被担保人应当立即停止该项目的执行;

13) 确保向 ISA 提交的与海底矿产活动相关的数据、报告和其他信息正确、准确、全面。

第三十三条　赔偿

被担保人或者与斐济全资所有的法人团体组成合伙或者联合企业之主体应当:

1) 对其在合同区域从事的海底矿产活动负责,并遵守 ISA 的规定;

2) 承担因为没有遵守规定或者违法作为或者不作为海底矿产活动而产生的补偿、损害以及处罚。

第五部分　担保国之角色

第三十四条　担保国之义务

1. 斐济在以下两种情况下应当通过管理局确保其有关 ISA、区域以及海底矿产活动之行为符合国际法一般原则所规定的要求和标准:

1) 斐济作为担保国,并且被担保人与 ISA 签订海底矿产活动之合同;

2) 斐济国有法人团体与 ISA 签订了海底矿产活动之合同。

2. 在满足第一款的情况下,斐济应当通过管理局:

1) 确保海底矿产活动的作业符合公约、ISA 规则以及其他国际法一般原则所包含的要求和标准;

2) 采取所有合理措施有效控制被担保人或者任何与斐济相关从事海底矿产活动的主体的作业活动;

3）采取所有合理措施为被担保人提供有效担保,包括与 ISA 或者其他担保涉及的主体进行沟通、向其提供协助、文件、证书和保证;

4）推动预防措施之实施。

第三十五条　监管权力

1. 管理局有权力根据国际法之要求对被担保人以及海底矿产活动进行检验、检查和询问,包括:

1）派遣一名观察员到海底矿产活动之地点,以及被担保人之船只和居所;

2）在给被担保人合理通知的情况下,间或对相关账簿、记录和其他数据进行检查。

2. 前述第一款第一项中的观察员应当采取合理措施防止对船舶的安全和作业造成影响。

3. 在前述第一款第二项的检查进行过程中,管理局可以要求任何人在合理时间内对其所掌握的信息进行完善,此种信息包括:

1）与担保证书和海底矿产活动相关之信息;

2）与管理局执行其职能直接相关之信息。

4. 若个人或者其他主体没有遵守按照本法作出的指令,可以对其处以 1 万美元的罚款或者 5 年的监禁,或者两种处罚并处。

第三十六条　行政措施

1. 若管理局认为被担保人有实质性违反 ISA 规则或者本法之规定,管理局应当:

1）向其发出书面警告,包括管理局可能在其违反规定之时所可能采取的措施;

2）与被担保人签订协议,要求其采取补救措施,并降低再次发生之风险;

3) 向其发出书面通知,要求被担保人采取具体措施以补救或者降低实质性违反发生和再次发生之风险。

2. 若管理局确定被担保人的行为构成了对 ISA 规则以及本法之规定之违反,管理局应当:

1) 对被担保人处以金钱之罚款,罚款的确定是根据其违反行为之程度或则根据《规章》(排除任何对损害和伤害之补偿)中的有关罚款的规定;

2) 启动本法第 41 条规定的程序,撤销担保证书。

第六部分　担保之注册、终止、转让和展期

第三十七条　记录

管理局应当:

1) 保存最新、准确的担保申请、担保证书、ISA 合同,以及其他所有通讯、报告和其他制作以及收到的讯息;

2) 确保上述各记录都合理保密;

3) 禁止公开其中的商业敏感信息,除非与被担保人达成协议。

第三十八条　证书之有效性

担保证书一直有效,除非并且直到按照本法第 39 条终止。

第三十九条　终止

1. 担保证书在以下情况下终止:

1) 证书有期限,并且在到期时,没有根据本法第 43 条进行更新;

2) 被担保人根据本法第 40 条放弃证书之持有;

3) 根据本法第 41 条撤销证书;

2. 根据本条第一款终止证书之后,证书中所记载的权利将

终止。

第四十条　证书之放弃

被担保人可以在任何时间放弃担保证书而不受到处罚,前提是其提前三个月以书面方式通知管理局。

第四十一条　担保证书之撤销

管理局可以根据以下之原因建议撤销担保证书:

1) 任何情况下,经过被担保人同意;

2) 被担保人自与 ISA 签订合同之日起超过五年没有采取任何实质性措施从事海底矿产活动;

3) 被担保人严重、持续、故意违反 ISA 规则、本法之要求,或者争端解决机构作出的最终有约束力的争端解决决定;

4) 被担保人明知或者因为重大过失向 ISA 或者管理局提供虚假信息,或者造成实质性误导,或者没有保存、故意篡改、压制、隐藏、销毁 ISA 或管理局需要的文件;

5) 本法第 7 部分中规定的付款或押金自应当偿还之日起,六个月后仍然没有偿还,且管理局已经根据本法发出两份书面通知。

第四十二条　撤销之通知

管理局在做出第 41 条中撤销之决定之前,管理局应当:

1) 提前 30 天以书面方式通知被担保人,告知管理局将要作出撤销之决定,并列出该决定之细节,以及原因,要求被担保人在一定期间内以书面方式作出服从此撤销决定的同意;

2) 在作出撤销担保证书之决定时,至少在该撤销生效前六个月通知被担保人。

第四十三条　更新

1. 被担保人在担保证书的首届期限满之前九个月前,向管理局提出更新证书之申请。管理局在内阁的同意下可以更新担保证书,更新的期限不得超过五年。

2. 根据第一款的规定作出更新之决定后,管理局应当将此更新之通知尽快发送给被担保人。

第四十四条　终止之后的责任

在被担保人的担保证书根据本法第 39 条被撤销之后,被担保人仍然:

1) 需要履行活动进行中的相关义务,包括向 ISA 提交报告和缴纳费用之义务;

2) 对根据本法或者本法其他协议而作出的海底矿产活动或者违法行为所造成的损害承担责任。

第七部分　财　务　安　排

第四十五条　被担保人之付款

1. 部长应当通过与管理局以及工作小组进行商讨,并通过发布规定的方式对海底矿产活动进行收费,费用包括但不限于以下几种:

1) 不可退还的担保申请费;

2) 获取海底矿产之费用;

3) 行政费用;

4) 其他适当或必要的费用。

2. 根据第一款之规定,部长应当定期审查有关收费安排之规定。

3. 担保证书之持有人,应当向管理局缴纳由部长确定的年度行政费用,缴费时间如下:

1) 第一年在担保证书发放之日起,6 个月内;

2) 其余年度费应当在担保证书发放之日期缴纳。

4. 在担保证书期限的第五年,管理局可以在证书剩余的有效年限内,审查每年应当缴纳的行政费用。

5. 持有 ISA 合同由斐济提供担保的从事勘探和开发活动的被担保人应当根据本法第 31 条规定的担保协议向管理局以获取资源之付款的方式支付费用,该费用应当至少在被担保人从事开发活动开始前一年支付。

6. 获取资源之付款:

1)将综合考量被担保人准备、勘探和开发之费用;

2)根据被担保人通过海底矿产活动获得的矿产的最新市场价值的一定比例来确定。

第四十六条　向 ISA 的财政付款

被担保人根据 ISA 规则,及时向 ISA 全额支付所有到期应交款额。

第四十七条　被担保人赊欠的获取资源之付款

1. 根据本法第 45 条被担保人需要支付的款项属于其对斐济政府的债务,可以通过有管辖权的法院以司法途径进行支付。在该司法程序中,管理局可以发布存在此可支付款项之证明,此证明可以作为证据适用于法庭上。

2. 法院可以以被担保人的押金和保证金偿还其欠款,如果欠款金额巨大,被担保人则需要支付一定的利息。

第四十八条　保证金

1. 在勘探活动开始前一年内,管理局可以要求被担保人缴纳一定的保证金,作为被担保人履行 ISA 规则以及本法下面的义务的保证。

2. 该保证金的形式和价值以及期限将在本法第 31 条中规定的书面协议中详细规定。

3. 如果被担保人没有本法项下之义务,管理局可以将该保证金用于采取措施以履行相关义务,或者用于补偿因为被担保人没有履行义务而造成的损失。

第八部分 杂 则

第四十九条 事故之调查

1. 管理局可以自己调查或者委派他方调查事故。

2. 以下情形定义为事故:

1）任何涉及海底矿产活动之船只、装置或者其他类似物品和结构的丢失、遗弃、倾倒以及受到严重损害;

2）从事海底矿产活动的船只或装置上任何人员之死亡或者因为受伤而住院,但是由独立医师确定为自然死亡的情形除外;

3）海底矿产活动对海洋环境造成严重的负面影响或者非法的污染;

4）ISA 发布与海底矿产活动有关的紧急命令。

第五十条 对其他海洋使用者的非法干扰

本法没有授权对任何对公海自由或者任何个人和国家根据国际法一般原则从事海洋科学研究的非法干扰行为。

第五十一条 其他国家之权利

本法的规定没有对沿海国根据公约第 142 条享有的权利造成干扰。

第五十二条 政府官员禁止获取海底矿产权利

1. 政府官员:

1）如果与管理局相关,则不得直接或间接获取或持有从事海底矿产活动的法人团体的个人股份;

2）禁止直接或者间接从被担保人海底矿产活动合同中获取

任何权利和利益。

2. 任何违反第一款规定转让任何权利和利益的文件和交易都是无效的。

3. 任何违反第一款规定的政府官员将被处以 2 000 美元罚款或者 5 年的监禁,或者两者并处。

第五十三条 法人团体犯罪

如果法人团体做出了本法规定的犯罪行为,且法人的董事对此行为同意或者默许,或者由于其中任何一个董事或高管的过失,该高管以及法人都将被定为有罪。

第五十四条 争端

1. 斐济与其他任何一个国家之间有关海底矿产活动而引起的争端将根据公约中的相应条款进行解决。

2. 斐济与管理局之间,斐济与被担保人之间、管理局和被担保人之间、管理局和法人团体之间或者斐济和法人团体之间就本法中的行政管制可能产生的纠纷,将由各方通过相互协议或调解予以解决,如果此种方式没有解决纠纷,则按照《仲裁法》由仲裁机构对纠纷作出仲裁。

第五十五条 规章

部长可以制定规章来具体实施本法中的相关条款。

第五十六条

虽然有其他法律的相关规定,本法依然有效,并且若本法与其他法律有不同之处,以本法之规定为标准。

第五十七条 根据本法所作的决议不得被挑战

1. 任何法院、特别法庭、委员会或者其他司法机构都没有接受、听取、确定以下两个事项的管辖权或者以其他方式启动对以下两个事项中某种请求、挑战和争端的程序:

1) 本法的真实性、合法性和适当性之议题；

2) 部长或者其他任何政府官员根据本法作出的任何决定。

2. 任何法院、特别法庭、委员会或者任何具有司法权的个人或者司法机关正在处理的第一款中的任何程序、请求、挑战或者任何形式的争端，如果在本法生效前已经开始相关程序，并且争端议题在本法生效前还没作出决定或者等待上诉，将在本法生效之时全部终止，之前就有关争议所作出的任何初步或者实质性命令都将被撤销，并于首席注册官发布的撤销证书生效时撤销。

3. 当任何程序、请求、挑战、申请或者任何形式的争端在任何法院、特别法庭、委员会或者司法机关就本法第一款之事项被提起，主持争端解决之长官将无需经过听证或者其他对程序或者申请作出决定，直接将该程序或者申请转给首席注册官，以完成对该程序或申请的终止程序，并发布第二款中所提及的证书。

4. 对于法院、特别法庭、委员会或者任何具有司法权的个人受理的程序，第二款中的证书对此程序中的相关事项作出终局的决定。

5. 首席注册官根据第 2 款作出的发布证书之决定，相关人亦不得向任何法院、特别法庭、委员会或者其他司法机关对该决定提出司法审查。

于 2013 年 7 月 8 日递交于吾

EPELI NAILATIKAU

斐济共和国总统

捷克 2000 年《关于国家管辖范围外海底矿产资源的探矿、勘探和开发的第 158 / 2000 号法令》

（2000 年 5 月 18 日，第 158 号法令）

捷克共和国议会通过如下法令：

第一部分　国家管辖以外之海底矿产资源探矿、勘探和开发

第一章　导　言　部　分

第一条　主体和目的

1. 本法所管制的是常住在捷克共和国境内的自然人以及在捷克共和国登记的法人在探矿、勘探和开发国家管辖范围以外海洋床底与下层土壤之资源过程中的权利和义务，以及相关国家行政机构之活动。

2. 本法的目的是有关履行国际法下的原则和规则，根据国际法原则，第一款中的矿产资源是人类之共同遗产。

第二条　基本术语之定义

根据本法之目的，以下术语之定义如下。

1. 区域是指根据国际法所确定的国家管辖范围以外之海洋床底和下层土壤。

2. 矿产资源是指区域部分的所有固态、液态以及气态之矿产资源,包括多金属结核、多金属硫化物和富钴铁锰结壳。

3. 探矿是指对区域矿产资源之识别,包括对其价值之评估,不包括勘探和开发之权利。

4. 区域活动是指在区域从事的所有的勘探和开发区域资源之活动,包括相应的权利,如计划、实施、评估勘探和开发之活动。

5. 对海洋环境之损害是指由于人为的原因,直接或者间接地向海洋投入会造成或者可能造成有害影响的物质,造成对海洋生物和生命资源的损害,危害到人类健康,妨碍海洋活动,包括捕鱼等合法利用海洋资源之活动,降低海洋水质和影响海洋生物繁殖等。

第二章　从事探矿和区域活动之条件

第三条

常住在捷克共和国境内的自然人和在捷克共和国登记的法人根据以下条款和条件从事探矿和区域活动(获授权主体)。与探矿和区域活动相关的工作以及工作过程中可能附随的义务将由接受产业和贸易部(产贸部)发放的专业技能证书的自然人承担。

第四条　发放专业技能证书之条件

申请人需要满足以下条件方可获得专业技能证书:

1. 最低年龄为 21 岁;

2. 身心健全;

3. 无犯罪记录;

4. 具有第六条中规定的专业技能。

第五条　无犯罪记录

1. 根据本法之目的,如果自然人没有被具有既判力之判决所宣判,则认定此人无犯罪记录:

1) 同探矿或区域活动相关之故意或者过失犯罪行为;

2) 其他故意犯罪行为,无条件监禁至少一年时间。

2. 如果自然人从事了第一款中的犯罪行为,并被宣判,但是如果他可以被认为从未被宣判,则仍然认定其无犯罪记录。

第六条　专业技能

1. 根据本法之目的,专业技能是指:

1) 完成大学教育,专业为地质学或者采矿学;具有 3 年的地理勘探或开发矿产原材料实际经验;

2) 熟练地掌握英语或者法语,达到国家语言测试水平;

3) 对《联合国海洋法公约》(公约)的第十、十一、十二、十五部分的内容、公约附件三和附件六的内容、《关于执行 1982 年 12 月 10 日联合国海洋法公约第十一部分的协定》(执行协定)及其附件,以及国际海底管理局(管理局)的强制性原则、规则、制度、程序有相当的了解;

4) 在区域从事探矿或者区域活动有至少一年的经验,其中至少一个月是进行海事活动;但是从国际海洋研究所组织的专项培训中顺利毕业或者受过国际海底管理局的专门培训可以代替此一个月的海事活动经验。

2. 产贸部组建审查委员会将对申请人第一款第二项和第三项中的专业技能进行审查,并确认申请人满足第四条至第六条、第七条第一款到第三款的技术条件,由产贸部发放专业技能证书。审查委员会根据产贸部发布的程序规则审查第一款第二项和第三项中的专业技能。

第七条 证书

1. 自然人欲从事勘探和区域活动或者作为其他人之授权代表人(法定代表)从事勘探和区域活动,需要向产贸部申请专业技能证书。

2. 申请中,申请人需要提供姓名、常住地址、公民序列号或者身份证号码。

3. 申请人需要提交其近三个月的犯罪记录以及第六条第一款第一项和第四项中经过鉴定的文件。如果申请人过去五年内没有常住在捷克共和国境内,申请人凡是连续居住超过三个月的国家,都需要按照该项前段中所涉及的文件提交其在该国家的相关材料。

4. 如果申请人满足了第四条到第六条,第七条第一款到第三款中的条件,产贸部将对其发放专业技能证书,证书自其载明之日生效,有效期为七年。否则产贸部将不接受申请人的申请。

5. 产贸部在发放专业技能证书时将根据另一单独法律规定收取一定费用。

第八条 探矿

1. 获授权主体需要以书面方式将其从事探矿活动之意向通知管理局。该通知可以联合国任何官方语言为之。

2. 在通知中,获授权主体需要载明:

1) 姓名、国籍、公民序列号或身份证号(如果申请人是自然人);

2) 商业称号,登记办公室以及识别号码(如果申请人是法人);

3) 法人的组成成员(自然人)的姓名、常住地址、公民序列号或身份证号以及国籍;

4) 电话、传真以及电子邮箱地址;

5) 法定代表人的姓名、常住地址、公民序列号或身份证号以及国籍；

6）探矿的资源的种类；

7）探矿者遵守有关公约、协定以及管理局发布的强制性原则、规则、规定以及程序等义务；

8）同意管理局为监督探矿者履行第 7 项义务而进行检查；

9）其欲从事探矿活动所覆盖区域之坐标；

10）探矿活动之描述；

11）探矿活动开始之日期；

12）探矿活动持续之时间。

3. 获授权主体应当在通知中附上应对探矿活动可能造成的损害之保险的生效的证明。

4. 同时，获授权主体应当向产贸部发送一份上述第一款中的通知，该通知需要根据相关规定进行鉴定，并翻译成捷克语。

5. 获授权主体只有在证明管理局登记上述通知的文件提交到产贸部之后方可开始探矿活动。

第九条 区域活动

1. 获授权主体应当根据其跟管理局之间签订的书面合同中的条款和条件从事区域活动。

2. 只有在产贸部事前同意（担保证书）之后，获授权主体方可以开始与管理局就区域活动进行谈判。

第十条 担保证书

1. 获授权主体申请担保证书需要提交的材料包括：

1）姓名、国籍、公民序列号或身份证号（如果申请人是自然人）；

2）商业称号，登记办公室以及识别号码（如果申请人是法人）；

3）法人的组成成员（自然人）的姓名、常住地址、公民序列号或身份证号以及国籍；

4）电话、传真以及电子邮箱地址；

5）区域活动主要涉及的相关资源；

6）区域活动者遵守有关公约、协定以及管理局发布的强制性原则、规则、规定以及程序等义务；

7）同意管理局为监督探矿者履行第6项义务而进行检查；

8）区域活动所涉及的具体工作事项；

9）区域活动开始之时间；

10）区域活动持续之时间；

11）区域活动之地点。

2. 获授权主体在申请时需要提供以下资料：

1）公司登记之信息摘要（如果涉及的主体需要进行公司登记）；

2）证明法定代表人已经被指定的文件，除非获授权主体就是专业技能证书的持证人；

3）证明其有至少3 000万美元或另一种货币的相同价值用于探矿工作，并且不少于10%的花费是用于确定区域活动地点、调查和评估该部分海底、海床和下层土壤；

4）第一款第八项下的工作计划，包含与管理局签订的合同以及工作之履行；

5）勘探船只或者开采设备之所有权证明或者租赁证明；

6）区域活动可能造成的损害的保险；

7）从事第一款第八项工作的资金来源证明；

8）申请担保证明时缴纳费用的证明。

3. 有意从事区域活动的国际共同体成员作为获授权主体，应当根据上述第一款和第二款列出具体事项并提供具体申请材料。

4. 如果获授权主体与管理局之间的合同涉及对矿产资源的勘探，在其欲从事开发活动之前，其需要同管理局签订开发之合同。在签订开发合同之前,获授权主体应当向产贸部申请并获得有关开发活动的担保证书。该担保证明的申请需要包含第一款和第二款中的事项。

5. 产贸部在决定发放担保证明前需要同外交部进行协商。如果前述各项条件都满足,产贸部将同意发放担保证书,有效期为 15 年。在获授权主体证明其无法完成第一款第八项中的区域活动时,产贸部可以将此担保证书做不超过五年的延期。在担保证书中,产贸部将载明第一款第一或二、五、六、八和十一项事项。如果申请人没有达到授予担保证书所需满足的条件,产贸部将不接受申请。

6. 申请担保证书,产贸部应当根据《行政收费法》收取一定费用。

7. 产贸部将以捷克语言发布担保证书,同时提供证书的官方英文和法文的翻译版本。

第三章　获授权主体之权利与义务

第十一条

获授权主体有义务将:

1) 在从事探矿活动的通知和申请担保证书所涉及的数据以及文件发生变动时,及时通知产贸部;

2) 在从事探矿以及区域活动之前,为区域活动所可能造成的损害提供有效的保险,并根据另一单独法律规定提供经认证的承保人;

3) 消除探矿以及区域活动造成的损害所带来的影响,这里的损害是指死亡,对生命和财产的损害以及对区域海洋环境的危害。

第十二条

经管理局登记从事探矿活动之通知的或者与管理局签订了从

事区域活动合同的获授权主体,可以要求管理局同意其转让登记通知或者签订的合同中所包含的权利和义务于第三方法人或者自然人,但是前提是产贸部也对此种转让表示同意。

第十三条　争端之解决

探矿或者区域活动中所涉及的争端,将根据公约的第 186 条至 190 条的规定予以解决。

第十四条　同时进行的程序

如果获授权主体因违反管理局发布的有关探矿和区域活动之强制性原则、规定、规则以及产贸部的规定而同时受到这两个机构的程序上的处置,产贸部应当暂停其程序,直到管理局作出有效的决定方可继续其相应程序。如果管理局决定追索,产贸部应当停止其程序;否则产贸部应当继续其程序。

第四章　国家行政管制

第十五条

产贸部应当:

1) 保留管理局根据第八条第四款和第五款登记的通知;

2) 任命并召回根据第六条第一款第二和第三项所成立的专家审查委员会之成员,并且发布有关专业审查之程序;

3) 决定发放以及撤销专业技能证书,并做好相关记录;

4) 根据第十条和第十七条发放以及撤销担保证书,并做好相关记录;通知管理局有关担保证书发放和过期之情况,并阐述原因;

5) 对根据第十二条项下的权利和义务之转让做出同意,并做好相关记录;

6) 从事第十六条中规定的检查活动;

7）根据第十八条作出罚款决定。

第十六条　检查活动

1. 产贸部将根据以下条款监督活动者的遵守情况。对于获授权主体，产贸部有权：

1）检查有关探矿和区域活动之文件和记录；

2）检查用于探矿和区域活动之物品、设施和工作地点；

3）要求活动者提交证明其履行相关义务之文件。

2. 获授权主体将为检查员提供第一款第一项和第三项中的文件，以及第一款第二项中的物品、设施和工作地点。

3. 除非本法有其他规定，检查活动将根据单独的法律法规进行。

第十七条　担保证书之撤销和过期

1. 在获授权主体有以下情形的情况下，产贸部有权撤销担保证书：

1）没有履行第十条第一款第六项下之义务；

2）拒绝接受第十六条规定的检查；

3）根据管理局的通知，对海洋环境造成了损害。

2. 在下列情况下，担保证书将过期：

1）接受担保证书的自然人死亡或者被宣布死亡之时；

2）法人解散之日；

3）法人破产宣告之日，或者由于资金不足而驳回破产宣告之请求；

4）根据公约之授权中所载明的日期之过期；

5）期限届满而过期；

6）根据获授权主体之要求，在其要求到达产贸部之日。

第十八条　罚款

对违反本法中的义务，产贸部将对其予以罚款：

1) 如果活动主体没有与国际海底管理局签署相关合同（第九条第一款）而直接从事在区域部分的活动，将对其罚款 1 亿捷克克鲁；

2) 如果活动主体在没有指定的法定代表人（第七条第一款，第二十二条第一款）的情况下就直接从事探矿活动，将对其罚款 1 000 万捷克克鲁，除非该自然人本身已经被授权从事探矿活动；

3) 如果第二十二条第二款中活动主体没有在规定的期限内根据本法转变其法律身份，将对其处以 1 000 万捷克克鲁的罚款；

4) 如果活动主体违反了本法的相关义务，将对其处以 100 万捷克克鲁的罚款。

第十九条

1) 第十八条中的罚款的缴纳应当在部长知晓该违法行为起三年以内缴纳，并且不得晚于违法行为做出后的第十年；

2) 对违法者的罚款数额受到以下几种因素影响，违法行为的严重性、影响和持续时间，违法行为所造成的损害，违法者是否及时有效的采取合作措施；

3) 根据第十八条所施加的罚款应当由产贸部征收和管理，罚款的具体数额的确定应当通过另一个法律法规作出规定，所收罚款将作为政府预算的收入。

第五章　共同和过度条款

第二十条

出台的对捷克共和国有约束力的国际公约管制本法所没有规制的同探矿和区域活动相关的事项。如果没有专门的国际法对此作出管制，将适用一般国际法律原则和规则。

第二十一条

以下规定的程序将由《行政程序法典》作出规定，除非本法另有规定。

第二十二条

1. 若获授权主体欲成为从事探矿或者区域活动的国际共同体的成员，其应当首先雇佣持有本法项下的专业技术证书的主体，除非该主体本身已经获得专业技术证书。

2. 自然人或者法人如果成为从事探矿或者区域活动的国际共同体的成员，应当从生效之日起两年内转换其法律身份。

3. 如果捷克共和国属于国际共同体的一个成员，国家管制机构根据另一个法律规定，安排在共同体中代表捷克的主体在生效之日起两年内获得专业技能证书。

第二部分 《行政收费法》修正案

第二十三条

有关行政税收和关税的法案 No. 368/1992 Coll.，通过法案 No. 10/1993 Coll.，法案 No. 72/1994 Coll.，法案 No. 85/1994 Coll.，法案 No. 273/1994 Coll.，法案 No. 36/1995 Coll.，法案 No. 118/1995 Coll.，法案 No. 160/1995 Coll.，法案 No. 301/1995 Coll.，法案 No. 151/1997 Coll.，法案 No. 305/1997 Coll.，法案 No. 149/1998 Coll.，法案 No. 157/1998 Coll.，法案 No. 167/ 1998 Coll.，法案 No. 63/1999 Coll.，法案 No. 166/1999 Coll.，法案 No. 167/1999 Coll.，法案 No. 223/1999 Coll.，法案 No. 326/1999 Coll.，法案 No. 352/1999 Coll.，法案 No. 357/ 1999 Coll.，法案 No. 360/1999 Coll.，法案 No. 363/1999 Coll.，法案 No. 46/2000 Coll.，法案 No. 62/2000 Coll.，法案 No. 117/

2000 Coll., 法案 No. 133/2000 Coll., 法案 No. 151/2000 Coll., 法案 No. 153/2000 Coll., 法案 No. 154/2000 Coll. and 法案 No. 156/2000 Coll.进行修改如下:

第 22 条行政收费关税项下,增加第 13 款,如下:

(13) 申请从事探矿、勘探和开发国家管辖范围以外海洋床底与下层土壤之海底资源的担保证书⋯⋯10 万捷克克鲁。

第三部分 《贸易许可法》修正案

第二十四条

《贸易许可法》No. 455/1999 Coll.第三条第三款通过法案 No. 231/1992 Coll., 法案 No. 591/1992 Coll., 法案 No. 273/1993 Coll., 法案 No. 303/1993 Coll., 法案 No. 38/1994 Coll., 法案 No. 42/1994 Coll., 法案 No. 136/1994 Coll., 法案 No. 200/1994 Coll., 法案 No. 237/1995 Coll., 法案 No. 286/1995 Coll., 法案 No. 94/1996 Coll., 法案 No. 95/1996 Coll., 法案 No.147/1996 Coll., 法案 No. 19/1997 Coll., 法案 No. 49/1997 Coll., 法案 No.61/19997 Coll., 法案 No. 79/1997 Coll., 法案 No. 217/1997 Coll., 法案 No. 280/1997 Coll., 法案 No. 15/1998 Coll., 法案 No. 83/1998 Coll., 法案 No. 157/1998 Coll., 法案 No. 167/1998 Coll., 法案 No. 159/1999 Coll., 法案 No. 356/1999 Coll., 法案 No. 358/1999 Coll., 法案 No. 360/1999 Coll., 法案 No. 363/1999 Coll., 法案 No. 27/2000 Coll., 法案 No. 29/2000 Coll., 法案 No. 121/2000 Coll., 法案 No. 122/2000 Coll., 法案 No. 123/2000 Coll., and 法案 No. 124/2000 Coll.,修订为:

(ac) 从事探矿、勘探和开发国家管辖范围以外海洋床底与下层土壤之海底资源。

第四部分　生　效　日　期

第二十五条

本法自公布之日起的第十五日生效。

德国 2010 年《海底开采法》

第一条　本法之目的

1. 本法之目的为：

1）为保证联邦德国遵守并履行其在《联合国海洋法公约》、公约附件三、执行协定以及国际海底管理局所制定的规则和规定下的义务；

2）为保证从事深海活动的作业者以及深海作业设备的安全，以及海洋环境的保护；

3）采取预防措施防止第三方的生命、健康和设备受到探矿和其他活动之危害；

4）管理监督区域从事探矿和其他活动。

2. 对区域部分、区域资源以及从区域获取的矿物的权利由公约、执行协定以及管理局发布的规则和规定来管制。

3. 探矿者以及承包者除了受到公约、执行协定以及管理局发布的规则和规定，以及其与管理局签订的合同中的条款管制，其亦受到本法的条款以及根据本法第 7 条所制定的其他命令管制。

第二条　定义

本法中：

1. 公约，是指 1982 年 10 月通过的《联合国海洋法公约》，包括其附件；

2. 执行协定，是指《关于执行 1982 年 12 月 10 日联合国海洋法公约第十一部分的协定》；

3. 区域，是指国家管辖范围以外的海底和下层土壤；

4. 资源，是指除了水以外，在区域部分沉淀或累积的以固态、液态或者气态存在的所有资源，包括在海底表面或者海底以下；

5. 区域活动，是指勘探和开发区域资源的所有活动；

6. 管理局，是指国际海底管理局；

7. 州署，是指设立在汉诺威和克劳斯塔尔-采勒费尔德市的州采矿、能源和地理办公室。

8. 规则和规定，是指管理局根据公约第 160(2)(f)(ii)条、第 162(2)条、附件三第 17 条以及执行协定附件的第一部分表 15 制定的所有规则、条款和程序；

9. 探矿者，是指具有德国国籍的自然人或者根据德国法律设立的法人或者商业合伙，并且受到德国行政机关之管制，从事探矿活动；

10. 申请人，是指具有德国国籍的自然人或者根据德国法律设立的法人或者商业合伙，向主管机关申请作业计划之确认，受到德国行政机构之管制；

11. 承包者，是指通过州立矿山管理局许可的申请人，并且同管理局签订了有关区域活动的合同；

12. 合同，是指管理局和承包者签订的有关区域活动的合同，包括经过批准的作业计划。

第三条　州署执行本法

本法由设立在汉诺威和克劳斯塔尔-采勒费尔德市的州采矿、能源和地理办公室执行，该办公室是下萨克森州的有关采矿、能源和地理的办公室,代理州执行该法。在此程度上,该办公室将受到联邦的实质上的法律监督。

第四条 获取之条件

1. 任何欲在区域部分从事探矿行为者,需要向管理局秘书处进行登记。探矿者在从事探矿行为之前需要向州署汇报其登记情况。

2. 任何欲在区域从事区域活动者,需要经过州署的同意,并与管理局签订合同。

3. 申请人申请州署的同意,需要连同提交申请人的合同申请,作业计划之初稿,以及其他必要的文件。向管理局递交的合同之申请,作业计划之初稿以及其他签订合同所必要的材料的语言必须是英语。

4. 州署应当审查申请人是否满足许可的前提条件。州署将向联邦海事和水文局征求其对作业计划初稿就船舶航行以及环境保护方面的评论,州署在决策中将融入对这些评论的考量。就环境保护事项,联邦海事和水文局应当连同联邦环保局一同提交评论。

5. 如果州署收到有关同一块区域的申请,则根据申请收到之顺序来受理。然而,只有在申请材料中存在足够的信息来判断其是否满足申请之要求,才存在此受理顺序。

6. 申请者满足以下情况,申请才可以通过:

1) 申请书以及作业计划符合公约、执行协定、管理局发布的规则和规定中所规定的有关订立合同的前提条件,尤其是满足公约附件第 4(6) 条中 A 到 C 中规定的义务;

2) 申请人:

a 足够可依赖,并且可以保证区域活动能够以有序的方式进行,保障作业者的安全、健康以及环境保护;

b 可以为有序从事区域活动提供足够的资金；

c 能够在商业开发的基础上从事区域活动。

7. 如果申请人是由公约成员国(公约附件第 4(3)条)组成的合伙或者联合中的成员之一,该团体中某成员国已经提出申请并且其作业计划已经被审查并且批准,则无需对该申请人的作业计划进行审查,即可批准其申请。

8. 如果申请从事勘探和开发活动所涉及的区域已经是第三方与管理局签订的合同所覆盖的区域,则申请将不能被批准。

9. 为了实现第一条中所规定的目的,可以在批准申请时附加其他条款。为了实现第一条之目的,亦可以随后附加条款。

10. 如果州署批准申请人之申请,州署应当将此批准、签订合同之申请、作业计划之初稿以及所有其他必要之文件传送到联邦经济和技术部,经济和技术部将该批准以及相关材料发送到管理局。

11. 该批准不得转让。

第五条　义务

探矿者和承包商有义务：

1) 履行公约、执行协定、管理局发布的规则和规定、合同、本法、根据本法第 7 条制定的命令以及州署采取的其他行政措施中所赋予的义务；

2) 保证用于探矿以及区域活动的设备之安全,包括该设备的建设、保养以及移除；

3) 从事探矿和区域活动保护环境。

第六条　负责人员

1. 探矿者以及承包商有义务：

1) 任命必要的人员负责带头以及监督探矿活动以及区域活

动,这些负责人员应当可以依赖,具有专业知识和身体素质为保证探矿和区域活动的安全进行而履行其义务、职责和权力;

2)准确地说明负责人员的职责和权力,使其在履行职责中能够有效地合作;

3)提供书面的任命和免职之声明,并且在申明中提供其职责和权力;

4)向州署提供负责人员之名录,说明其在作业中的职位、资历,并且在其职位发生变动或其离开之时向州署及时通报。

负责带头以及监督探矿活动以及区域活动的人员将根据第5条对转让于其的职责和权力负责。

2. 根据第一款任命负责人员的此一任命行为并不免除探矿者以及承包者在第5条下所承担的义务。

第七条　制定命令之授权

1. 授权联邦政府通过命令的方式使根据公约第160(2)(f)(ii)条、第162(2)条、附件三第17条以及执行协定附件的第一部分表15制定的有关探矿、勘探和开发的所有规则、条款和程序生效。

2. 授权联邦经济和技术部通过命令的方式发布执行第一款中的规则和规定的命令。就有关作业健康和安全事项,其应当连同联邦劳动和社会事务部合并发布相关命令;就有关环境保护之事项,其应当连同联邦环境、自然保护和核安全合并发布相关命令。

第八条　开采监督

1. 州署有权监督探矿者以及承包者在区域部分之活动。

2. 为履行其职责,州署有权要求探矿者和承办方向其提供必要信息;州署有权获取并审查作业记录和其他文件,有权进行走访。所有直接或者间接从事探矿或者区域活动都必须向州署提供其所要求的信息。

3. 受州署委托从事监督事宜的一方有权：

1）进入作业场所、工作区域和范围、航空或者航海之交通工具，并对其进行检查；

2）必要情况下，为调查事故扣留相关物品。

监督者有权在正常工作和运作时间以内或者以外，进入作业场所、工作区域和范围、用于从事探矿和区域活动之航空或者航海交通工具。只有在为了防止紧急的对公众安全和秩序造成危险的发生，方可以进入用于私人住宅用途的空间，在此种情况下，基本法第 13 条中规定的私人住宅不受侵犯之基本权受到限制。

4. 有义务提供信息的一方，有权拒绝提供可能使其本人或者其亲属（《民事程序法典》第 383 条第 1 款第 1 到 3 项详细规定）承担《行政犯罪法》项下的刑事公诉或者程序。必须告知其有权保持沉默。

5. 为保证探矿和区域活动遵守公约、执行协定、管理局制定的规定和规则、合同、本法之条款以及根据本法第 7 条所制定的命令，联邦经济和技术部有权制定包含必要的有关监督事项的命令。特别指出，为达到此目的，其有权力给被监督者施加报告、记录以及扣留等义务。

第九条　考古和历史文物

在区域部分发现的考古和历史文物，必须向州署汇报，并且根据其指令处理。这些指令必须有出于对公约第 149 条规定的考量，并且需与联邦内政部合并颁发。

第十条　费用

1. 费用将根据本法以及根据本法所制定的命令所实施的官

方行为进行征收。

2. 授权联邦经济和技术部制定命令,详细规定可征收的费用,以及征收的固定比例和框架比例。

第十一条　罚款

1. 一方故意或者过失从事以下行为,则构成行政违法:

1) 违反第 4 条第 1 款,没有登记即从事探矿活动;

2) 违反第 4 条第 2 款,没有登记或者没有准确抑或没有按时登记;

3) 违反第 4 条第 2 款,在没有与管理局签订合同的情况下从事区域活动;

4) 行为违反第 4 条第 9 款中可执行的附件条款;

5) 违反合同的要求和禁止事项;

6) 违反:第 6 条第 1 款第 1 项有关任命负责人员之义务;第 3 项中有关宣布任命或免职负责人员之义务以及应当在宣言中明确说明负责人员之职责和权力之义务;第 4 项中有关向州署提供负责人员之名录以及在其职位发生变动或其离开之时向州署及时通报之义务;

7) 违反根据本法第 7 条第 2 款发布的有关某种违法行为的罚款事项之命令;

8) 违反第 8 条第 2 款,未提供信息或者未准确、完整、及时提供信息。

2. 对前款第 2、6、8 项中所述的行政违法行为,将对其处以最高为 5 000 欧元之罚款,对前款第 1、3、4、5 和 7 项所述的行政违法行为,将对其处以最高为 50 000 欧元之罚款。

3. 州署是《行政违法行为法》第 36 条第 1 款第 1 项规定的行政机关。

4. 在管理局正在对某一行政违法行为进行相关程序,并欲根据公约附件三第 18 条第 2 款对此行为加以处罚,则无需根据本法对同一行政违法行为予以起诉。

第十二条　刑事条款

1. 任何人若从事了第 11 条第 1 款第 1、3、4 或 5 项规定的行为,并且对他人生命或健康、生物资源和海洋生物或者具有较大价值的第三方的设备造成危险,则对其处以不超过五年的监禁,或者罚款。

2. 任何人

1) 由于过失导致危险的产生,或者

2) 草率作为,并且过失导致危险的产生,将对其处以不超过两年的监禁或者罚款。

3. 如果根据《刑事法典》的第 324、326 和 330a 条,对前款 1 和 2 中刑事行为的处罚与本法相同或者较本法处罚力度更重,则不适用第 1 和 2 款。

第十三条　过渡安排

1. 根据《德意志联邦共和国深海海底采矿暂时调整法》第 4 条发放的有效授权证书的持有者,需要在联邦德国加入《执行协定》之日起,根据本法第 4 条第 3 款提交批准之申请。在前述持有者同管理局签订合同之日,前述有效授权证书立即失效,或者在加入执行协定的两年之后失效。

2. 如果持有此种有效授权证书者是合伙或者是两个或两个以上成员国组成的联合团体中的一员,第一款中前半段中的规定只有在团体中的所有成员国都加入《执行协定》之时才适用。在此种情况下,前述有效授权证书在联合团体中最后一个成员国加入《执行协定》之后的两年后失效。如果在 1998 年 11 月 15 日,仍然有成员国没有加入《执行协定》，则前述有效授权证书在 1998 年 11 月 16 日失效，除非在 1998 年 11 月 16 日协定还未生效，若是此种情况，则有效授权证书在协定生效后的两年后失效。

3. 最后一个授权证书失效之时，下列法律亦停止生效：

1) 1980 年 8 月 16 日《德意志联邦共和国深海海底采矿暂时调整法》(联邦公报一，第 1457 页)，根据 1982 年 2 月 12 日法案修订(联邦公报一，第 136 页)。

2) 1985 年 10 月 31 日《深海开采费用命令》(联邦公报，第 13565 页)。

《深海开采费用命令》失效之日，应当公布于联邦公报。

库克群岛 2009 年《海底矿产资源法》节选

一、立法形式与背景

第一条 简称

本法称为 2009 年《海底矿产资源法》。

第二条 生效

本法自女皇代表通过行政理事会发布的命令中规定的日期生效。

第三条 立法目的

1. 本法之目的为：

1）为有效管理库克群岛的海底矿产资源建立法律框架；

2）为库克群岛海底矿产资源的利用提供符合政府政策的管理；

3）确保按照国际社会所接受的规则、标准原则和实践来从事海底活动；

4）提高政府在库克群岛海底矿产资源相关事宜方面决策之透明度；

5）为实现海底矿产资源活动给现今以及将来的库克群岛人民带来利益最大化而采取相关措施；

6）为库克政府同岛内社区之合作提供官方合作管道，以便对海底矿产资源的管理。

2. 为实现以上之目标,本法:

1) 构建许可证制度,通过许可、证书以及租赁契约的方式分配海底矿产资源,执照的持有人有权在具体的、可执行的条件下从事相关的海底活动;

2) 构建对相关权利的登记机制,为相关权利交易提供登记;

3) 成立新的管制机构,管理本法所构建的权利证书体系;

4) 规定新的罪名,以应对因为违反本法相关条款而构成的新的罪行;

5) 通过《环境法》的实施,采取环境影响评价、项目许可等方式保护环境;

6) 规定库克群岛海底矿产资源活动相关的税收、费用、租金等事项;

7) 规定了有关信息的管理,以及有关保密和著作权等相关事项。

第四条 法案约束皇室

皇室亦受到本法约束,但是不可以根据本法以某一罪行起诉皇室。

第五条 矿产资源的所有权

1. 皇室享有库克群岛的海底以及海底的矿产资源,皇室代表民众管理海底以及其所蕴藏的资源。

2. 对库克群岛的海底矿产资源的管制活动将按照本法来实施。

第六条 简化之框架

以下是本法简化之框架。

本法构建了相关制度,为规制以下四种与库克海底矿产资源相关的海底活动:

1）探矿；2）勘探；3）开采；4）对已知具有商业价值但是尚未具备商业开发之条件的区块的保留。

执行本法的行政机构是根据本法所成立的库克群岛海底矿产资源管理局。

本法亦为以下四种权利的取得提供法律依据：1）探矿许可；2）勘探执照；3）开采执照；4）保留租约。

本法规定了海底矿产资源委员长的任命之事宜，该委员长负责管理局之运作。

委员长任命的海底矿产资源执行官有权执行管理局的日常功能和权力，包括本法赋予管理局的监督，遵守以及执行等权力。

……

二、行政管制机构的设置

第十六条　成立库克群岛海底矿产资源管理局

1. 根据本条，成立库克群岛海底矿产资源管理局。

2. 管理局：

1）是库克群岛政府法定机构；

2）具有永久继续性，是法人团体，具有法人公章；

3）可以持有不动产和动产，具有起诉和应诉之能力；

4）具有与公司在法律项下承担义务的相同能力。

3. 管理局之首长为海底矿产资源委员长；

4. 管理局的工作人员由《公共服务法》中规定的相关人员组成。

5. 管理局的公章应当按照委员长的要求进行保存，只有在委员长授权的情况下方可使用。

6. 管理局总部设在拉罗汤加岛，并且在库克群岛的北部及南部设立分办公室。

7. 第六款中规定的设立分办公室应当根据相关规定进行。

第十七条 库克群岛管理局之职能

1. 管理局的职能包括：

1）根据本法和相关规章管制库克群岛的海底矿产资源活动；

2）保证本法中有关库克群岛海底矿产资源活动的条款按照本法以及相关规章来执行；

3）就有关海底矿产资源协议之协商和达成提出建议；

4）就本法项下的有关规章的制定提出建议；

5）推动同库克群岛海底矿产资源相关的部委政府、相关部门,地方政府、私部门、研究机构、非政府组织和其他机构之间的合作。

6）协助与管理局发挥其职能和功能相关的技能的培训；

7）为理事会执行其在本法项下的功能提供行政上的协助；

8）其他为实现其功能的附带职能。

2. 在履行这些职能之时,管理局应当：

1）考量以下因素：

a 相关的负责任的部长以书面形式发布的有关库克群岛海底矿产资源管理的正式政府政策；

b 委员长根据本法所发布的合法的指令；

c 理事会提出的建议；并且

2）在必要并且合理的情况下,寻求有关管理库克群岛海底矿产资源的专家意见(包括但不限于经济、法律和技术方面)。

3. 在根据本法履行其职能时,管理局必须时刻注意到其履行职责是本着通过协商、谈判和教育的方式更好的服务社区,除非有要求其立刻行使某种权力的情况。

……

第十九条　管制局的管制权力

管理局在履行其职能的过程的权力包括但不限于以下：

1. 根据本法管理各权利证书；

2. 为保证根据本法所颁发的证书上记载的条款和条件能够得到遵守，发布相关指令并采取相关措施；

3. 根据本法获取有关矿产资源、矿产资源储备、海底矿产资源作业相关的信息；

4. 根据本法中的相关规定，监督和评估库克群岛海底矿产资源活动；

5. 根据本法之规定执行本法。

第二十条　管理局制定手册和行动纲领

1. 管理局有权出版、传播与海底矿产资源活动相关的手册和行动纲领。

2. 在准备第一款中的手册和行动纲领时，管理局必须要保证其制定的手册和行动纲领与政府部门、行政机关和管理部门颁发的纲领保持一致。

……

第二十四条　任命海底矿产资源委员长

1. 负责的部长根据《公共服务法》的要求，在取得内阁的同意的情况下，有权任命合适的、具有资历的人作为海底矿产资源委员长。

2. 委员长：

1) 根据《公共服务法》与负责的部长签订雇佣合同；

2) 雇佣合同中载明其受雇时间不得超过 3 年，但是可以对其重新任命；

3) 根据雇佣合同中记载的条款向其支付工资和报酬；

4）要求其与负责的部长签订履约协议；

5）可书面通知负责的部长,辞去其职位；

6）只有在其资历欠缺、丧失能力、破产、失职或者不当作为的情况下,负责的部长可以暂停其职务；

7）只有在其资历欠缺、丧失能力、破产、失职或者不当作为的情况下,负责的部长在取得内阁的同意的情况下,解除其职位。

第二十五条　海底矿产资源委员长之职能

1. 委员长将根据本法以及相关规章有效、合理的管理海底矿产资源管理局,并且对部长负责。

2. 委员长必须至少每三年为管理局准备运作计划,并向部长提交该计划。

3. 计划所覆盖的时间跨度最少是 3 年。

4. 计划必须包括以下诸事项：

1）管理局的运行环境；

2）管理局的战略；

3）管理局的运作指标；

4）对计划进行审查,对比之前的计划；

5）人力资源战略和产业关系战略。

5. 计划还必须涵盖负责部长要求的其他事项,可能包括第三款中的更具体的事宜。

......

第二十九条　海底矿产资源执行官

1. 委员长有权通过书面的形式任命海底矿产资源执行官,来执行本法中的相关条款。

2. 委员长将对任命的执行官发放其任何形式合理的身份卡。

3. 根据第一款任命的执行官,是符合《公共服务法》目的的库克群岛政府的法定机构的工作人员；

4. 执行官将履行其同委员长签订的雇佣合同中载明的条款和义务，此合同受制于《公共服务法》。

5. 除了合同中规定的其他事项，委员长在执行官资历欠缺、丧失能力、破产、失职或者不当作为的情况下，中止或者解除根据第一款任命的执行官的职务。

第三十条　执行官之职能

执行官：

1. 负责履行本法中所规定的与库克群岛相关的任何管理局的职责。

2. 根据委员长的一般指令履行管理局的职责。

......

第三十三条　库克群岛海底矿产资源咨询理事会

1. 已经成立了库克群岛海底矿产资源咨询理事会。

2. 理事会将按照本法规定而组成，并且按照本法履行其职责，并且理事会作为政府与社区就库克海底矿产资源的管理等事宜进行协商沟通的官方管道。

第三十四条　理事会之职能

1. 理事会的职能包括：

1）就库克海底矿产资源的管理的事项为管理局提供建议；

2）就权利证书的授予、展期、中止、取消以及海底矿产资源协议的协商和达成等事宜向管理局提供建议；

3）履行根据本法以及相关规章所赋予的其他相关职能。

2. 在履行第一款中的职能之时，理事会应当向部长亦提供相关建议的复印件一份。

......

三、许可证制度(四种证书)

库克群岛《海底矿产资源法》所管制的资源出于其国家管辖范围之内,因此采取的是许可证制度,其法律规定了四种证书:1)探矿许可(prospecting permit);2)勘探执照(exploration license);3)开采执照(mining license);4)保留租约(retention lease)。

(一)探矿许可证

第七十二条　探矿许可证中包含的权利

1.探矿许可证的登记持有者有权对许可证中载明的区块享有非排他的从事探矿的权利。

2.第一款中规定的权利受到本法以及相关规章管制。

第七十三条　探矿许可证之期限

1.原探矿许可证的期限为两年,自:

1)许可证颁发之日;

2)如果许可证上载明许可证在之后某一天开始生效,许可证自此日生效。

2.第一款受制于本章之规定。

3.同一区块上的探矿许可证的展期次数不得超过两次。

第七十四条　探矿许可证中载明的事项

探矿许可证应当记载:

1.许可证所覆盖的区块;

2.许可证之期限,以及失效日期;

3.许可证之条件,包括任何有关环境保养和保护之义务。

第七十五条　探矿许可证之失效

探矿许可证在以下情形下失效:

1.许可证期限到期并且没有展期;

2. 持有人放弃许可证；

3. 勘探执照、开发执照或者保留租约所涉及的区块同探矿许可证所涉及的区块重合；

4. 许可证被取消。

第七十六条　许可证在其他证书生效时自动失效

如果：

1. 本法下的探矿许可在生效期间；

2. 管理局发放的勘探执照所覆盖的区域与探矿许可证覆盖的区块部分或者全部重合；

3. 勘探执照生效；

那么，与勘探执照有区块重合部分的探矿许可证自动失效。

第七十七条　在探矿许可证获得的资源

1. 在探矿活动中获得的任何资源：

1）其所有权归管理局享有；

2）在没有管理局同意的情况下，不得对其处置或者从库克群岛移除。

2. 被许可人为了样本、化验、分析或者其他测试等目的获得的矿产资源不受第一款第二项之限制。

第七十八条　探矿许可之申请

1. 一方可以在以下情况下向管理局申请探矿许可：

1）区块空闲；

2）区块的非排他性；

2. 如果区块上没有勘探执照、保留租约或者开采执照，则认为区块为空闲。

第七十九条　探矿申请需要的材料

1. 申请书必须是以许可的格式提出；

2. 申请书必须是以许可的方式提出；

3. 指明申请的区域；

4. 并包含以下详细信息：

1）申请人将要实施的探矿活动；

2）申请人或者可能参与到许可证授权活动中的申请人的员工在技术上的资质；

3）申请人可能获得的技术上的咨询意见；

4）申请人可能获得的资金；

5）如果申请人多于一人,申请书上应当注明各方所占的投资比例。

5. 申请人提供申请探矿区域的地图：

1）地图与申请区块相关；

2）地图跟管理局的纲领和指导要求一致。

6. 具体指明接受根据本法以及相关规章中所规定的通知的地址。

第八十条 授予探矿许可——要约文件

1. 如果申请人根据本法提出探矿许可之申请,则适用本条。

2. 管理局可以：

1）根据第六十条①的规定,以书面通知(要约文件)的形式告知申请人,管理局欲授权申请人对要约文件中载明的区块进行探

---

① 库克群岛《海底矿产资源法》第 60 条规定：管理局在确定申请人完成环境影响评估以及所有的《环境法》中列出的许可要求之后才可以向申请人发出要约文件。申请人收到管理局的要约文件之后,可以在一定期限内要求管理局发放许可证。申请不同的许可证,期限不同,此期限规定在第 60 条第 4 款。(1) 探矿许可：在申请人收到要约文件之后 30 天之内,或者 30 天之后 60 天以内要求管理局发放许可证；(2) 勘探许可更新证书：是在申请人收到要约文件后的 30 天以内；(3) 勘探许可证和勘探许可的更新证书：均是在申请人收到要约文件后的 30 天以内；(4) 保留租约：在申请人收到要约文件之后 30 天之内,或者 30 天之后 60 天以内要求管理局发放许可证；(5) 保留租约的更新：在申请人收到要约文件之后 30 天之内；(6) 开采许可：在申请人收到要约文件之后 90 天之内,或者 90 天之后 180 天以内要求管理局发放许可证；(7) 开采许可的更新证书：在申请人收到要约文件之后 30 天之内。

矿的许可;

2) 通过书面通知的形式,告知申请人管理局拒绝授予其探矿许可。

……

第八十三条　拒绝授予探矿许可

当申请人根据本法提出了有关探矿的申请,如果管理局认为其申请材料没有达到第七十九条中所规定的事项,则管理局可以通过书面通知的形式告知其拒绝发放探矿许可。

第八十四条　授予探矿许可

如果:

1. 探矿申请人已经获得第八十条中规定的要约文件;

2. 探矿申请人根据第六十条规定,在规定的期限内提出了发放探矿许可证的要求。

管理局必须向其发放探矿许可证。

第八十五条　探矿许可展期之申请

1. 被许可人可以向管理局提出对许可证中载明的区块的探矿许可进行展期的申请。

2. 此展期申请必须在许可证失效前的 90 天提出。

3. 不受第二款规定之限制,管理局在以下情况下仍然可以接受申请人的对许可证的展期之申请:

1) 如果申请在少于许可失效前 90 天内提出;

2) 并且在许可证失效前提出。

第八十六条　许可证展期之申请——需要提供的信息

根据本法第八十五条所提出的许可证展期之申请,应当包含以下信息:

1) 有关探矿活动进展的报告;

2）从事探矿活动的过程中的成本的说明；

3）申请人在展期期间将从事的具体的与探矿相关的活动说明；

4）展期期间探矿所涉及的区块的描述和地理坐标。

第八十七条　许可证之展期——要约文件

1. 如果申请人根据本法第八十五条提出探矿许可证展期之申请，则适用本条。

2. 管理局可以：

1）根据第六十条的规定，以书面通知（要约文件）的形式告知申请人，管理局欲授权申请人对要约文件中载明的区块进行探矿的许可。

2）通过书面通知的形式，告知申请人管理局拒绝授予其探矿许可。

第八十八条　拒绝授予许可证展期之申请

申请人根据本法第八十五条提出探矿许可证展期之申请，若管理局认为其申请资料没有达到本法第八十六条所规定的事项，管理局有权通过书面通知的形式拒绝批准申请人探矿许可证展期之申请。

第八十九条　授予许可证展期之申请

如果：

1. 探矿申请人已经获得第八十七条规定的要约文件；

2. 探矿申请人根据第六十条规定，在规定的期限内提出了发放展期之探矿许可证的要求。

管理局必须向其发放探矿许可证。

……

第九十一条　探矿许可记载之条件

1. 管理局有权根据其认为合理的条件授予探矿许可证或者

对许可证进行展期。

2. 如果管理局根据某些条件来决定授予探矿许可证或者对许可证进行展期，则其应当在证书中载明这些条件。

3. 在不受第一款限制的情况下，管理局可以在授予许可证或者对许可证进行展期时附加以下之条件：

1）要求被许可人根据管理局的要求提供保险；

2）要求被许可人从事与许可证相关的作业，并且遵守按照本法制定的有关作业的指令；

3）要求被许可人提供担保之义务；

4）要求被许可人保持具体作业记录的义务；

5）要求被许可人根据管理局的需求，根据本法提供相关的信息；

6）要求被许可人采取措施保护其许可区块之环境，包括要求被许可人：

a 保护野生动物；

b 采取措施将作业对环境的影响最小化，包括建立缓冲机构；

7）要求被许可人修复作业时对环境造成的损害；

8）若持证人不履行以上之义务，持证人将受到处罚。

4. 第三款第三项中的担保义务，应当包括：

1）担保的数量；

2）担保的种类；

3）担保登记的方式和格式。

5. 不受第三款第三项之限制，担保亦可以以保证人的方式提供，此种情形下，应当包括：

1）保证人的种类；

2）保证条款。

第九十二条　持证人的一般义务

1. 探矿许可证中的义务来源一般包括以下：

1) 许可证条件；

2) 管理局发布的指令中包含的义务；以及

3) 本法以及相关规章所规定的义务。

2. 如果两方或者多方同时持有一个许可证,各方对许可证中记载的义务承担连带责任。

(二) 勘探执照

......

第九十四条　勘探执照包含的权利

1. 勘探执照持有人有权根据本法之规定,对执照所覆盖的区块享有排他的从事勘探和探矿活动的权利。

2. 持证人根据勘探执照中所规定的权利,可以成立并保持收集制度,以及从事勘探活动所需要的设备、平台、装置、处理设施、交通系统以及其他勘探活动所需要的设施。

第九十五条　勘探执照——获取的矿物资源

1. 在勘探执照下从事勘探活动获取的资源：

1) 其所有权归管理局享有；

2) 在没有管理局同意的情况下,不得对其进行处置或者将其从库克群岛移除。

2. 违反第一款第一项规定,构成犯罪行为：

1) 对个人最高处罚：300 个处罚单位；

2) 对公司最高处罚：3 000 个处罚单位。

3. 第二款适用严格责任。

4. 被许可人为了样本、化验、分析或者其他测试等目的获得的矿产资源不受第一款第二项之限制。

第九十六条　勘探执照之期限

原勘探执照的期限为四年,自:

1. 执照颁发之日;

2. 如果执照上载明许可证在之后某一天开始生效,执照自此日生效。

第九十七条　勘探执照上记载的事项

勘探执照上应当记载:

1. 执照所覆盖的区块;

2. 执照之期限;

3. 执照之条件。

……

第一百条　勘探执照——投标之邀请

1. 管理局可以通过根据第 49 条的规定,发布通知:

1) 邀请民众申请对通知中所载明的区块勘探的勘探执照;

2) 通知中载明可以提交申请的期限。

2. 如果管理局根据第一款发出邀请民众对某些区块勘探申请的通知,那么在其他邀请通知中所包含的区块不可以与前述通知中的区块有重复。

第一百零一条　投标区块勘探执照之申请

如果管理局发出通知,邀请民众申请投标区块的勘探执照,个人可以提出对执照的申请。

第一百零二条　投标勘探执照之申请——应交材料

民众根据第 101 条提交申请,应当满足以下条件。

1. 申请书必须是以许可的格式提出。

2. 申请书必须是以许可的方式提出。

3. 指明申请的区域。

4. 并包含以下详细信息：

1）申请人将要实施的勘探活动；

2）申请人从事这些活动预计的花费；

3）申请人或者可能参与到执照授权活动中的申请人的员工在技术上的资质；

4）申请人可能获得的技术上的咨询意见；

5）申请人可能获得的资金；

6）如果申请人多于一人，申请书上应当注明各方所占的投资比例。

5. 申请人提供申请探矿区域的地图：

1）地图与申请区块相关；

2）地图与管理局的纲领和指导要求一致。

6. 具体指明接受根据本法以及相关规章中所规定的通知的地址。

第一百零三条 投标勘探执照之授予——要约文件

1. 如果申请人根据第一百零一条提出勘探执照之申请，则适用本条。

2. 管理局可以：

1）以书面通知（要约文件）的形式告知申请人，管理局欲授权申请人对要约文件中载明的区块进行勘探的许可；

2）通过书面通知的形式，告知申请人管理局拒绝授予其勘探执照。

......

第一百零九条 勘探执照之申请——未作为投标标的的区块勘探之申请

1. 一方可以在以下情况下向管理局申请勘探执照：

1）区块空闲；

2）区块的非排他性。

2. 如果区块上没有勘探执照、保留租约或者开采执照,则认为此区块为空闲。

第一百一十条　申请——所需材料

1. 根据一百零九条提出的申请,应当满足以下条件:

1）申请书必须是以许可的格式提出;

2）申请书必须是以许可的方式提出;

3）指明申请的区域;

4）并包含以下详细信息:

a 申请人将要实施的勘探活动;

b 申请人从事这些活动预计的花费;

c 申请人或者可能参与到执照授权活动中的申请人的员工在技术上的资质;

d 申请人可能获得的技术上的咨询意见;

e 申请人可能获得的资金信息;

f 如果申请人多于一人,申请书上应当注明各方所占的投资比例;

5）申请人提供申请探矿区域的地图:

a 地图与申请区块相关;

b 地图与管理局的纲领和指导要求一致。

6）具体指明接受根据本法以及相关规章中所规定的通知的地址。

2. 申请中可以包含申请人认为相关的其他材料。

3. 申请应当在管理局进行登记。

第一百一十一条　申请人应当广告其申请

1. 勘探执照的申请人应当将其申请刊登于库克群岛国家级

别的报刊上。

2. 第一款中的广告应当包含:

1) 申请人的姓名和地址;

2) 提供勘探区块的地图和说明,此类信息应当具体详细到民众可以根据申请人提供的信息识别出其所勘探的区块;

3) 管理局的地址;

4) 附加申明:

a 说明申请人申请勘探通知上所说明的区块;

b 邀请公众对申请进行评价;

c 要求公众之评价在广告刊登之后 30 天以内发给申请人和管理局。

3. 广告必须在申请人提出勘探执照申请之后尽快登出。

第一百一十二条　勘探执照展期之申请

1. 持证人可以向管理局提出对执照中载明的区块的勘探许可进行展期的申请。

2. 第一款的效果受制于第一百一十七条的规定。(放弃)

3. 此展期申请必须在执照失效前的 90 天提出。

4. 不受第三款规定之限制,管理局在以下情况下仍然可以接受申请人的对许可证的展期之申请:

1) 如果申请在少于许可失效前 90 天内提出;

2) 并且在许可证失效前提出。

第一百一十三条　勘探执照展期之申请——所需信息

根据第一百一十二条提出勘探执照展期之申请,应当满足下列条件。

1. 申请书必须是以许可的格式提出。

2. 申请书必须是以许可的方式提出。

3. 指明申请的区域。

4. 并包含以下详细信息：

1）申请人在勘探执照下所实施的勘探作业，以及实施这些作业的成本；

2）申请人在展期期间将要从事的勘探作业之描述；

3）在勘探执照项下从事勘探活动所涉及的矿产资源的描述；

4）在展期期间从事勘探作业的工作计划大纲；

5）有关申请人雇佣以及培训库克群岛国劳动者的计划；

6）申请人从事勘探活动预计的花费；

7）申请人或者可能参与到许可证授权活动中的申请人的员工在技术上的资质；

8）申请人可能获得的技术上的咨询意见；

9）申请人可能获得的资金信息；

10）如果申请人多于一人，申请书上应当注明各方所占的投资比例。

5. 申请人提供申请勘探区域的地图：

1）地图同申请区块相关；

2）地图跟管理局的纲领和指导要求一致。

6. 具体指明接收根据本法以及相关规章中所规定的通知的地址。

第一百一十四条　勘探执照展期之授予——要约文件

1. 如果申请人根据第一百一十二条提出勘探执照展期之申请，则适用本条。

2. 管理局可以：

1）以书面通知（要约文件）的形式告知申请人，管理局欲授权申请人对要约文件中载明的区块进行展期勘探的许可；

2)通过书面通知的形式,告知申请人管理局拒绝授予其勘探执照之展期。

……

第一百一十六条 勘探执照展期之授予

如果:

1)探矿申请人已经获得第114条规定的要约文件;

2)探矿申请人根据第60条规定,在规定的期限内提出了发放勘探执照的要求;

管理局必须向其发放对要约文件中所载明的区块勘探的展期勘探执照。

……

第一百二十三条 勘探执照中的一般义务

1. 勘探执照中的义务一般来源于:

1)执照条件;

2)管理局发布的指令中包含的义务;

3)本法以及相关规章所规定的义务。

2. 如果两方或者多方同时持有一个执照,各方对许可证中记载的义务承担连带责任。

第一百二十四条 执照之条件

1. 管理局有权根据其认为合理的条件授予勘探执照或者对执照进行展期。

2. 如果管理局根据某些条件来决定授予勘探执照或者对执照进行展期,则其应当在执照中载明这些条件。

3. 在不受第一款限制的情况下,管理局可以在授予执照或者对执照进行展期时附加以下之条件:

1)要求被许可人根据管理局的要求提供保险;

2）要求被许可人从事与执照相关的作业，并且遵守按照本法制定的有关作业的指令；

3）要求被许可人提供担保之义务；

4）要求被许可人对具体信息做记录的义务；

5）要求被许可人根据管理局的需求，根据本法提供相关的信息；

6）要求被许可人在雇佣劳动者方面对符合资历的库克群岛民众给予最大的优先考虑；

7）要求被许可人对给予以下事项以最大的优先考虑：

a 对库克群岛国生产的材料和产品；

b 位于库克群岛国内，由库克群岛民众所有并运行的服务提供商；

8）要求被许可人为员工的利益组织进行培训；

9）要求被许可人采取措施保护其许可区块之环境，包括要求被许可人：

a 保护野生动物；

b 采取措施将作业对环境的影响最小化，包括建立缓冲机构；

10）要求被许可人修复作业时对环境造成的损害；

11）若持证人不履行以上之义务，持证人将受到处罚。

4. 第三款第四项中的担保义务，应当包括以下信息：

1）担保的数量；

2）担保的种类；

3）担保登记的方式和格式。

5. 不受第三款第三项之限制，担保亦可以以保证人的方式提供，此种情形下，应当包括以下信息：

1）保证人的种类；

2) 保证条款。

6. 在管理局作出发放勘探执照和对勘探执照进行展期之决定时,管理局需要对以下因素进行考量:

1) 持证人,或者任何之前的持证人在以下期间的投资:

a 原勘探执照期间;

b 原勘探执照展期之后的期间;

c 执照中所授权的作业期间;

d 与这些作业相关的任何开发行为期间;

2) 管理局认为的其他的相关事项。

……

第一百二十六条　条件

如果一方是:

1) 持证人;

2) 持证人的联合组织;

该方在从事执照授权的作业活动时,应当采取合理的措施:

1) 保证其作业符合一般海底开采产业所接收的合理、合适的标准;

2) 保护在执照覆盖区块从事作业活动的人员的健康、安全和福利;

3) 保证其所带到作业区域的设施和设备处于正常、完好的状态;

4) 移除以下两类基础设施、船只、架构、设备或其他财产:

a 属于个人的或者被个人所控制的;

b 未使用的、与海底活动没有关系的。

……

第一百二十八条　勘探执照的失效

勘探执照在以下情形下失效:

1. 执照到期并且没有续期；

2. 执照人放弃了执照；

3. 执照所覆盖的区块上有了新的保留租约；

4. 执照所覆盖的区块上有了新的开采执照；

5. 执照被取消。

（三）开采执照

法案的第 169—203 条对开采执照的申请、续期、期限、失效等也都作了较为细致的规定，其程序和形式同前述勘探执照的情况大致类似，唯有细节上的不同，如期限的长短，以及开采过程中获得的矿产资源的所有权归开采者享有等。

关于证照转让给第三人，库克的法律有相关的规定。

……

第二百三十条　转让之同意与登记

权利证书之转让只有满足以下两种情况，其转让才有效：

1. 经过管理局的同意；

2. 转让协议按照本部分的规定进行了登记。

第二百三十一条　转让同意之申请

1. 转让权利证书的一方可以向管理局申请批准权利证书之转让。

2. 申请应当以书面方式为之。

第二百三十二条　申请材料

1. 第二百三十一条项下的权利证书转让申请提出之时，应当包括以下材料。

1）由以下人员履行的转让协议：

a 证照的登记人，如果有两个或两个以上登记人，则各登记人；

b 证照的受让人,如果有两个或两个以上受让人,则各受让人;

2) 如果受让人不是经过登记的持证人,则应当包括一份文档,该文档列明以下信息:

a 受让人的技术方面的资历;

b 受让人可能接收到的技术方面的意见;

c 受让人可能接收到的资金方面的信息;

3) 以下各文件的复印件:

a 申请;

b 第一款规定的转让协议;

c 第二款规定的文档。

第二百三十三条　申请的时间限制

1. 根据第二百三十一条提出的申请,应当在以下时间内作出:

1) 双方最后一个履行转让协议之日后的 90 天内;

2) 管理局允许的更长的期限内。

2. 唯有在充分理由的情况下,才可以允许申请按照第一款第二项中期限提出申请。

……

第二百三十五条　转让之同意

1. 本条适用于提出转让同意之申请的情形。

2. 管理局应当:

1) 同意转让;或者

2) 拒绝同意转让。

3. 管理局应当通过书面形式告知申请人其决定。

4. 如果管理局决定拒绝同意转让,管理局应当在登记处作出相关标记。

第二百三十六条　转让之登记

1. 如果管理局同意证书之转让,则适用本条。

2. 管理局应当立刻将同意之备忘录背书于以下两种文件:

1)转让协议;

2)转让协议之复印件。

3. 管理局在申请人缴纳相关费用之后,应当将以下事项的备忘录登记于登记处:

1)转让;以及

2)受让人之姓名。

4. 备忘录登记之后,则认为:

1)转让被登记;并且

2)受让人成为证照的登记持证者。

5. 如果转让被登记,那么——

1)载有管理局同意备忘录的转让协议的复印件将由管理局保管;并且应当可以根据本章接受检查;

2)载有管理局同意备忘录的转让协议必须归还给申请转让同意的申请人。

第二百三十七条　转让协议之执行不产生证书项下的权利

转让协议的执行并不会产生证书项下的任何权利,除非该转让经过管理局的同意并且按照本部分的规定进行了登记。

……

四、执法监督制度

法案的第六章规定了该国海底矿产资源管理局的行政管理职能。

第二百五十六条　检查

为实现本法之目的,检查的目的是为了确定持证人或者其联合组织是否遵循:

1. 本法以及相关规章的规定;

2. 证书中所记载的附件条件;

3. 管理局根据本法所提出的指导。

第二百五十七条　检查期间的权力

1. 检查员为达到检查的目的,可以采取所有合理的措施进行其检查工作。

2. 不受第一款之限制,检查员有权:

1) 检查在从事探矿许可、勘探开发执照中授权的活动中涉及的物品,或者其他检查员认为从事上述活动可能涉及的物品;

2) 测试设备;

3) 检查、复印相关文档;

4) 移除相关文档;

5) 拍照;

6) 检查开采的海底矿产资源并取样;

7) 进入持证人的工作场所;

8) 进入持证人的地面交通工具、船只和飞机。

3. 如果检查需要有法院发出的检查令,则第 2 款中的检查事项将受到检查令中所记载的事项限制。

4. 受到第五款和第六款之限制,如果检查员在检查过程中从被检查人一方获取第四项中的文档,检查员有权在任何合理的期限内保存该文档,以判断持证人或者某联合组织是否遵守了:

1) 本法以及相关规章的规定;

2) 证书中所记载的附件条件;

3) 管理局根据本法所提出的指导。

5. 受到第六款之限制,检查员保存相关文件的时间不得超过 60 天。

6. 如果:

1) 违反本法以及相关行政法规的犯罪行为在此 60 天内被起诉;并且;

2) 该文件可以作为持证人作出此违法行为之证据,检查员有权一直保留该文档,直至以上刑事程序的结束。

第二百五十八条　检查员之任命

管理局可以以书面形式,任命某人为检查员,如果:

1) 该人是海底矿产资源执行官;

2) 根据本法第三十一条的规定,认定该人为管理局的执行官。

第二百五十九条　身份卡

1. 管理局应当给检查员发放身份卡。

2. 身份卡必须:

1) 需要按照规章的形式做成;

2) 载明检查员的姓名;

3) 附有其近期照片。

3. 检查员在执行检查任务期间需要一直携带根据本条发放的身份卡。

……

第二百六十一条　检查员的监督权力

1. 为实现本法以及相关规章之目的,检查员有权在任何时候,行使第二款中规定的权力。

2. 检查员能够行使的权力包括:

1) 有权进入证书涉及的部分或者全部范围;

2) 进入作业人员有合理理由认为与探矿、勘探、开发、储存、加工、准备运输海底矿产资源的离岸作业相关的地点；

3) 检查人员有权测试其认为与持证人作业有关的设备；

4) 进入其有合理理由认为可能储藏与作业相关的文件的建筑、船只、装备、平台、飞机，并有权检查、复制储藏在这些地点的文件。

3. 只有在以下情况下，检查员才有权根据第二款第四项的规定，进入住宅区域：

1) 根据按照第二百六十三条发布的搜查令；

2) 得到住宅区域占有人的同意。

4. 如果：

1) 检查员根据按照第二百六十三条发布的搜查令进入了被检查人的住宅，并且；

2) 住宅占有人亦在现场；

检查员必须将搜查令的复印件交与住宅占有人。

5. 在检查员根据第三条第二款取得住宅占有人的同意，检查员必须告知住宅占有人其有权拒绝同意。

6. 第三款中的同意只有在自愿的同意下才有效。

第二百六十二条　住宅占有人配合之义务

1. 检查员按照第二百六十一条对土地、建筑、交通工具、船只、飞机等进行检查时，以上设备的占有人或者负责人有义务为检查员提供有助于其从事检查活动的协助。

2. 违反第一款中的规定，未提供合理协助，将对个人处以不超过 30 个惩罚单位之处罚，对法人以不超过 300 个惩罚单位之处罚。

3. 第二款中的责任适用严格责任原则。

第二百六十三条　进入住宅区域之搜查令

1. 检查员有权向法官申请搜查令,为其提供合理的协助,授权其进入检查中所涉及的住宅区域。

2. 检查员提交申请时需要提供其申请该搜查令所宣誓和确定的理由。

3. 如果法官认为其理由合理充分,其有权授予申请人搜查令。

4. 根据第三款发布的搜查令,应当包含以下信息:

1) 检查员的姓名;

2) 检查员所要从事的检查是随时都会从事还是只会在某一天的某一段时间从事;

3) 搜查令失效之日期;

4) 发放搜查令之目的。

5. 第四款第三项中载明的日期不得超过搜查令发布之日后的 7 天。

6. 第四款第四项中载明的目的必须包括搜查令所涉及的具体住宅地点。

第二百六十四条　管理局有权发出指令

1. 管理局有权要求或者禁止一方做出指令中指明的行为。

2. 指令必须以书面方式为之,并且发送给个人或者法人。

……

第二百六十六条　指令所包括之范围

1. 管理局在必要或者方便的情况下,有权发布指令,以便执行本法和相关规章或者使本法或者相关规章生效。

2. 不受第一款之限制,指令可以包括以下之事项:

1) 探矿、勘探和开发活动之控制;

2) 库克群岛海底矿产资源之保育与保护;

3) 对以下事项之补救：

a 勘探和开发活动造成的海底或者下层土壤之损害；

b 勘探和开发活动造成的海底物质流失而导致的损害；

4) 环境之保护。

3. 为实现本条第二款之目的,对海底矿产资源活动控制包括：

1) 海底矿产资源活动所需要的设备之建设、维护和运作；

2) 海底矿产资源活动过程中所产生的液体的流动和排放；

3) 海底矿产资源活动的作业者之安全、健康和福利；

4) 海底矿产资源活动所需要的基本设施、构架、设备和财产之维护。

第二百六十七条　指令可包含其他文档之内容

1. 根据本法第二百六十四条和第二百六十六条发布的指令可以运用、采纳或者融合其他文档中所包含的作业条例或标准。

2. 对其他文档中所包含的作业条例和标准的运用、采纳和融合,管理局可以对其作出修改或者直接适用。

3. 该其他文档可以是发布于库克群岛国以外的文档。

4. 指令运用、采纳和修改其他文档：

1) 可以在指令发出之时生效；或者

2) 可以间或生效。

5. 如果指令运用、采纳或者融合其他文档,管理局发出指令时应当将该文档的复印件附加在指令之后。

……

五、环境保护制度

法案的第八章对环境保护制度作了规定。

第三百零三条　环境保护

1. 申请人在申请证书时,需要按要求提交一定形式的资金担保,该资金用于支付申请人履行本法中规定持证人的环境保护义务的费用。

2. 第一款中的用于环境保护的担保资金由管理局根据申请人将要从事的证书项下的海底活动的特点来确定。

3. 如果持证人已经完成履行环保义务所要采取措施,则管理局可以部分解冻该担保资金,当持证人已经完全履行第一款中所有的环境保护的义务之后,管理局应当完全解冻此部分资金。

第三百零四条　管理局对证照现在持有人发布的环境补救指令

1. 本条适用于证照持有者,或者持有证照的联合组织组织。

2. 管理局有权向证照持有者或者联合组织组织发布书面通知,指导其做出以下事项:

1) a 移除其为了从事许可证、执照中授权的相关作业而带到授权区块的所有财产;

b 对以上财产做出符合管理局要求的后续安排;

2) 采取符合管理局要求的有关保育和保护自然资源的措施;

3) 按照国际最优实践标准,减少相关人员在作业过程中可能对环境造成的损害。

3. 第二款第三项受制于:

1) 第二章;

2) 本章;

3) 相关规章。

第三百零五条　必须遵守管理局发布的指令

1. 未遵守管理局根据第三百零四条发布的指令的一方,其行为构成犯罪;

a 对个人最高处罚：200 个处罚单位；

b 对公司最高处罚：2 000 个处罚单位。

2. 第一款适用严格责任。

第三百零六条　管理局对证照前持有人发布的环境补救指令

1. 本条在探矿许可证、勘探执照、开发执照、保留租约被部分或全部撤回、取消、失效的情况下适用。

2. 管理局有权向证照的持有人发出书面通知，要求其在通知载明的时间期限内履行任何或者所有以下义务：

1）a 要求从事证照相关活动者，将其为了从事相关活动带到区块的所有财产从区块范围内移除；

b 对相关财产作出符合管理局要求的安排；

2）提出符合管理局要求的保育和保护区块自然资源的方案；

3）按照管理局的要求，补偿其活动期间对海底和下层土壤造成的损害。

3. 通知中规定的时间应当合理。

4. 第二款第三项受制于：

1）第二章；

2）本章；

3）相关规章。

5. 一方必须遵守管理局根据本条发出的指令，否则构成犯罪：

1）对个人处罚最高不超过 200 个处罚单位；

2）对公司处罚最高不超过 2 000 个处罚单位。

6. 第五款适用严格责任。

……

第三百零八条　管理局移除、处置或出卖财产——违反指令

在出现违反第 306 指令中有关财产安排的规定，管理局有权

采取以下任何或者全部措施:

1) 以管理局认为合理的方式,将财产部分或者全部从区块移除;

2) 以管理局认为合理的方式,将财产部分或者全部进行处置;

3) 以管理局认为合理的方式,出卖部分或者全部财产。

……

第三百一十条　海底环境应急计划

1. 管理局必须制作、修改、通过、采纳库克群岛海底开采环境紧急应急计划。

2. 部长必须任命现场指挥官来执行应急计划中的职能。

3. 如果库克群岛发生因为海底作业而导致的海洋污染,海底开采环境应急计划中的现场指挥官必须动用所有资源和力量阻止、减少、补救污染可能带来的损失。

4. 现场指挥官有权力扩大必要的资金(但是以部长规定最大值为上限)来减少污染所带来的损失。

5. 第 4 款中部长规定的资金最大值的确定,应当由部长同国家环境机关商讨决定。

6. 现场指挥官为减少污染所带来的损失,有权力征用人力资源、车辆、船只以及其他必要的设备和资源。

7. 在出现污染事故时,现场指挥官应当对事故有记录,并对其为执行其在海底开采紧急计划下的职责所需要的资金和资源有相关记录。

……

六、法律责任制度

法案的第十章对刑事犯罪行为作出了详细的规定。

第三百一十八条 刑事犯罪的一般规定

违反本法条款构成犯罪:

1. 违反第四十七条在没有申请证照的情况下从事勘探、探矿和开采活动;

2. 违反第四十八条干扰其他人的合法活动;

3. 违反第九十五条有关在勘探执照下从事勘探活动而取得的深海资源的规定;

4. 违反第二百五十二条中有关作业要求的规定;

5. 违反第二百五十三条有关保险的规定;

6. 违反第二百五十四条有关维护从事深海活动的设备的规定;

7. 违反第二百六十条和第二百八十七条有关检查员结束检查活动应当返还身份卡的规定;

8. 违反第二百六十条持证人配合检查员的规定;

9. 违反第二百六十五条和第二百九十条有关遵守管理局提出的要求的规定;

10. 违反第二百七十八条有关禁止进入安全区的规定;

11. 违反第二百九十一条中的通知义务;

12. 违反第二百九十一条中的规定提供虚假信息;

13. 违反第二百九十一条中的规定提供虚假文件;

14. 违反第三百一十一条中对开发出的深海资源的处置的规定。

......

汤加 2014 年《海底矿产资源法》部分法条整理

汤加《海底矿产资源法》于 2014 年 7 月 23 日通过,于 8 月 20 日经过皇室御准,正式生效。

该部法律由十部分组成的:第一部分是序言;第二部分是关于汤加海底矿产资源管理局的规定;第三到第六部分是有关汤加国家管辖以内的海底资源探矿、勘探和开发之规定;第七部分是关于区域部分资源的探矿、勘探和开发之规定;第八部分是关于财政安排的规定;第九部分是关于海洋科学研究的规定;第十部分是其他的相关规定。

因此,纵观汤加的整个立法框架,其立法包括对在国家管辖范围以内的海底资源进行探矿、勘探和开发等海底活动的管制,此部分管制主要是通过发放许可证的方式进行管制;该法亦包括对在区域部分从事海底活动之管制,对于此类深海活动,主要是汤加对从事深海活动申请者进行资格审查,对符合条件的提供国家担保,并要求被担保方与国际海底管理局签订勘探和开发区域资源之承包合同。关于以上两种深海活动管制制度,后一类管制制度(即区域部分海底资源勘探和开发之管制)对我国的借鉴意义较大,因此本部分将从行政管制机构、国家担保等方面整理和翻译汤加的最新立法,以期对我国的立法提供较好的借鉴。

下文的法条翻译中,汤加海底矿产资源管理局简称为管理局;根据《联合国海洋法公约》成立的国际海底管理局在翻译中是国际海底管理局;部长是指主要负责王国的海底矿产资源的部长。由于该法管的活动包括汤加内国海域的资源勘探和开发和区域部分的资源勘探和开发,对于国家管辖范围以内资源的勘探和开发适用许可证制度,而对于区域部分的资源勘探和开发的管制采用的是国家担保的制度,因此法案中的权利证书包括探矿许可证、勘探和开发执照以及担保证书。此部分的翻译只包括对区域部分资源勘探和开发管制部分条文的翻译,因此本翻译中的权利证书主要是指担保证书。

……

第二部分 汤加海底矿产资源管理局

……

第九条 汤加海底矿产资源管理局之成立

根据本条成立汤加海底矿产资源管理局(以下称管理局)。

第十条 管理局

管理局将:

1. 代表皇室履行其职责;

2. 为方便执行本法,可以任命首席执行官或者其他职务,该任命应当遵守管理局和内阁所达成一致的有关服务条款和前提。

3. 通过部长向议会汇报。

第十一条 管理局之目标

管理局有以下目标:

1. 规则之遵守:保证探矿者、持证人以及被担保方遵守其在

本法下之义务,以有效管制海底矿产资源活动;

2. 国家利益之保障:推动海底矿产资源活动,以最大化汤加王国以及其臣民之利益。

3. 保护之目标:

1) 海洋环境之保护和保育;

2) 保障可能受到海底矿产资源活动之影响的汤加国内个人和社区之利益。

4. 问责之保障:为海底矿产资源活动之批准、许可和担保提供一个稳定、透明和负责任的机制。

第十二条　管理局之功能

1. 为保证本法之落实,管理局有以下之功能:

1) 为管理和监管汤加海底矿产资源部门之发展而制定相关政策;

2) 管理权利证书之分配,保存权利证书之记录以及相关证书所对应的海底区块之记录;

3) 制定海底矿产资源活动之标准和纲领,为申请、权利证书以及其他海底矿产资源相关活动提供咨询和指导;

4) 对探矿申请人、许可证申请人以及担保申请人进行尽职调查;

5) 对在国家管辖区域内以及接受国家担保从事海底资源活动者的申请进行审查;

6) 对根据本法以及《环境影响评价法》所要求的环境影响评价进行审查或者获得相关机构对环境影响评价之审查;

7) 向内阁建议是否同意相关海底矿产资源之活动;以及在何种条件下进行这些活动;

8) 制作探矿许可、许可证书和担保证书;

9）接受和审查权利证书持有者提交的报告；

10）监管海底矿产资源活动之履行与影响，以及权利证书持有者对本法以及根据本法所制定的规则的遵守；

11）监管权利证书条款之有效性；

12）根据本法之规定，在方便之时使权利证书中条款之修正生效；

13）执行不遵守本法或者根据本法制定的规章以及权利证书中的规定而加以的处罚；

14）要求权利证书持有人提供相关报告和信息，对这些报告和信息进行审查，并且保存海底矿产资源活动之相关记录；

15）在合适的情况下同公众分享海底矿产资源活动之信息，并同公众就有关事宜进行商讨；

16）在每日历年结束90天之内公布并向议会提交海底矿产资源活动之年度报告；

17）为政府行政部门提供任何与海底资源活动相关的技术支持；

18）根据《联合国海洋法公约》的规定与国际海底管理局以及其他国际组织进行沟通以促进合法地从事海底矿产资源活动或者保护海洋环境的活动；

19）就有关本法之行政与海底矿产资源之管制寻求专家意见，包括但不限于有关经济、法律、科学和技术方面的事宜，还包括有关管理和保育海洋环境方面的专家意见；

20）在合适的情况下，任命其认为符合一定资质的人来协助其执行相关职能以及本法。

2. 管理局可以对根据第一款第19项和第20项任命的人员（该人员不是受雇于管理局）发放俸廪，俸廪的多少由管理局同俸廪局进行商量决定,并且需要经过内阁的同意。

3. 本条没有条款允许管理局和内阁将其权力授权给第三方,来接受并批准本法第十八条中列出的决定。

第十三条　管理局之义务

为履行以上之功能,管理局需要在实际可能的范围内以以下方式履行职责:

1. 遵守本法第 2 条第 2 款之原则;

2. 达到本法第 11 条规定的目标;

3. 鼓励在其管辖范围内或者在其担保下从事的海底矿产资源之投资和履行;

4. 遵守最佳管制实践之原则(包括管制活动符合比例原则、问责原则、一致和透明原则);

5. 其他在实践中被广泛接受的诸如良好的公司治理原则等。

第十四条　管理局之权力

管理局采取一切措施来促进其在本法项下的职能和义务,无论该措施是经过合理考量而采取的抑或是执行职能和义务时所附带的。

……

第十七条　纲领之制作

管理局可以间或公布与海底矿产资源活动相关的技术性的或者行政性的程序、标准、手册、建议的实践措施和纲领,以协助权利证书持有人、政府机构和其他利益相关人执行和落实本法和相关规章以及国际海底管理局相关机构所颁布的文件之规定。

……

第十九条　监管

管理局有权监管和核查证书持有人的履行行为,以及其对本法、根据本法制定的规章、权利证书以及环境影响评价中要求的义务之遵守,尤其是持有人在海底矿产资源活动方面的进展以及活动对海洋环境、其他海洋资源利用者、邻国和汤加王国民众之影响。

……

第二十一条 授权

1. 在履行管理局相关职责之时,管理局有权就有关本法之行政与海底矿产资源之管制相关的事实事项寻求专家意见,包括但不限于有关经济、法律、科学和技术方面的事宜,还包括有关管理和保育海洋环境之专家意见。

2. 管理局在合适的情况下,任命其认为符合一定资质的人来协助其执行其职能以及本法。

3. 管理局有权任命其认为符合一定资质的人为检查员,来协助其履行监管之职能。

4. 管理局可以对根据该条第二款和第三款任命的人员(该人员不是受雇于管理局)发放俸廪,俸廪的多少由管理局与俸廪局进行商量决定,并且需要经过内阁之同意。

5. 本条没有条款允许管理局和内阁将其权力授权给第三方,来接受并批准本法第18条中列出的决定。

第二十二条 检查员之权力

1. 根据本法第23条第3款由管理局任命的检查员,在必要和遵守本法的前提下,在任何合理的时间,事先通知权利证书持有人的情况下,有以下之权力:

1) 登陆或者有权进入许可区域或者承包区域中的任何与海底资源矿产活动相关的建筑物、船只和设备;

2) 检查其认为被用于或者将要被用于海底矿产资源活动的机器和设备,并且在其认为合理的情况下,拆除、毁坏性检验或者占有相关机器和设备；

3）从与海底矿产资源相关的船只和设备上移除任何样品以及样品之试验；

4）检查并获得根据本法、规章以及权利证书规定所要保持的书目、账户、文件以及其他相关之记录；

5）要求权利证书持有人履行管理局认为合理的任何与海底矿产资源相关的程序；

6）以合理的方式记载检查地点和检查活动，包括视频、音频、照片和其他的记录方式；

7）经过管理局书面同意之后，代表管理局履行其他职能，包括本法第 15 条和第 23 条之规定；

8）根据规定履行其他职责。

2. 检查员应当采取合理的措施避免在权利证书持有人的船只或者海上平台上逗留过长时间，扰乱海底矿产资源活动，或者干扰相关船只安全和正常之运作。

3. 权利证书持有人以及其船长和船员应当尽其最大努力按照检查员之要求协助检查员履行其职责。

4. 故意阻拦检查员履行其职责或者权利证书持有人、船长以及船员没有遵守第三款之义务的行为将构成犯罪。

5. 对任何构成本条的犯罪行为处以不超过 10 万美元的罚金。

……

第七部分　对区域部分活动之担保

……

第七十七条　对区域部分活动的担保

1. 管理局可以其认为合适的方式邀请担保之申请，或者与担保申请人或者潜在的担保申请人进行商讨。

2. 在国家担保下在区域部分从事海底矿产资源活动的前提是担保申请人：

1) 获得管理局发放的担保证书；

2) 与国际海底管理局签署有效的合同；

3. 在国家担保下从事海底矿产资源活动的申请一旦发出,根据规定的形式和程序,管理局可以作出以下之决定：

1) 发放给申请人：

a 勘探之担保证书；

b 开发之担保证书；

以担保申请人在与国际管理局签订合同下在区域部分从事具体的海底矿产资源活动；

2) 不发放担保证书。

4. 管理局应当给公众或者代表公众的利益集团提供相关信息的机会,管理局结合所提供的信息根据第一款做出相关决定。

5. 如果管理局合理的认为,海底矿产资源活动：

1) 可能对王国任何社区、文化或者产业造成不可修复之损害；

2) 违反王国公众之利益；

则管理局应当不发放担保证书。

第七十八条　发放担保证书之前提

担保证书只能发放给符合以下条件之担保申请人：

1) 在汤加注册的公司组织；

2) 在开始将要从事的海底矿产资源活动之时或者之前具有足够的资金和技术资源,以及有足够的能力遵守国际海底管理局的相关规定,合理的从事海底矿产资源活动；

3）支付了本法所规定的所有的相关费用；

4）遵守了规定的申请程序，也达到了规定的资质条件。

第七十九条 担保申请

1. 应当以书面形式向管理局提起担保申请，担保申请应当包括：

1）担保申请人符合担保资质标准之证明；

2）与根据国际海底管理局之规定，向国际海底管理局申请批准工作计划并同其签订合同时所需要提交的材料相同的材料；

3）担保申请人书面保证申请人：

a 完全遵守其在国际海底管理局之规章以及本法中的所有义务；

b 保证其担保申请内容之真实和准确；

c 有意向与国际海底管理局签订合同，并在国家担保下从事海底矿产资源活动；

4）担保申请人对承包区块所进行的研究报告之复印件或者总结以及其他相关数据；

5）担保申请人对将要进行的海底矿产资源活动可能对海洋环境造成的损害的研究报告之复印件或者总结以及其他相关数据；

6）担保申请人以下之信息：

a 资助海底矿产资源活动之方式；

b 从事海底矿产资源活动所需要的船只和设备之所有权、租赁情况或者其他安排事项；

c 保险或者风险基金来弥补从事海底矿产资源活动可能造成的损害或者应对可能事故的花费；

7）从事海底矿产资源活动员工之名单，并且说明其实是否有从王国内雇佣；

8) 对王国的相关工作人员提供培训之能力建设项目；

9) 本法所规定的担保申请费用；

10) 说明是否有合理证据证明被担保方或者其董事以前有以下行为：

a 违反国际海底管理局规章中的实质性条款和条件；

b 在从事海底矿产资源活动中或者在其他海上或者陆上相关活动中的行为被定为有罪或者受到民事罚款；

c 因为诈骗或者不诚实被定罪；

11) 其他应当列出的事项。

2. 第一款第一项中的担保资质标准是：

1) 担保申请人：

A 是在汤加王国内登记之法人；

B 在开始从事海底矿产资源活动之时或者之前具有足够的资金和技术资源和能力：

a 根据国际海底管理局规章之规定合理地从事海底矿产资源活动；

b 弥补从事海底矿产资源活动可能造成的损害或者应对可能事故的花费；

c 根据本法和相关规章提交了担保申请，包括担保申请费用；

2) 将要从事的海底矿产资源活动符合国际海底管理局规章中的环境管制的相关规定；

3) 将要从事的海底矿产资源活动符合可适用的国内法和国际法之规定，包括海上安全之规定以及海洋环境之保护和保育；

4) 将要从事的海底矿产资源活动不会不适当地影响：

a 其他合法利用海洋资源者的权利;

b 海洋环境的保护和保育;

c 国际和国内和平和安全。

3. 国际海底管理局官方机构同意与被担保方签订的合同将作为管理局是否决定发放担保证书之证据。

第八十条 担保证书之条款

管理局应当以符合国际海底管理局规章的形式发放担保证书,担保证书应当包括:

1. 被担保方之名称;

2. 一份有关被担保方下面事项之证明:

1)王国之国籍;

2)受王国之有效控制;

3. 王国证明其对被担保方提供担保;

4. 王国批准加入《联合国海洋法公约》之日期;

5. 王国根据《联合国海洋法公约》第 139 条、第 153 条第 4 款和附件三第 4 条承担相关义务;

6. 担保证书有效之期限,除非根据本法或者其他国际海底管理局发布的相关规定和指导终结;

7. 国际海底管理局合理要求应当具备的内容或者管理局认为应当列入的内容。

第八十一条 担保证书需要内阁同意和部长签名

1. 任何有效发放或者修改的担保证书,在发放前都需要经过内阁的同意和部长的签名。

2. 内阁在同意发放担保证书之前可以要求司法部长办公室出具"发放该担保证书是否符合相关程序、本法之规定以及王国在国际法项下的义务"之意见。

第八十二条　担保协议

管理局在部长同意的前提下，可在任何时候以书面方式与被担保方签订有关担保安排的额外条款和条件的协议，但是该协议不可以违反国际海底管理局的规章和本法的规定，亦不可与王国在国际法项下承担的义务相冲突。

第八十三条　被担保方之继续义务

被担保方在本法、根据本法制定的规章、担保证书以及其他担保协议中的义务将在被担保方在与国际海底管理局签订的合同下积极从事海底矿产资源活动以及其他附属活动之前以及之后都存在。

第八十四条　被担保方之责任

1. 被担保方将负责在承包区块从事所有海底矿产资源活动，保证这些活动符合国际海底管理局规章的规定，并对未履行这些遵守义务而造成的补偿、损害或者刑罚负全部的责任，对其雇佣人、子承保人以及代理人从事海底矿产资源活动中的过错行为或者过失行为亦承担全部责任。

2. 如果被担保方是数人，其应当注意和履行的任何义务属于连带之义务。

3. 被担保方应当在任何时候都保证王国免受可能由第三方发起的与海底矿产资源活动相关之诉讼、程序、花费、费用、请求和要求。

第八十五条　皇室之责任

王国为在与国际海底管理局签订的合同下在区域从事海底矿产资源活动之被担保方提供担保时，王国通过管理局：

1. 采取任何措施以使其为被担保方所提供的担保生效，包括担保所要求的与国际海底管理局或者其他相关方进行交流、提供

任何协助、文档、证书和保证等措施;

2. 保证其有关国际海底管理局、区域和海底矿产资源活动符合一般国际法原则和标准;

3. 采取所有适当的措施来保证其对被担保方之有效控制,保证海底矿产资源活动符合《联合国海洋法公约》、国际海底管理局制定的相关规章以及其他一般国际法原则和标准;

4. 避免对被担保方施加不必要的、不成比例的、重复的管制负担,亦避免对其施加本法或者根据本法所制定的规章中的相关管制要求,除非这些管制负担和要求与《联合国海洋法公约》、国际海底管理局的规章以及一般国际适用标准是一致的;

5. 推进预防措施之适用。

第八十六条　担保证书之终止

1. 担保证书一直有效,除非根据本条第 2 款的规定终止。

2. 如果根据本法,有以下情况,担保证书终止:

1) 担保证书有固定的期限,并且其到期时未按照本法第 87 条进行展期;

2) 被担保方根据本法第 89 条放弃担保证书;

3) 管理局根据本法第 88 条撤销担保证书。

在终止之时,王国授予被担保方的所有权利将停止和终止。

第八十七条　担保证书之展期

1. 经过部长的同意,管理局可以延长担保证书的期限,每次所延长的期限不超过 5 年。证书展期的前提是管理局在任何前一次证书期限届满至少 9 个月之前收到被担保方提出的展期申请。

2. 管理局在收到被担保方展期申请之后的 3 个月内将通知被担保方是否授予其证书之展期,在此决定发出之前,担保证书一直被认为有效。

3. 如果展期之申请被拒绝,管理局应当遵守本法第88条第2款的相关程序规定。

第八十八条　担保证书之变动、中止和撤销

1. 管理局有权在以下情况下变动、中止或者撤销担保证书:

1) 被担保方实质性地没有遵守本法第78条规定的前提条件;

2) 没有根据本法第93条的规定缴纳保证押金;

3) 如果管理局合理地认为,担保证书之变动和撤销可以:

A 防止对以下事项之损害:

a 任何人的安全、健康或者福利;

b 海洋环境;

B 避免与王国在任何对王国有效的国际协议和法律文件项下的义务相冲突;

4) 经过被担保方的同意;

5) 在被担保方破产、资不抵债、破产管理之时,或者在被担保方的法人身份停止之时;

6) 若从与国际海底管理局签署合同中止之日起,被担保方超过5年没有实质性进行海底矿产资源活动;

7) 如果被担保方严重地、持久地、故意地违反国际海底管理局的规章、本法的要求或者根据本法制定的规章、根据本法发出的命令或者适用于被担保方的争议机构作出的争端裁判,并且此种违反无法补救,或者在管理局发出补救通知,但是被担保方没有在合理的时间内采取相关措施;

8) 根据本法被担保方应当支付相关费用或者押金,但是被担保方在支付到期6个月之后,仍然没有支付,并且管理局根据本法向被担保方发出至少两份通知;

9）被担保方明知或者重大过失向国际海底管理局或者管理局提供虚假信息或者事实性误导的信息，或者没有保存或者故意篡改、隐藏，或者销毁相关国际海底管理局或者管理局要求其提供的文件；

10）未经过管理局的同意，转让、抵押、出租担保证书，或者担保证书持有人的组成、所有权、控制发生变动。

2. 管理局在根据本条作出相关决定之前，管理局需要：

1）提前 30 天以书面形式将管理局欲作出有关决定之意向通知被担保方，说明将要作出的决定之细节以及原因，如果被担保方对此决定有异议，邀请接收到该通知的被担保方通过书面形式提交对该决定之看法；

2）同时给管理局认为合适的任何一方一份前款之通知；

3）考量被担保方根据第一款中的通知而提交的文件；

4）若管理局决定撤销担保证书，应当至少提前自撤销生效之日起 6 个月通知被担保方。

第八十九条　担保证书之放弃

被担保方可以在任何时候放弃担保证书而不受到刑事处罚，前提是其应当提前 6 个月以书面形式通知管理局。

第九十条　担保结束后之责任

被担保方：

1. 仍然承担相关义务，包括提交报告以及向国际海底管理局和管理局缴纳费用等；

2. 尽管担保证书已经终止，仍然承担因为其过错行为或者根据本法实施海底矿产资源过程中所产生的损害责任。

第九十一条　探矿者、持证人和被担保方缴费

1. 申请费用

根据本法申请权利证书者需要在提出申请之时向管理局缴纳

一定的申请费,此申请费不可退回。

2. 担保费用

担保证书的申请人需要向管理局:

1)以年度行政费用的形式向为其在区域部分从事海底矿产资源活动提供担保的王国缴纳一定的费用;

2)担保证书涉及有关对区域部分资源的开发,则该费用是以商业开发付款的形式缴纳;

缴纳的时间和数量以担保证书或者根据本法制定的担保协议所规定为准。

......

第九十三条　保证押金

1. 管理局在授予权利证书之前有权要求申请人提交押金,以保证其将履行权利证书中记载的义务。

2. 管理局在确定押金的形式和数量时需要取得内阁的同意。

3. 有关押金的相关条款将记载于权利证书中。

4. 押金可以被管理局用于采取措施来履行权利证书持有人没有履行的义务,或者弥补因为未履行相关义务所造成的损失,包括清理污染之费用或者对污染或者其他海底矿产资源活动所造成的损害之补偿。

......

第九部分　海洋科学研究

......

第九十五条　在王国管辖范围内从事海洋科学研究

行为人只有满足以下两个条件方可以在王国的专属经济区或者大陆架上从事海洋科学研究:

1. 根据本法以合适的方式提出取得王国同意之申请；

2. 收到上述申请之同意或者在申请之后 6 个月内没收到拒绝决定。

第九十六条　海洋科学研究之申请

海洋科学研究申请要以合适的方式提出，为达到本法第 97 条之目的，申请必须在从事海洋科学研究活动之前六个月提出，并且申请需要包括以下事项：

1. 从事海洋科学活动的游轮的名称和船号；

2. 资助机构的名称、国籍、联系方式以及地址，负责该项目的科学家，以及其他合作者和参与方；

3. 从事海洋科学活动的具体地点和坐标；

4. 科研项目本质和目的的一般性介绍，包括项目的开始时间，大概持续的时间以及如何利用搜集到的信息（包括将获取的数据向国际社会公布之计划）；

5. 科研方法之详细介绍，以及科研所需要的设备和装置；

6. 科研活动可能造成的环境影响进行初步分析；

7. 科研游轮可能停靠的港口；

8. 王国代表在科研活动中的参与模式；

9. 向王国提交初步报告、最终报告、对数据样本以及研究结果之分析的大概时间以及方式。

第九十七条　海洋科学研究之同意

除非有根据本法第 98 条所列出的足够理由拒绝申请人从事海洋科学活动，王国应当尽快同意海洋科学研究之申请，并且在收到载有第 96 条规定的信息的申请之后的 6 个月之内作出决定。

第九十八条　拒绝授予海洋科学研究申请之事由

如果出现以下事项，管理局可以拒绝申请人从事海洋科研之

申请:

1. 管理局合理地认为:

1) 所提议的海洋科研对王国的自然资源(无论是有生命的还是无生命的)的勘探和开发具有直接的关系;

2) 根据本法第 96 条所提供的信息不准确;

3) 如果申请人尚未履行完其在以前的海洋科研活动中的相关义务;

2. 所提议的科研活动涉及:

1) 对大陆架的钻探;

2) 爆炸性物质的使用;

3) 可能会有有害物质进入海洋环境;

4) 人工岛屿、装置以及其他设备(规定于《联合国海洋法公约》)之建造和运作;

5) 对海洋环境造成不可接受的风险。

第九十九条　海洋科学研究同意之本质

海洋科学研究:

1. 不包括对海底或者水体享有排他性的权利,也不包含获取海底矿产资源之许可;

2. 不构成享有海洋环境的任何部分及其资源之法律基础;

3. 在管理局发出书面通知后不久后将会在某些区域终止。

第一百条　从事海洋科研活动者之义务

在王国管辖范围内从事海洋科研活动者将:

1. 遵守本法、根据本法所制定的规章、环境影响评价法以及王国所颁布的其他同海洋科研相关的规定和程序;

2. 始终遵守预防原则,采取最优环境措施;

3. 为达到以下目的独立从事海洋科研活动:

1）为了和平之目的；

2）为全人类之利益增加科学知识；

4. 如果有证据表明海洋科研活动会对海洋环境造成严重的损害，则停止海洋科研活动；

5. 不非法干涉其他对海洋的正常利用；

6. 按照要求的或者在科研活动开始前同管理局达成一致的时间和格式向王国提交初步报告、最终报告、对数据样本以及研究结果之分析；

7. 安全保存并根据管理局之要求向其提供从科研活动中获得的数据和样本；

8. 与管理局合作，协助并且在经济上支持王国代表之参与；

9. 在科研活动申请材料中相关事项发生重大变化时，通知管理局；

10. 在海洋科研活动中发生事故造成以下损害时，立即通过电话或者书面形式通知管理局：

1）对海洋环境造成严重损害；

2）对任何人的安全、健康或者福利造成严重损害；以及

11. 在科研活动结束之后，移除所有的装置和设备，除非经过管理局同意。

第一百零二条　环境影响评价下的环境条款

根据《环境影响评价法》实施的环境影响评价，而因环评活动而产生的环境条款将成为根据本法所发放的任何权利证书中的条款的组成部分。

第一百零四条　权利证书之转让

1. 没有事先经过管理局书面同意以及缴纳相关费用，不得分配、转让、出租、转租或者抵押权利证书。

2. 在是否授予此书面同意，管理局可以要求受让人提供该权利证书申请人（即转让人）申请该证书时提交的文件，并要求受让人承诺其将承担转让人所有的义务，管理局亦有权要求受让人遵守申请该权利证书时申请人所要遵守的程序。

3. 权利证书之转让只有在根据本法第34条规定的权利证书登记处登记，方可生效。

新加坡 2015 年《深海海底开采法》

该法案为管制深海海底采矿以及达到其他相关目的而制定相关条款。

该法案由总统根据新加坡议会之同意而制定,法案具体内容如下:

第一部分　前　　言

第一条　简称以及开始日期

本法可被称为 2015 年《深海海底采矿法》,以部长在官方公报上公布之日为生效日期。

第二条　解释

在本法下,除非根据上下文的理解需求:

"协定"是指联合国大会于 1994 年 7 月 28 日通过的《关于执行 1982 年 12 月 10 日联合国海洋法公约第十一部分的协定》;

"区域"是指国家管辖范围以外的海底和海洋床底以及其下层土壤;

"公约"是指 1982 年 12 月 10 日第三次联合国海洋法会议中通过的《联合国海洋法公约》;

同授权一方在区域某部位勘探或者开采某种资源的许可证相对应的"对应 ISA 合同"是指 ISA 合同,该合同授权一方在区域的

该部分勘探或者开发该种资源;

"法院"是指高等法院;

ISA 是指在公约下成立的国际海底管理局;

"ISA 合同"是指 ISA 同公约第 153 条、附件三第三条中的主体签订的合同,该合同授权该主体在区域某部位勘探或者开采某种资源;

"许可证"是指根据本法第 6 条授予的许可证;

"持证人"是指持有有效或者被中止的许可证的新加坡公司;

"资源"是指区域部分或者海底的任何固态、液态和气态的矿产资源,包括多金属结核;

"海底争端分庭"是指公约下成立的国际海洋法法庭海底争端分庭

"新加坡公司"是指在新加坡成立的公司;

"新加坡国民"是指:

1. 新加坡公民;

2. 在新加坡根据任何成文法所成立、形成或者组建的个体。

第三条 本法之目的

本法之目的是:

1. 根据公约和协定管理由新加坡所担保的个体从事勘探开发资源区域部分资源之活动;

2. 保证海洋环境免受这些活动所带来的有害影响;

3. 履行新加坡在公约和协定下的相关义务。

第二部分 深海海底采矿之管制

第四条 深海海底采矿之一般禁止

1. 除非根据第 5 条之规定,新加坡国民禁止从事勘探开发区域资源之活动;

2. 违反本条第 1 款之规定者,将被定为有罪,并且对其罪行负责:

1) 若违反者为个人:

a 对其处以不超过 30 万新元之罚款或不超过 3 个月之监禁或者两种刑罚同时适用;

b 若该个人继续该犯罪行为,则在定罪后仍从事该犯罪行为的每一天都对该个人做出不超过 5 万新元的罚款,但罚款总额不得超过 50 万新元;

2) 其他情况下①:

a 对其处以不超过 30 万的新元之罚款;

b 若该主体继续该犯罪行为,则在定罪后仍从事该犯罪行为的每一天都对该主体做出不超过 5 万新元的罚款,但罚款总额不得超过 50 万新元。

第五条　第四条之例外

1. 新加坡公司在满足以下条件的情况下可以从事勘探开发区域资源:

1) 该公司被授予勘探开发区域部分某种资源之许可证;

2) 该许可证有效;

3) 公司签署了对应 ISA 合同;

4) 对应 ISA 合同有效。

2. 新加坡公民在满足以下条件的情况下可以从事勘探开发区域资源:

1) 该公民作为以下两种主体的雇佣人或者代理人:

a 满足第 1 款中规定的新加坡公司;

---

① 即犯罪主体为非个人的情况下。

b 由非新加坡作为担保国提供的担保下签署了 ISA 合同的个人,并且该合同有效;

2) 该公民的勘探开发活动:

A 在前款公司所获得的许可证的范围之内;

B 在 ISA 合同所规定的范围之内。

第六条　许可证之授予

1. 部长有权授予在区域任何部分勘探开发任何种类的资源之许可证。

2. 许可证中必须载明:

1) 许可证所适用的资源之种类;

2) 许可证是授权从事勘探抑或是开发之活动;以及

3) 许可证授权勘探或开发的资源所在的具体区域;

3. 许可证只仅允许授权勘探或者开发一种资源。

第七条　授予许可证之标准

1. 只有新加坡公司有权申请并被授予许可证。

2. 新加坡公司可以被授予多个许可证。

3. 在授予新加坡公司许可证之前,部长需要确认其满足以下之条件:

1) 公司满足或者可能满足公约附件三第 4 条中规定的资格标准;

2) 公司将向 ISA 申请签订对应 ISA 合同;

3) 授予该公司许可证并为其签订对应 ISA 合同提供国家担保符合新加坡之国家利益;

4) 其他公司应当满足的标准。

第八条　担保证书

部长授予许可证时,部长有权:

1. 为持证人向 ISA 申请对应 ISA 合同提供国家担保；

2. 向持证人发放担保证书。

第九条 许可证生效以及期间

1. 许可证自授予之日或者部长规定的其他日期生效。

2. 许可证之期间由部长具体确定。

3. 部长有权根据持证人之申请对许可证延期。

第十条 许可证条件

1. 部长有权在载明：

1）对所有持证人都适用的许可证条件；

2）对某一类持证人适用的许可证条件；

3）对某一个持证人适用的许可证条件。

2. 部长有权根据第 1 款载明以下之条件：

1）要求持证人遵守：

a 公约、协定、ISA 公布的规则规定和程序中所适用的条款；

b ISA 以及其组成机构作出的决定；

2）若持证人签订了对应 ISA 合同，要求持证人遵守对应 ISA 合同，以及该合同下的任何工作计划；

3）要求持证人根据规定的时间汇报其勘探开发活动之进展；

4）要求持证人通知部长任何同其勘探开发活动相关之活动；

5）要求持证人根据部长之要求提供保证金，保证其履行其在许可证以及本法下之义务；

6）要求持证人根据部长之要求提供保障金，以保证政府免受其所遭受的同持证人勘探开发活动相关之责任（不论是否在公约或者协定之下）。

3. 部长有权通过书面通知的形式增加或者修改或者取消许可证上的任何条件。

4. 如果部长认为持证人违反了许可证上记载之条件,部长可以对其处以不超过 4 万新元之财务处罚。

第十一条　对持证人之指令

1. 部长有权对持证人发布指令。

2. 部长根据第 1 款发布的指令可以是一般指令亦可以是具体指令。

3. 若部长认为持证人没有合理理由违反了指令中的要求,部长可以对其处以不超过 4 万新元的财务处罚。

4. 部长根据第 1 款发布的指令无需公布在官方公报上。

第十二条　许可证之转移

1. 部长在以下情况下有权批准许可证之转移:

1) 持证人和受让人提出申请;

2) 根据本法之规定。

2. 许可证仅可转让给满足以下条件的新加坡公司:

1) 该公司符合根据本法第 7 条授予其许可证的条件;

2) 该公司满足其他列明的条件。

3. 部长根据本条批准许可证之转让,可以附加条件亦可以无需附加条件。

4. 许可证的转让在以下情况下生效:

1) 部长批准许可证转让时附加的条件(若有)都被满足;

2) 部长规定的其他日期。

5. 部长批准许可证转让后,部长有权:

1) 为新持证人向 ISA 申请对应 ISA 合同提供担保;

2) 向新持证人颁发担保证书。

6. 许可证之转让不影响许可证前持有人的任何刑事和民事责任。

第十三条　证书之失效

证书在以下情况下失效：

1. 持证人在被授予证书或者接受证书转让之后的 12 个月（或者部长规定的时间）内没有签署对应 ISA 合同；

2. ISA 同非持证人签署了合同，授权其在同许可证中记载一致的区域勘探开发同许可证上记载一致的资源；

3. 对应 ISA 合同因为任何原因终止；

4. 持证人（公司）清盘或者根据任何成文法解散；

5. 其他规定的事项发生。

第十四条　许可证之中止以及吊销

1. 部长在以下情况下有权中止或者吊销许可证：

1）持证人违反了本法或者许可证中载明的条款；

2）对应 ISA 合同因为任何原因被暂停生效；

3）部长认为持证人一直没有或者将来也不会以合理和其满意的方式从事勘探开发之活动；

4）部长认为中止或者吊销许可证符合新加坡之国家利益。

2. 若部长吊销许可证，部长有权收回发放给持证人的任何担保证书。

第十五条　持证人在许可证被中止或者吊销前有陈述之权利

1. 部长应以书面形式通知持证人其将要中止或者吊销其许可证之决定；

2. 持证人在接到第 1 款中的通知后的 1 个月（或者部长允许的更长之日期）内做出陈述；

3. 部长在做出最终决定前必须考量持证人按照第 2 款做出的陈述；

4. 部长在第 2 款中的持证人做出陈述的日期截止后的一个

月内必须以书面方式通知持证人其最终之决定;

5. 部长之决定在第四款中通知持证人的日期截止后的 14 天(或者部长允许的更长之日期)后生效;

第十六条　许可证过期后的指令以及其他

1. 本条在以下情况下适用:

1) 许可证过期;

2) 许可证按照第 12 条被转让;

3) 许可证按照第 13 条失效;或者

4) 部长按照第 15 条第 4 款通知持证人其作出吊销许可证之决定。

2. 本条之目的为:

1) 保证持证人有序地停止勘探开发之行为;

2) 有效保护海洋环境免受这些活动或者停止这些活动而产生的有害之影响。

3. 部长可为达到本条之任何目的,发出指令给:

1) 持证人;

2) 持证人的任何董事或者高层管理人员;或者

3) 第 1 款中事项发生前 6 个月内持证人的董事(若持证人可以遵守部长发出的指令,并且其没有董事或者高层管理人员)。

4. 在不限制第 3 款的前提下,部长可以根据该款发布以下所有或者其中任何一个指令:

1) 要求持证人继续遵守本法以及许可证中所有或者任何条款中的义务;

2) 要求持证人将其所保存的记录发送给部长或者其他任何人;

3) 要求持证人采取具体措施以有效防止、控制或者减少对海洋环境之破坏。

5. 若部长认为任何人没有合理理由而违反了其按照第 3 款做出的指令,部长有权对其处以不超过 4 万新元的财务处罚。

6. 受制于第七款之规定,遵守部长按照第三款发布的指令的一方无需承担因其遵守指令而给另一方带来任何伤害和损失之责任。

7. 若因一方声称是遵守第三款中的指令而采取或不采取某种行为(但指令并没有如此之要求)导致另一方的伤害和损失,则第六款不适用。

8. 本条中,持证人包括已经停止持有许可证的新加坡公司。

第十七条　持证人因不法行为之责任

1. 若持证人因公约附件三第 22 条中的不法行为而承担责任,法院有权:

1) 要求持证人向受害方支付按照附件三第 22 条中规定其应当支付的赔偿金;并且

2) 给予受害方按照附件三第 22 条中规定因为持证人之不法行为而应当给予之其他救济。

2. 本条中,持证人包括已经停止持有许可证的新加坡公司。

第三部分　判决和裁定之执行

第十八条　海底争端分庭判决之登记

1. 法院有权根据利益相关方之申请要求登记海底争端分庭之判决。

2. 为避免怀疑:

1) 海底争端分庭有关成员国的裁决可以根据第 1 款的规定登记;但是

2) 本条以及第 19 条并不影响成员国为避免执行登记的海底

争端分庭之裁定而提出的其享有的特权和豁免权。

第十九条 登记之效力

经过登记的海底争端分庭之判决将为以下之目的,被认为是法院在裁定登记之日所作出的判决:

1. 判决之效力和效果同判决执行之关系;

2. 法院行使其权力同判决执行之关系;

3. 程序之采取同判决执行之关系;

4. 若判决是有关金钱之赔偿,该金钱之债所附带的利益之计算。

第二十条 仲裁裁决之执行

为满足《国际仲裁法》第三部分(Cap. 143A)之目的,根据公约第188(2)(a)所作出的仲裁裁决将被认为是外国裁决。

第四部分 其   他

第二十一条 公司组织犯罪

1. 若本法下的犯罪行为是公司组织实施的,并且被证明:

1) 是经过公司组织高级职员之同意或者纵容;或者

2) 因公司高级职员之过失;

该高级职员以及公司组织都将因该犯罪行为而判有罪,并且按照相应的程序承担责任并被处罚。

2. 若公司组织之事务由其成员履行,则就成员在公司组织管理上的功能而言,可以将成员视为公司的董事,公司组织成员管理公司组织的行为和不履行行为适用于第1款。

3. 若本法下的犯罪行为是合伙组织实施的,并且被证明:

1) 是经过合伙人之同意或者纵容;或者

2) 因合伙人之过失;

该合伙人以及合伙组织都将因该犯罪行为而判有罪,并且按照相应的程序承担责任并被处罚。

4. 若本法下的犯罪行为是由无固定组织形式团体(非合伙组织)实施,并且被证明:

1) 是经过无固定组织行为团体之高级职员或者其主管团体之成员的同意或者纵容;或者

2) 因该高级职员或者成员之过失;

该高级职员、主管团体成员以及该无固定组织形式团体都将因该犯罪行为而判有罪,并且按照相应的程序承担责任并被处罚。

5. 本条中:

"公司组织"包括《有限责任合伙法》第 2(1)条(Cap.163A)规定的有限责任合伙;

"高级职员":

1) 就公司组织而言,是指公司组织管理委员会中的任何董事、合伙人、成员,首席执行、经理、秘书或者其他公司组织的类似高级职员,并且包括声称以此种权限行为的任何其他人;

2) 就无固定组织形式团体(非合伙组织)而言,是指总裁、秘书或者无固定组织形式团体管理委员会中任何成员,或者其他同总裁、秘书以及委员会成员位置相当的任何人,并且包括声称以此种权限行为的任何其他人;

"合伙人"包括以合伙人权限行为的任何人。

第二十二条 财务处罚之收取

根据本法所施加的财务处罚的收取方式同罚款的收取方式一致。

第二十三条 法院之规则

为满足本法第 17 条和第三部分之目的,根据《最高法院司法法》(Cap.322)第 80(3)条所成立的规则委员会可以制定法院之规则,并且《最高法院司法法》第 80 条适用于制定此种法院之规则。

第二十四条 规章

1. 受制于第 3 款的规定,为达到本法之目的,部长有权制定规章。

2. 根据第 1 款制定的规章具体可以:

1) 规定任何本法要求或者允许规定的事项;

2) 规定为达到本法之目的所要求支付的任何费用;

3) 规定为达到本法之目的如何适用某文件;

4) 规定授予或者转让许可证之前应当满足的标准;

5) 规定本法下提出相关申请的程序和方式;

6) 规定持证人应当遵守的任何要求;

7) 规定就规章中的任何具体条款,适用以下两个条款中的任何一个(并非两个同时适用):

a 若部长认为条款被违反,部长有权对违反者施加不超过 4 万新元的财务处罚;

b 违反相关条款的行为是犯罪,并且对其处以不超过 4 万新元的罚款;

8) 为达到不同目的而制定不同之条款。

3. 部长不得制定规章规制属于本法第 23 条要求或者允许法院之规则做出规定的事项。

第二十五条 本法生效前政府担保的新加坡公司

不受本法第 7(3)(b)规定之限制,部长仍然有权根据本法第 6 条向新加坡公司发放许可证,尽管该公司在本法生效前已经被政府授予用于申请 ISA 合同的担保证书。

比利时 2013 年《对国家管辖范围外的海底和地下层资源进行探矿、勘探和开发的法律》

第九章　刑事条款

第 12—15,15/1,16 条

第十章　修改条款

第 17 条

第一章　条款介绍和定义

第 1 条　此法律对《公约》第 78 条所指内容进行规范。

第 2 条　为实施此法律,相关词理解如下:

1)《公约》,指 1982 年 12 月 10 日通过的《联合国海洋法公约》及其附件,并得到了 1998 年 6 月 18 日法律的认可;

2)《协议》,指为执行《联合国海洋法公约》第十一部分内容、于 1994 年 7 月 28 日达成的《协议》,并得到了 1998 年 6 月 18 日法律的认可;

3) 各方国家,指同意与《公约》相关联的国家,且《公约》在这些国家生效;

4) 国际海底管理局,指根据《公约》第 156 条成立的国际海底管理局;

5) 区域,指在国家管辖范围外的海底及其地下层;

6) 区域内的资源,指海底上下层里除水之外的所有固态、液态矿物质资源或气体资源,也包括各种多金属矿物团;

7) 探矿,指在没有专有权的情况下,对区域内的资源进行调查,尤其是对其成分、规模、资源分布及其经济价值进行评估;

8) 勘探,指对区域里有专属权的资源进行调查,分析其矿层。对工艺、采集和挖掘设备、加工装置及运输系统进行设计、生产及测试。对在开发中需要考虑的环境、技术、经济、贸易和其他因素开展研究;

9) 开发,指对区域内资源进行商业目的采集和挖掘,开采区域内所包含的矿产资源,尤其是建立和运营矿藏挖掘系统、生产所需的加工和运输系统以及矿物销售系统;

10) 区域内的活动,指区域内矿产资源的所有开采和开发活动;

11) 承包者,指与国际海底管理局签订开采或开发区域内资源的自然人或法人,并得到比利时政府的担保;

12) 部长,指有经济权限的部长。

第二章　区域及其资源的法律规章

第 3 条　1. 根据《公约》,任何自然人或法人都不可占有区域内的任何一部分或其资源。不承认任何要求收回、任何行使主权或国家主权法,甚至占有行为。

2. 国际海底管理局为全人类利益着想,将区域内资源的所有权利赋予全人类。这些资源是不得转让的。区域开采的矿产只有在符合《公约》第十一部分、符合协议和国际海底管理局的一系列法律、法规、程序的情况下,方可转让。

3. 根据《公约》第十一部分,自然人或法人对区域开采的矿产不能要求、获取或行使权利。不承认其他要求收回、占有或行使的权利。

第三章　国际海底管理局的法规、条例和程序

第 4 条　1. 国王授权实施国际海底管理局的法规、条例和程序。

2. 国王根据部长级议会商量的决议,确定履行国际海底管理局法规、条例和程序规定的职责所需要的法规和手续。

3. 当使用者和公共机构在海洋区域内进行活动时,必须考虑预防性原则、谨慎性原则、可持续管理原则、谁污染谁治理原则和补救原则。

预防性原则指在行动前预计对环境的破坏,而不是事后对破坏进行补救。

谨慎性原则指当有合理的理由担心海洋区域可能受到污染时,即使没有决定性的证据显示带入其中的物质、能源或材料会产生副作用,也要采取预防性措施。

在海洋区域实施可持续管理原则,意味着要考虑为后代保留足够的自然资源,人类介入的影响要控制在海洋区域环境可吸收的范围内。为此,要保护生态系统和海洋领域正常运转所需的生态进程,维护生态多样性,鼓励保护自然。

谁污染谁治理原则指预防污染、减少污染和抗击污染的费用以及对破坏进行补救的费用均由污染环境者承担。

补救原则指在海洋区域内造成破坏或干扰环境的情况下,要采取措施尽可能将其恢复到初始状态。

第 5 条 国王根据部长级议会商量的决议,确定相关法规来保护海洋领域、人类生活及保证在区域内活动时使用设施的条件。这些法规比国际海底管理局的法规、条例和程序更加严格。

这些法规只适用于承包者。

第四章 探 矿

第 6 条 1. 探矿必须符合《公约》和国际海底管理局的法规、条例和程序。

2. 如果探矿者是比利时籍或受到比利时国家的管控,探矿者在探矿前要书面、通过国际海底管理局向注册部长通报《探矿通知书》。

第五章 勘探和开发

第 7 条 在区域内的活动是根据一份正式的工作方案进行。这份方案根据《公约》的附件三制定,在得到国际海底管理局法律和技术委员会的审查后,由国际海底管理局的理事会批准。此方案以合同的形式,可预备一些合资的协议。

第 8 条 1. 向国际海底管理局提出签约的申请者,若符合比利时籍或受到比利时国家管控的条件,并且遵循程序、符合国际海底管理局法律法规和程序提出的资格条件,即可受到比利时国家的担保。

2. 向比利时国家申请担保,需要申请人提供财政和技术实力的信息。

这些信息必须能帮助评估申请者是否具备所需的能力,用于开展工作方案里预计的活动,能够立即服从国际海底管理局秘书长的保护措施和国际海底管理局理事会的紧急情况指令。

这些信息要符合国际海底管理局法规、条例和程序提出的资格条件,包括一份按照国际海底管理局法律和技术委员会要求制定的、与工作计划预计活动相关的、有深度的环境影响报告。

作为 1966 年 7 月 18 日有关行政语言使用规定的一个例外,这些材料可以用法语或英语书写。

接纳和处理国家担保申请必须符合在第 4 条第 2 款基础上制定的皇家法令条款。

3. 根据《公约》,申请人要符合第 1 款和第 2 款的条件,方可受到担保。如果申请者拥有不只一国的国籍,比如联合企业或由多个单位或多个国家人员构成的集团,申请者必须获得所属国家的担保。

4. 所有申请者,无一例外,保证在其申请中:

1) 同意遵守《公约》要求的义务和接受以下条款的约束：国际海底管理局的法规、条例和程序，国际海底管理局相关部门的决议，与国际海底管理局签署合约的条款；

2) 同意国际海底管理局在《公约》的授权下对区域内的活动进行管控；

3) 向国际海底管理局提供书面保证，将履行合约所规定的义务；

4) 立即服从国际海底管理局秘书长的保护措施及国际海底管理局理事会紧急情况指令。

第六章　职　　责

第9条　1. 承包者对实际损失负责，包括在海域造成的损害、非法行为造成的损失或是因签约方的过失、或是其工人的过失、分包商的过失、代理人的过失或是其他为合约工作、参与合约工程的人员的过失所造成的损失，也包括考虑到国际海底管理局主管的行动或过失，在必要时为预防或限制对海域破坏采取合理措施的费用。

承包者对工程中的非法行为造成的灾害负责，尤其是在完成开采和开发后对海域造成的所有损害负责。

赔偿应该符合实际损失。

2. 根据国际普遍接受的做法和国际海底管理局签署合约的第16.5条，签约方要在国际权威的保险公司认购合适的海洋保险单。

第七章　报　　告

第10条　1. 探矿者或签约方尽快向部长传送以下文件和通报的复本：

1）国际海底管理局要求的所有年度报告；

2）国际海底管理局要求的紧急方案；

3）所有与国际海底管理局秘书长间的通报文件，这些文件涉及活动所造成的事故和事故在海域造成的、正在造成或有风险造成的重大损失；

4）在合同到期或合同实施期间，国际海底管理局要求的数据和信息；

5）证明承包者按照第 9 条履行义务的文件。

2.根据第一款向部长上交的数据和信息均为机密，除了有关保护和维护海域的数据和信息，尤其是来自环境监视项目的数据和信息。

这些数据和信息的机密性可由签约方或国际海底管理局解除。

3.部长可要求补充信息，以实施监督工作。

第八章　分　摊　额

第 11 条　1.按照本法律及其执行法令的规定，申请者或承包者需承担行政手续的费用.

2.分摊金额规定如下：

1）处理担保证申请的酬金为 10 000 欧元（2004 年的基数为 11 771），每年根据消费价格指数计算；

2）对工作计划中预计的活动及其对环境的影响进行监督的年费为 40 000 欧元（2004 年的基数为 11 771），每年根据消费价格指数计算，支付时间从开采活动开始的年初直到与国际海底管理局签订的合同到期那年为止。

3.在第 2 款的 1）中所指的统一酬金分配给开采和开发比利

时领海和大陆架矿产资源和其他非活性资源的基金,该基金是根据创建比利时基金的 1990 年 12 月 27 日组织法的附属表格 32-5 的法律而成立。

在第二款的 2)中所指的年费由以下相关部门分担:

1)25%由开采和开发比利时领海和大陆架矿产资源和其他非活性资源的基金分担,该基金是根据创建比利时基金的 1990 年 12 月 27 日组织法的附属表格 32-5 的法律而成立;

2)75%由环境基金分担,该基金是根据创建比利时基金的 1990 年 12 月 27 日组织法的附属表格 25/4 的法律而成立。

4. 分摊额必须在相关部门发票日期的 60 天内支付。

第九章　刑　事　条　款

第 12 条　违反以下内容者将受到 25 欧元至 25 000 欧元的罚款和 15 天至 1 年的监禁,或其中一种处罚:

1)违反第 6 条,未在国际海底管理局通报登记的情况下在区域内进行探矿;

2)违反第 7 条,未与国际海底管理局签约的情况下在区域内开展活动。

在受罚后的三年内再犯,之前提到的监禁和罚款最多将翻倍。

第 13 条　故意忘记提供第 10 条中指定的信息、拖延通报或传送不正确的信息,将受到 50 欧元至 1 000 欧元的罚款和 15 天至 1 年的监禁,或只是其中一种处罚。

在受罚后的三年内再犯,之前提到的监禁和罚款最多将翻倍。

第 14 条　对于针对机构的处罚或由于违反本法律及其执行法令、违反《公约》第十一部分和附件三的条款、违反国际海底管理局的法规、条例和程序、违反承包者与国际海底管理局签署的在区域内开展活动的合约条款所涉及的赔偿、利息、费用和罚款,法人对支付这些费用负有民事上的责任。

第 15 条 刑事诉讼法有关交易的第 216 乙条在此适用,可扩展为最少钱数金额不能低于本法确定的最低罚款金额的 1/10,此金额按照 1/10 的附加税增长。

第 16 条 《刑法典》第一卷的所有条款以及第七章和第 85 条的条款在此应用。

第十章 修 改 条 款

第 17 条 对创建比利时基金的 1990 年 12 月 27 日组织法的附属表格 32-5 有关开采和开发比利时领海和大陆架矿产资源和其他非活性资源的基金表格修改如下:

1) 第一列,比利时基金组织的名称,将"开采和开发比利时领海和大陆架矿产资源和其他非活性资源的基金"改为"探矿、开采和开发比利时领海和大陆架、国家管辖范围外的海底和地下层的矿产资源和其他非活性资源的基金";

2) 第二列,涉及款项性质,进行如下补充:

"f) 根据 2013 年 8 月 17 日有关对国家管辖范围外的海底和地下层资源的探矿、开采和开发法律的第 11 条,统一酬金用于处理担保证申请和 25% 的酬金用于监管工作方案中的活动。"

3) 第三列,批准的支出性质,进行如下补充:

"6. 资助 2013 年 8 月 17 日有关对国家管辖范围外的海底和地下层资源的探矿、开采和开发法律所涉及的行政和监管任务。"

参考文献

一、中文文献

（一）著作类

［1］金永明.国际海底制度研究［M］.北京：新华出版社,2006.

［2］沈国英等.海洋生态学［M］.北京：科学出版社,2010.

［3］刘国金,舒国滢.法理学教科书［M］.北京：中国政法大学出版社,1999.

［4］黄异.国际海洋法［M］.台北：渤海堂文化事业有限公司,2002.

［5］林灿铃等.国际环境法理论与实践［M］.北京：知识产权出版社,2008.

［6］韩缨.气候变化国际法问题研究［M］.浙江：浙江大学出版社,2012.

［7］〔英〕弗里德利希·冯·哈耶克.自由秩序原理［M］.邓正来译.北京：生活·读书·新知三联书店,1997.

［8］〔法〕亚历山大·基斯.国际环境法［M］.张若思编译.北京：法律出版社,2000.

［9］〔美〕丹尼尔·科尔.污染与财产权［M］.严厚福、王社坤译.北京：北京大学出版社,2009.

［10〕〔斐济〕萨切雅·南丹.1982 年《联合国海洋法公约》评注
［M].毛彬译.北京：海洋出版社,2009.

(二) 论文类

［1］项克涵.国际海底矿藏开发问题上的斗争[J].武汉大学学报
(社会科学版),1982(4).

［2］张辉.国际海底区域开发国之担保义务研究[J].中国地质大
学学报(社会科学版),2014(3).

［3］张弛.国家管辖范围外深海遗传资源法律问题研究[J].中州
学刊,2009(3).

［4］刘乃忠,高莹莹.国家管辖范围外海洋生物多样性养护与可持
续利用国际协定重点问题评析与中国应对策略[J].海洋开发
与管理,2018(7).

［5］林新珍.国家管辖范围以外区域海洋生物多样性的保护与管
理[J].太平洋学报,2011(10).

［6］金建才.深海底生物多样性与基因资源管理问题[J].地球科
学进展,2005(1).

［7］孙松.我国海洋资源的合理开发与保护[J].中国科学院院刊,
2013(2).

［8］沈雅梅.美国与《联合国海洋法公约》的较量[J].美国问题研
究,2014(1).

［9］高之国.论国际海底制度的几个问题[J].中国政法大学学报,
1984(1).

［10］王勇.论国家管辖范围内遗传资源的法律属性[J].政治与法
律,2011(1).

［11］江伟钰.深海底资源开发与国际海洋环境保护[J].甘肃政法
学院学报,1995(2).

[12] 刘惠荣,纪晓昕.国家管辖外深海遗传资源的归属与利用——
    兼析以知识产权为基础的惠益分享制度[J].法学论坛,
    2009(4).

[13] 宿涛,刘兰.海洋环境保护:国际法趋势与国内法发展[J].海
    洋开发与管理,2002(2).

[14] 桂静,范晓婷,公衍芬等.国际现有公海保护区及其管理机制
    概览[J].环境与可持续发展,2013(5).

[15] 张丹.浅析国际海底区域的环境保护机制[J].海洋发展与管
    理,2014(9).

[16] 杨泽伟.国家主权平等原则的法律效果[J].法商研究,2002(5).

[17] 丁德文,徐惠民,丁永生等.关于"国家海洋生态环境安全"问
    题的思考[J].太平洋学报,2005(10).

[18] 杨振姣,唐莉敏,战琪.国际海洋生态安全存在的问题及其原
    因分析[J].中国渔业经济,2010(5).

[19] 王印红,刘旭.我国海洋治理范式转变:特征及动因[J].中国
    海洋大学学报(社会科学版),2017(6).

[20] 蒋少华,屠敏琼,邵江涛.国际海底区域制度的新发展——《关
    于执行〈海洋法公约〉第 11 部分的协定》[J].政治与法律,
    1995(6).

[21] 张梓太.中国古代立法中的环境意识浅析[J].南京大学学报
    (哲学·人文科学·社会科学版),1998(4).

[22] 徐祥民,时军.论环境法的激励原则[J].郑州大学学报(哲学
    社会科学版),2008(4).

[23] 高之国,贾宇,密晨曦.浅析国际海洋法法庭首例咨询意见案
    [J].环境保护,2012(16).

[24] 王宗来:《联合国海洋法公约》国际海底部分的主要内容及其

面临的问题[J].中外法学,1992(1).

[25] 叶俊荣.论环境政策上的经济诱因：理论与依据[J].台大法学论丛,1990(1).

[26] 马俊驹.国家所有权的基本理论和立法结构探讨[J].中国法学,2011(4).

[27] 肖锋.《联合国海洋法公约》第11部分及其修改问题[J].甘肃政法学院学报,1996(2).

[28] 欧斌,余丽萍,毛晓磊.论人类共同继承财产原则[J].外交学院学报,2003(4).

二、英文文献

(一) 著作类

[1] Barkenbus J. N. *Deep Seabed Resource: Politics and Technology*[M]. New York：The Free Press，1979.

[2] Zou K. *China's Marine Legal System and the Law of the Sea* [M]. Leiden：Martinus Nijhoff，2005.

[3] Nagle J. C.，Ruhl J. B. *The Law of the Biodiversity and Ecological Management*[M]. New York：Foundation Press，2002.

[4] Harrison J. *Making the Law of the Sea: A Study in the Development of International Law* [M]. Cambridge：Cambridge University Press，2011.

[5] United Nations Convention of Law of Sea 1982，A Commentary，Volume VI [M]. Leiden：Martinus Nijhoff，2002.

(二) 论文类

[1] Jaeckel Aline. An Environmental Management Strategy

for the International Seabed Authority? —The Legal Basis [J]. *International Journal of Marine and Coastal Law*. 2015, 3.

[2] Duan Z.H., Li D., Chen Y.L., et al. The Influence of Temperature, Pressure, Salinity and Capillary Force on the Formation of Methane Hydrate [J]. *Geoscience Frontiers*. 2011, 2.

[3] Kretschmer K., Biastoch A., Rupke L., et al. Modeling the Fate of Methane Hydrates under Global Warming[J]. *Global Biogeochemical Cycles*. 2015, 29.

[4] Allen C. Protecting the Oceanic Gardens of Eden: International Law Issues in Deep-sea Vent Resource Conservation and Management[J]. *Georgetown International Environmental Law Review*. 2001, 13.

[5] Freestone David. International Governance, Responsibility and Management of Areas Beyond National Jurisdiction [J]. *International Journal of Marine and Coastal Law*. 2012, 27.

[6] Barbier E. B., Moreno-Mateos D., Rogers A.D., et al. Protect the Deep Sea[J]. *Nature*. 2014, 505.

[7] Wedding L. M., Reiter S. M., Smith C. R., et al. Managing Mining of the Deep Seabed[J]. *Science*. 2015, 349.

[8] Boschen R. E., Rowden A. A., et al. Mining of Deep-sea Seafloor Massive Sulfides: a review of the Deposits, Their Benthic Communities, Impacts from Mining, Regulatory Frameworks and Management Strategies [J]. *Ocean & Coastal Management*. 2013, 84.

［9］Anton D. K. and Kim R. E. The Application of the Precautionary and Adaptive Management Approaches in the Seabed Mining Context: Trans-Tasman Resources Ltd Marine Consent Decision under New Zealand's Exclusive Economic Zone and Continental Shelf (Environmental Effects) Act 2012[J]. *The International Journal of Marine and Coastal Law*. 2015, 30.

［10］Gjerde K. M. The Environmental Provisions of the LOSC for the High Seas and Seabed Area Beyond National Jurisdiction[J]. *The International Journal of Marine and Coastal Law*. 2012, 27.

［11］Poisel Tim. Deep Seabed Mining: Implications of Seabed Disputes Chamber's Advisory Opinion [J]. *Australian International Law Journal*. 2012, 19.

［12］Crawford J. The ILC's Articles on Responsibility of States for International Wrongful Acts: A Retrospect [J]. *American Journal of International Law*. 2002, 96.

［13］Boyle A. The Environmental Jurisprudence of the International Tribunal for the Law of the Sea[J]. *The International Journal of Marine and Coastal Law*. 2007, 22.

［14］Bertram C., Kratschell A., O'brien K., et al. Metalliferous Sediments in the Atlantis II Deep—Assessing the Geological and Economic Resource Potential and Legal Constraints[J]. *Resources Policy*. 2011, 36.

［15］Glover A. G., Smith C. R. The Deep-sea Floor Ecosystem: Current Status and Prospects of Anthropogenic Change by the Year 2025[J]. *Environmental Conservation*. 2003, 30.

[16] Warner Robin. Oceans beyond Boundaries: Environmental Assessment Frameworks[J]. *The International Journal of Marine and Coastal Law*. 2012, 27.

[17] Hayashi Moritaka. Archaeological and Historical Objects under the United Nations Convention on the Law of the Sea[J]. *Marine Policy*. 1996, 20.

[18] Joyner Christopher. Legal Implications of the Concept of the Common Heritage of Mankind[J]. *The International and Comparative Law Quarterly*. 1986, 35.

图书在版编目(CIP)数据

深海海底资源勘探开发法研究/张梓太,沈灏,张闻昭著. —修订版. —上海:复旦大学
出版社, 2023.8
ISBN 978-7-309-16900-3

Ⅰ.①深… Ⅱ.①张… ②沈… ③张… Ⅲ.①深海-海底矿物资源-资源开发-研究
Ⅳ.①P744

中国国家版本馆 CIP 数据核字(2023)第 119490 号

深海海底资源勘探开发法研究(修订版)

张梓太　沈　灏　张闻昭　著
责任编辑/张　炼

复旦大学出版社有限公司出版发行
上海市国权路 579 号　邮编:200433
网址:fupnet@ fudanpress.com　 http://www.fudanpress.com
门市零售:86-21-65102580　　团体订购:86-21-65104505
出版部电话:86-21-65642845
江阴市机关印刷服务有限公司

开本 890×1240　1/32　印张 12.625　字数 294 千
2023 年 8 月第 2 版
2023 年 8 月第 2 版第 1 次印刷

ISBN 978-7-309-16900-3/P · 20
定价:48.00 元